帰化植物の自然史

【侵略と攪乱の生態学】

森田竜義 編著

北海道大学出版会

ムラサキツメクサの花序(田中　肇撮影)。東京都小金井市にて。

ナガミヒナゲシの花(田中　肇撮影)。東京都小金井市にて。

ハルジオンの頭花(森田竜義撮影)。ピンク色の舌状花(周辺花)は雌花で，基部に柱頭が見える。黄色の筒状花(中心花)は両性花で，雌しべが突出して見えるのが開花した筒状花である。

扉：セイタカアワダチソウ(田中　肇撮影)。埼玉県比企郡にて。

口絵1 イヌムギの閉鎖花(田中　肇撮影)。手前の穎を取り除き，雄しべと雌しべを示す。

口絵2 栽培したタカサゴユリで見られた花茎の連続的抽だい(比良松道一撮影)。花茎は播種9か月後の8月から翌年3月にかけて1〜4の順に抽だいした。

口絵3 結実しなかった第一花茎と開花中の第二花茎を抽だいしているタカサゴユリ(福岡市にて比良松道一撮影)

口絵4　アメリカネナシカズラ芽生えの宿主の捜索(古橋勝久撮影)。図のAは太陽光下で育った発芽後5日目ごろの芽生え。図のように茎を横に倒して回旋運動(上から見て反時計回りで1〜2時間で1回転する)をし，茎に接触するものがないか捜す。Bは植物に，Cはステンレス棒に出会って巻きついたもの。出会ったものがCのようにステンレス棒であっても，植物と同じように巻きつく。スケールバーは5 cmの長さを示している。

口絵5　アメリカネナシカズラの花(森田竜義撮影)

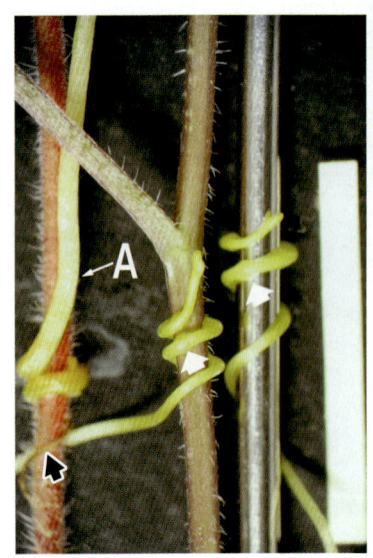

口絵6　アメリカネナシカズラ芽生えの巻きつき方と寄生根形成位置(古橋勝久撮影)。右からステンレス棒(太さ1.2 mm)，タネツケバナの茎，アメリカフウロの葉柄にアメリカネナシカズラが巻きついているようすを拡大して示したもの。白の矢印は寄生根が形成されている部位を示している。左のAで示したものは，寄生が成功して伸び出したアメリカネナシカズラの茎で，右の芽生えのものに比べて著しく太くなっている。黒の矢印は枯れた下部の茎。一番右にある白い紙の長さは，1 cmを示している。

はじめに

　近年，帰化植物への関心が高まっている。今や帰化植物は外国から到来した珍しい植物ではない。都市部では野生植物の多くが帰化植物なのである。一面を黄色く彩るセイタカアワダチソウが日本の秋の光景となりつつあるように，爆発的に増殖する帰化植物に違和感をもつのは私だけではあるまい。さらには，貴重な自然に侵入する事例が大きな問題となり，外来生物の侵略と受け止められたのは当然ともいえる。

　外来生物法の施行(2004年)により，多くの帰化植物が生態系を脅かす「自然の敵」として登録された。特定外来生物に指定されたオオハンゴンソウ，ミズヒマワリなど12種に加え，セイタカアワダチソウ，外来種タンポポ，ヒメジョオン，ムラサキカタバミ，メマツヨイグサ，カモガヤなどの代表的な帰化植物41種が要注意外来生物とされた。しかし，これらの植物が実際に「自然の敵」となりうるのか，生態系にどのような影響を与えるのかという問いに，必ずしも明快な答えは用意されてこなかったのである。

　帰化植物は駆除の対象として論じられることが多いが，考えてみると不思議ではないか。なぜ帰化植物は，私たち人間，とりわけ都市に生活する人々のまわりに，こんなにもはびこっているのだろうか？　そもそも帰化植物は，どのような習性をもつがゆえに，帰化植物となりえたのだろうか？

　本書はこのような問題意識から，「自然史シリーズ」のひとつとして企画された。自然史は英語で natural history というが，history のもともとの意味は「物語」であり，自然史とは「自然を物語ったもの」である。物語は単なる事実の羅列ではない。事実のもつ関係性と意味について語らなければならない。それゆえ本書は，「帰化植物がどのように不思議で興味深い植物なのか？」を研究者が語る〝帰化植物の物語〟を目指した。

　history という語がもつもうひとつの意味である「歴史」に再度光を当て，自然史に新たな内容を盛り込んだのは，大阪市立自然史博物館の日浦勇氏で

ある．自然史学が人間にとって意味のある学問となるためには，「世界の諸物質が人類営力の増大・発展につれてどう変化したか，を第1の課題とすべきである」と述べ（『海をわたる蝶』蒼樹書房，1973；講談社学術文庫，2005），蝶を題材に「生物相が形成される過程で，人間がどのような役割を果たしたか」を明らかにしようとした．この文脈上に位置づけると，帰化植物は人間の果たした役割をリアルタイムで認識させてくれる絶好の研究対象なのである．

　日本列島への侵入後の帰化植物の歴史はたかだか200年にすぎない．しかし，帰化植物として成功した植物には，成功のカギとなるような性質を原産地において発達させた前史があるに違いない．前史の解明の試みは端緒にすぎないが，注意深い読者は，本書の随所で前史が語られているのに気づくことだろう．

　第Ⅰ部では帰化植物の生活史戦略と繁殖様式から，帰化植物の特殊性について総論的に検討する．第Ⅱ部では，帰化種と近縁の在来種を比較することにより，帰化種の特異な性質について考察する．第Ⅲ部では，さまざまなタイプの帰化植物の生態から，帰化植物の生活史戦略の特徴を浮き彫りにする．そして第Ⅳ部では，在来種と雑種を形成したり，新しいタイプに変身することにより移住地の環境に適応していくダイナミックな姿を紹介する．読者の帰化植物に対する眼差しが変わる一助となれば幸いである．

　本書は，企画から刊行まで6年を要した．辛抱強く執筆者を励まし，援助の労を惜しまなかった北海道大学出版会の成田和男氏に心から感謝したい．

2012年9月20日

森田　竜義

目　次

　口　絵
　はじめに　i

第Ⅰ部　「放浪」と「侵略」を概観する

第1章　帰化植物の生活史戦略──なぜ帰化植物になることができたか？
　　　　　（森田　竜義）　3

1. 帰化植物概観　3
2. 帰化植物の生活と都市化 ― セイヨウタンポポはなぜ都市に生えるのか？　9
   タンポポ属の帰化種と在来種の生育地　9／対照的な生活史　12
3. キク科の放浪種　19
   放浪種とは何か　19／「空間的に予測不可能なギャップ」をねらう　20／群れからの自由　25／同じ場所にとどまることも重要な戦術　30
4. さまざまな生活史戦略　31
   生活史戦略の類型　31／攪乱依存種のもうひとつのタイプ　32／ネイチャーエネミイとなりうる競争的攪乱依存種　37

第2章　帰化植物の孤独な有性生殖──その受粉様式を見る
　　　　　（田中　肇）　41

1. 何に花粉を運ばせたら有利か　41
2. 動物に花粉を運ばせるには　44
   マルハナバチと帰化植物の接触は稀だ　45／帰化するならハナバチと手を結べ　46／ガは利用しやすいスペシャリスト　48
3. 風媒受粉は勝者の象徴　48
4. もっと確実な方法，同花受粉　49
5. そのほか　51

第Ⅱ部　帰化種と在来種の比較生態学

第3章　オランダミミナグサとミミナグサの比較生態
　　　　　（福原　晴夫）　59

1. オランダミミナグサとミミナグサ　59
2. 都市環境に分布するオランダミミナグサ　61
   オランダミミナグサとミミナグサの分布　61／土壌条件　63
3. 生活史の比較　64
4. 小さな軽い種子で分布を広げるオランダミミナグサ　67
5. 両種の種子発芽の特徴　69
   発芽温度の幅はオランダミミナグサの方が広い　70／明条件で発芽　71／休眠期間はオランダミミナグサの方が長い　71／高温はミミナグサの発芽を抑制　74／真夏の発芽を避けるオランダミミナグサ　74
6. オランダミミナグサが分布を広げる生物学的要因は何であろうか？　76
7. オランダミミナグサは都市化の指標種となり得るか　78

第4章　コスモポリタンな寄生植物アメリカネナシカズラの繁殖戦略
　　　　　（古橋　勝久）　81

1. ネナシカズラ属はどのように寄生するか？　82
2. アメリカネナシカズラの宿主の多様さ　86
3. 宿主植物の抵抗　87
4. 生育地と成長パターンの特徴　88
5. ネナシカズラの仲間は寄生するのに光を利用する　90
6. ネナシカズラ属の寄生根誘導に対する光感受性を調べる実験系の開発　92
7. 寄生根誘導に対する光感受性の差異　93
8. 花芽誘導と種子形成の特徴　97

第5章 踏まれてもなお生き残る，オオバコとセイヨウオオバコの生活史戦略（松尾 和人） 101

1. オオバコとセイヨウオオバコの見分け方　101
2. 類似した生態的位置　102
3. 両種の分布特性　104
4. 生育地環境の特色　109
5. 生活史特性の比較　110
   発芽特性　110／成長と乾物分配　113／光環境の変化への反応　114／生育型と葉形　115
6. 森林地域にオオバコが多くセイヨウオオバコが少ない理由　118
7. "colonizer" としてのセイヨウオオバコの生活史戦略　120

第Ⅲ部　攪乱の生態学

第6章　ミチタネツケバナの分布拡大過程をたどる（工藤 洋）　127

1. ミチタネツケバナの生活環　129
2. ミチタネツケバナの発見　132
3. 帰化植物か？　135
4. 分布の拡大　138
5. 自然分布　139
6. どのように広がったのか　141
7. ミチタネツケバナとタネツケバナの生態的な違い　143
8. 日本のミチタネツケバナ　146
9. 新たな研究材料としての可能性　148

第7章　全世界の耕地で最近問題化してきたヒメムカシヨモギ（伊藤 一幸）　149

1. どんな小さな穴にも生える植物　150
2. どんな農耕地に生えるのか　153

3. 日本で見つかったパラコート抵抗性生物型　154
4. アメリカ合衆国におけるグリホサート抵抗性生物型の出現　156
5. コスモポリタン植物の生存戦略　159

第8章　セイタカアワダチソウは悪者か(榎本　敬)　161

1. 類似種との区別点　161
2. いつ来てどのように広がったのか　162
3. なぜ急速に分布を拡大しえたのか　164
   生育地　164／風散布種子による侵入　165／地下茎による株の拡大と栄養繁殖　167／地下茎の養分による急速な成長　171
4. 他感作用と自家中毒　172
5. 打つ手はあるか　174

第9章　観賞用水草ミズヒマワリの恐るべき増殖力 (須山　知香)　177

1. 水槽から飛び出したミズヒマワリ　177
2. 脅威的な増殖力　181
3. 密生できるのには理由がある　183
4. 分布域は拡大する　184
5. 逸出報告が続々と　187
6. なぜ根絶は困難なのか　190
7. ミズヒマワリと私たちのこれから　193

第Ⅳ部　新環境への適応のメカニズム

第10章　帰化能力を進化させた球根植物タカサゴユリ (比良松　道一)　197

1. モモ・クリ3年，チューリップ8年，タカサゴユリ？年　197
2. 近縁種テッポウユリの起源　202
3. タカサゴユリの起源　205

4. タカサゴユリの帰化能力を高めた別の要因 — 自家和合性への転換　206
5. タカサゴユリの早咲き性の進化を促進した要因　206
近縁種テッポウユリでも早咲き性は発現する　206／球根休眠性の欠失・弱勢化　208／種分化にともなう開花期のシフト　210

第11章　雑種タンポポ研究の現在──見えてきた帰化種タンポポの姿（森田　竜義・芝池　博幸）　213

1. 雑種タンポポの発見　213
2. 雑種タンポポはどのようにして発生するのか？　214
3. 「セイヨウタンポポのほとんどが雑種」は本当だった　215
4. 予想通り三倍体と四倍体の雑種を確認　217
5. 葉緑体はニホン，核はセイヨウ？　219
6. 「雄核単為生殖雑種」の見直し　222
7. 雑種タンポポの外部形態　224
外総苞片の反曲の程度　225／外総苞片の角状突起と縁毛　226／花粉の有無　227
8. 雑種タンポポの出現頻度と分布　227
9. 雑種タンポポはなぜ広がったのか？　233

第12章　シロツメクサのクローン成長と集団分化（澤田　均）　239

1. 姿かたちを変えるクローン植物シロツメクサ　239
2. シロツメクサのクローン成長　240
クローン成長　240／大葉型と小葉型　243／生理的統合　244
3. クローン成長の分化　246
シバ-シロツメクサ共存草地　246／大葉型と小葉型のどちらが有利か？　249／競争実験　250／なぜ小葉型は排除されないか？　253／2通りのパッチ形成経路　256／パッチ内のクローン間競争と種子生産の矛盾　256／草地の魅力　258
4. シアン化物発生の集団分化　259

シアン化物発生の仕組み　259／シアン化物発生の集団分化　260／クローン成長と化学的防御　263
  5．人間に翻弄され始めたシロツメクサ　263

引用・参考文献　267
索　　引　281

第 I 部

「放浪」と「侵略」を概観する

帰化植物の生活史戦略
なぜ帰化植物になることができたか？

第*1*章

森田　竜義

1. 帰化植物概観

　帰化植物とは「自然の営力によらず人為的営力によって，意識的または無意識的に移入された外来植物が野生の状態で見いだされるもの」(長田，1976)である。

　牧野(1912)が指摘するように(「近来植物ノ上ニ『帰化』ノ語ヲ見ル即チ Naturalized セシ植物ヲ『帰化』植物ト云ヘリ」)，帰化植物は naturalized plants の訳語である。牧野は続けて，「之ヲ植物ノ上に適用セシハ実ニ明治二十七八年ノ頃ニ始マル」と述べているが，最初の使用者については触れていない。牧野自身ではない。彼はこの文において，植物に「帰化」の語を使用することに異を唱え，「馴化」を提案しているからである。

　最近は，帰化種の代わりに移入種 introduced species や外来種 exotic species, aliens が使われることも多い。帰化植物の侵入の仕方はさまざまであり，人が意識的に行ったかどうかに関わりなく，移入された種という意味で移入種と呼ばれる。ブラックバスのような魚食性の動物が釣りの楽しみのために湖水に放流されて大増殖し，生態系をおびやかす「自然の敵」nature enemy となる事例が問題となり，動物，植物を問わず外来生物の呼称が必要となった。

また帰化種という場合，自力で世代を更新し，自力で分布を広げる意味合いが含まれるが，養殖して放流されたり，緑化のために種子がまかれたりして生じたものを帰化種とは見なせないので，外来種という呼び名はたしかに必要なのである。庭木や街路樹，園芸植物や野菜などの栽培植物には外国原産のものが多いが，そのほとんどは栽培下でしか生育できない。外来種と呼ぶ場合はふつう野生化したものなので，外来種＝帰化種と考えてもよいが，外来種のほうがより広い概念と見なすことができよう。

英語の文献では，colonizing species とか colonizer がよく使われる。これは生物の側からの視点で「植民する種」と見なすわけで，植民種の訳語もある。しかし意味は帰化種と同じであり，すでに安定した用語となっている帰化種を colonizing species の訳語としても用いるのがよいと思う。

多くの帰化植物は一時的に侵入して消滅する。しかし，成功した帰化種 successful colonizer のなかには，エルトンが指摘するような「生態的爆発―これはある種類の生物の数が異常に増えることを意味する」(エルトン，1971)を起こすものがあり，侵略種 invasive species と呼ばれる。

ふつう，帰化植物として我々が認識する植物は江戸時代後半以降に侵入したものである。前川(1943)は「内地への帰化植物の問題は有史時代全部はもとより遠く石器時代にもあったと考えるべきである」として，有史以前の帰化植物を「史前帰化植物」と呼ぶことを提案した。史前帰化植物と区別するために，長田(1976)は近代以降に侵入したものを「新帰化植物」と呼ぶ提案をしており，この章では「新帰化植物」に限定して帰化植物を論じる。

日本に侵入した帰化植物はどのくらいあるのだろうか。最新の図鑑『日本の帰化植物』(清水建美編，2003)には，南西諸島を除く日本列島の帰化植物として69科約900種が掲載されている。しかし，稀なものや発見の報告のみあるものが多く含まれている。そこで「帰化植物分布図」(金井ほか，2008)から，広域に分布している帰化植物を抽出した(40頁の付表参照)。この分布図集は，都道府県を単位としているので，便宜的ではあるが20都道府県以上に分布が確認されているものを集計した(表1)。

20都道府県以上に分布する「成功した帰化植物」は，44科209種あった。

表1　「成功した帰化植物」の種数。金井ほか(2008)の分布図において，分布が確認された都道府県数を3段階で示す。40頁の付表参照。

	40以上	30〜39	20〜29	計
タデ科	5	3	1	9
ナデシコ科	2	3	3	8
ヒユ科	2	2	3	7
アブラナ科	2	5	9	16
マメ科	4	8	5	17
ヒルガオ科	0	6	1	7
ナス科	1	3	2	6
ゴマノハグサ科	2	3	1	6
キク科	18	14	9	41
イネ科	11	10	14	35
その他の科*	13	17	27	57
計	60	74	75	209

*5種：アオイ科，アカバナ科，4種：アカザ科，カタバミ科，3種：アヤメ科，2種：ヤマゴボウ科，フウロソウ科，トウダイグサ科，セリ科，クマツヅラ科，シソ科，オオバコ科，トチカガミ科，1種：21科

　この分布図集がつくられた時点では，本書で紹介したミチタネツケバナやミズヒマワリはまだ含まれてはいない。1位のキク科と2位のイネ科が飛びぬけて種数が多く，3位のマメ科と4位のアブラナ科がこれに次ぐ。清水・近田(2003)が，キク科，イネ科，マメ科を「帰化植物の3大科」と見なしているのは，このデータによっても裏づけられる。また清水・近田(2003)は，在来植物の種数の多い科のうち帰化植物の種数がきわめて少ない科として，カヤツリグサ科，バラ科，ユリ科，ラン科，キンポウゲ科，セリ科，ツツジ科を挙げているが，さらにユキノシタ科，シソ科，スイカズラ科を加えるべきであろう。

　なぜキク科やイネ科に帰化植物が多く，一方でほとんど帰化植物のない科があるのかは，大変おもしろいが，じつは一口では説明できないなかなか難しいテーマなのである。帰化植物の成立には，①原産地での大発生，②他地域への移入，③移入地での定着・増殖という3つの過程が絡みあっており，そのため大きなバイアスがかかっているのであろう。①と③に関わる生活史戦略の議論は後にゆずることにして，ここでは②移入のチャンスについて考

えてみよう。

　浅井(1978)は、「種々の目的のもとに輸入され、栽培されていた有用植物が、栽培状態から脱出して野生化したもの」を逸出帰化植物、「まったく気づかないあいだに侵入し、帰化状態になったもので、いわば密入国者とでもいえそうなグループ」を自然帰化植物と呼んでいる。逸出帰化の割合が際立って高く、栽培目的も特殊なのはイネ科である(表2)。栽培目的のほとんどが牧草というのはほかに例を見ない。オオアワガエリ(チモシー)、カモガヤ(オーチャードグラス)、ネズミムギ(イタリアンライグラス)などが代表的な牧草であるが、牧草のなかにはハルガヤのように裸地の緑化に多用されるものもある。牧草や緑化用として現在も播種され続けているものは一種の栽培植物である。しかし、過去に逸出したものが広範に帰化しているので、帰化種として扱うのである。このような場合は、たしかに外来種と呼んだ方がよいかもしれない。牧草の多くはヨーロッパから導入されたが、牧草の種子に混入して渡来したイネ科帰化植物も多いに違いない。ちなみに、イネ科の観賞用というのはコバンソウである。マメ科も逸出帰化の割合が高く、クローバー(シロツメクサ、ムラサキツメクサ)やアルファルファ(ムラサキウマゴヤシ)など牧草が多い点はイネ科に似ている。一方、キク科とアブラナ科は逸出帰化の割合が低いのが特徴的である(表2)。キク科の逸出帰化植物のほとんどが観賞用で、セイタカアワダチソウやオオハンゴンソウもかつては観賞用に栽培されたといわれる。

表2 逸出帰化植物の割合と栽培目的(清水建美編「日本の帰化植物」を参考とした)

		観賞用	食用・薬用	牧草・緑化	緑肥	その他	計 (割合%)
キク科	(41種)	9	1	0	0	0	10 (24.4)
イネ科	(35種)	1	0	20	0	1	22 (62.9)
マメ科	(17種)	1	0	6	2	0	9 (52.9)
アブラナ科	(16種)	1	3	0	0	0	4 (25.0)
その他の科	(100種)	27	8	0	0	2	37 (37.0)
計	(209種)	39	12	26	2	3	82 (39.2)

自然帰化の場合，侵入のチャンスが大きいケースはふたつある。ひとつは，散布体(種子や実)が人や荷物，繊維原料(羊毛や綿花)などに付着して運ばれ侵入する場合である。小野(1978)は，キク科に「ひっつきやすい」果実を持つものが大変多いことに注目している。アメリカセンダングサやオオオナモミなど，カギやトゲにより動物にくっつく付着性動物散布のものに冠毛を持つものを加えて考えているのである。冠毛は風による種子散布(風散布)の道具であり，「放浪種」という帰化植物に特徴的な生活史戦略と密接な関係を持つが，日本への侵入の際には，付着して運ばれるのにおおいに役立ったと考えられる。表1のキク科植物のうち5種がカギやトゲを持ち，24種が冠毛を持つので，「ひっつきやすい」果実はじつに70％近くにのぼる。これはほかの科には見られない特徴で，キク科の帰化植物が多いひとつの理由と考えられる。ほかの科では，芒(のぎ)によって付着する果実を持つものがイネ科に少なからずあり(ムギクサなど10種以上)，ウマゴヤシやアレチヌスビチハギ(マメ科)，ノラニンジン(セリ科)などが挙げられるが，「ひっつきやすい」散布体を持つ帰化植物はそれほど多くはない。

　もうひとつの場合は，輸入された穀物や豆類などに種子が混入して移入されるケースである。こちらの方が運ばれる規模はずっと大きい。キク科にはこのケースもある。岩瀬(1977)は，オオブタクサの侵入の初期にその群落を豆腐屋の近くで見つけ，輸入大豆にともなって渡来したと推定している。北アメリカの大豆畑に雑草として生えていて，大きな種子を持つため大豆とともに篩(ふる)われて混入したのであろう。輸入大豆に混入して侵入したといわれるものには，ほかにアレチウリ(ウリ科)がある(環境省「外来生物法」ホームページ)。1992～95年に世界各地から輸入された麦類やナタネには70種以上の雑草種子が混入していたことが報告されている(浅井，2004)。このリストには，イネ科が最も多く，キク科，マメ科，アブラナ科，タデ科が次ぐ。ブタクサ，イヌカミツレ，オランダフウロ，コメツブウマゴヤシ，グンバイナズナ，イチビ，ヒメスイバ，アレチギシギシ，ナガミヒナゲシなどが含まれ，すでに定着した多くの帰化植物が輸入穀物とともに繰り返し侵入していることがわかる。

「成功した帰化植物」における草本と木本の割合(表3)は，帰化植物が多い科と少ない科を考察するヒントになる。表3を見ると，帰化植物の圧倒的多数は草本であり，特に一年草が約2/3を占めること，木本はほとんどないことがわかる。ここでいう一年草は春に発芽し夏～秋に開花結実して一生を終える夏型一年草(これを一年草ということも多い)とともに，秋に発芽し翌年春に開花する越年草(冬型一年草。これを二年草ということもある)を含む。この表の木本はイタチハギ(マメ科)とセイヨウヤブイチゴ(バラ科)である。よく見られるハリエンジュ(別名ニセアカシア，マメ科)は分布図が作成されていない。植栽されたものか帰化したものか区別できないのである。

帰化植物の多い科は主として草本の科である。なぜ草本，特に一年草が多いのかは帰化植物の生活史戦略を考える上で重要なポイントなのだが，ここではこの点を確認するだけにしておこう。主に木本のツツジ科やスイカズラ科の帰化植物がないこと，木本の多いバラ科の帰化が稀なことは，生活環のありようが帰化植物としての繁栄と密接な関わりを持つことを示している。しかし，草本の科であるセリ科，シソ科，カヤツリグサ科に「成功した帰化植物」が少ない点は説明が難しい。

表3 「成功した帰化植物」における一年草，多年草，木本の割合
(表1と同じデータベースによる。越年草は一年草に含めた)

	一年草	多年草	木本	計
キク科	30	11	0	41
イネ科	16	19	0	35
マメ科	10	6	1	17
アブラナ科	14	2	0	16
タデ科	3	6	0	9
ナデシコ科	8	0	0	8
その他の科	53	29	1	83
計(%)	134(64.1)	73(34.9)	2(1.0)	209

2. 帰化植物の生活と都市化
──セイヨウタンポポはなぜ都市に生えるのか？

タンポポ属の帰化種と在来種の生育地

　帰化植物の生活史戦略を語る手始めに，タンポポ属の帰化種(セイヨウタンポポとアカミタンポポ)を取り上げる。ヨーロッパから帰化したこれらの帰化植物の最もユニークな点は，農村から都市への日本の劇的な変化にともなって同属の在来種が消滅し，それと入れ替わるようなタイミングで増殖したことにある。農村的環境と都市的環境はどう違うのか，帰化植物が都市で増えるのはなぜかを考える格好の材料を提供してくれたのである。

　この現象を当初マスメディアは「タンポポ戦争」と呼んでいた。「追われゆくニホンタンポポ―はびこる西洋種に駆逐され」(毎日新聞, 1972)という見出しが象徴的に示したように，両者の闘争の結果，弱い在来タンポポが追われ，強い帰化タンポポが増えたという筋書きを描いたのである。

　タンポポ属の大規模な分布調査が最初に行われたのは阪神地方だった(堀田, 1977)。「タンポポはあなたの街のバロメーター」というスローガンのもと，1974〜76年に実施された。「あなたの街のタンポポを送ってください」という呼びかけに応えて頭花を送ってきた人は3,000人にのぼったという。10km四方のメッシュが，在来種と帰化種の報告数により4段階に評価された(図1左：堀田, 1978)。大阪湾に面した大阪市と神戸市の市街地を中心に「帰化種のみのメッシュ」と「帰化種の方が多いメッシュ」がある。その外側には「在来種の方が多いメッシュ」があり，さらにその外側には「在来種のみのメッシュ」が広がっていたのだった。この結果は人工衛星アーツが撮影した赤外線感光写真と対比され(図1右)，帰化種が多い地域と緑がはがされた都市部(赤外線を放出している地域)，在来種が多い地域と緑の多い農村部がみごとに一致していたのである。タンポポ調査運動は少し遅れて首都圏で行われ(Ogawa, 1979)，平塚市や富山県など各地に広がった。

　在来種タンポポの消滅と帰化種タンポポの分布拡大の原因が都市化の進行

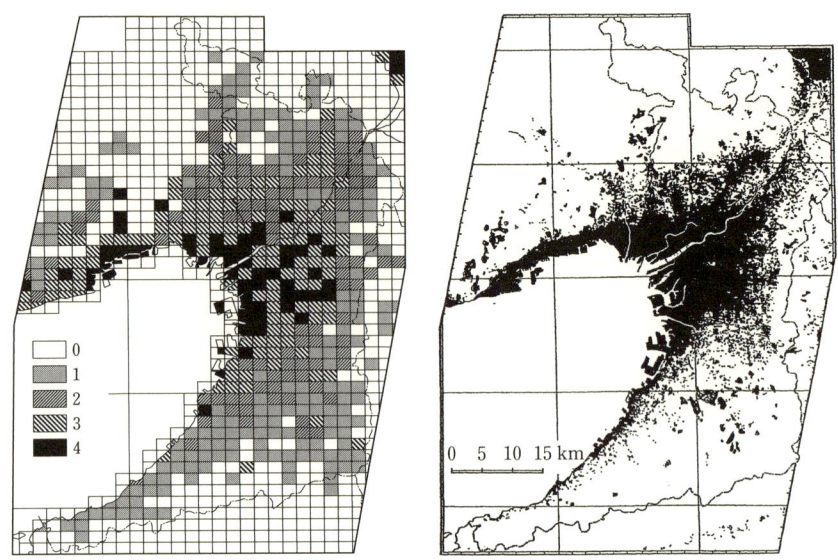

図1 阪神地方におけるタンポポ調査の結果(左)と人工衛星アーツから撮影した赤外線写真(右：黒い部分は赤外線を放出している都市化した地域)(堀田, 1978)。メッシュは10×10 km。0：報告なし, 1：在来種のみ, 2：在来種が帰化種より多い, 3：帰化種が在来種より多い, 4：帰化種のみ

であることは容易に推測されるが，この仮説は阪神地方や首都圏におけるその後30年以上に及ぶ継続的な調査により検証されたといえる。蛇足ながら，都市と農村がタンポポの分布と明瞭に一致したのはこのときが最後となった。80年代に農村部は急速に侵食され都市との境界はあいまいになっていったからである。

都市化により，なぜ在来種タンポポは消え帰化種タンポポが増えるのだろうか？ この問いに答えるためには，両者の生育地の違いをまず理解する必要がある。

在来種タンポポは，田畑周辺の斜面や川の土手，路傍，墓地，雑木林の林縁などに生じる「農村の草地」に生育する。この小規模な草地は，5月末〜8月にかけた数回の草刈りと，秋に行われる野焼きなどの定期的で緩やかな干渉(攪乱)により維持されてきた。定期的といっても草が伸びてきたら刈る

という程度のルーズなものだが，それでも草が伸びる季節に同調している．植物にとって「予測可能」predictable な干渉と見なすことができる．また，農村の草地は何十年〜百年以上にわたって存在し続けてきた安定した生育地といえる．この草地の消失こそ，在来種タンポポが減少する直接的な原因と考えられる．

　農村や中山間地において人の干渉のもとに成立する植生は，里山・里地として近年再評価されている．二次的な自然ではあるが，人間の生産や生活と共存できる持続可能な自然だからだ．里山・里地は，耕地の雑草群落，ため池や小川の湿性植物群落，雑木林，萱場，「踏みあと群落」などさまざまな植生により構成されているが，草刈により成立する草地(「刈りあと草地」)はその最も重要な構成要素といえる．そこには，在来タンポポとともにスミレ，スイバ，ゲンノショウコ，オカトラノオ，ノアザミ，ヨメナ，ノコンギク，アキノノゲシ，カキドオシ，ノビル，ツルボ，ヤブカンゾウなどの在来植物が多数見られる．

　一方，帰化種タンポポは都市公園，市街地の歩道の敷石の間や街路樹の周り，中央分離帯，宅地造成地，空き地など「都市的荒地」に生育する．在来種の生育地とは人間の干渉が加わる点は同じだが，加わり方がまったく違っている．

　「都市的荒地」は，ブルトーザーで根こそぎ植生をはぎとるというような激しい攪乱の結果生じた裸地的な場所である．最大の特徴は，攪乱が季節に関係なく突然襲ってくることである．宅地造成地のような場所は数年間放置されるかもしれないし，ただちに住宅が建ってしまうかもしれない．人間の経済的都合なので，植物にとってはいつ攪乱が加わるのか「予測不可能」unpredictable な不安定な環境なのである．帰化植物の多くは，このような「都市的荒地」に生える都市雑草ともいえる植物で，帰化率(帰化種数/全種数)が70%以上を占めるのは都市では普通のことである．

　阪神地方のタンポポ調査の中心的な担い手であった木村は，タンポポの生育地の土の性質を克明に調べている(木村, 1980)．在来種カンサイタンポポの生育地は弱酸性に傾く(pH 5.5〜6にピークがある)のに対し，帰化種の生育地

はアルカリにピークをもつ(pH 7.5〜8)。また，帰化種の生育地の土は有機物(灼熱減量)が少なく，含水率が低い。「都市的荒地」は，腐植土壌がはがされ，貧栄養で乾燥した過酷な場所といえるだろう。

対照的な生活史

在来種はどのようにして草地に適応しているのだろうか？　また，帰化種タンポポは不定期で激しい攪乱が襲う「都市的荒地」でなぜ増殖できるのだろうか？　これらの疑問を解くために両者の生活史を比較してみよう。

(1) **群れ繁殖者と単独繁殖者**

まず注目するべきは繁殖様式である。タンポポ属には二倍体(染色体数 2n＝16)と三〜十倍体の倍数体があるが，二倍体は有性生殖，倍数体は無融合生殖を行う。無融合生殖は雌しべのみで種子をつくる無性的種子繁殖のことで，生活形の提唱者として有名なラウンキエにより 1856 年にセイヨウタンポポで発見された。つぼみのときに切断し，子房だけ残した状態にしても種子ができたのである。アリマキなどが行う単為生殖(未受精卵の胚発生)と区別するのは，種子形成の過程が胞子形成と配偶体世代(花粉や胚のう)を含む複雑なものだからである。タンポポ属の場合は非減数性の大胞子(胚のう細胞)と胚のうが形成され，卵細胞が単為発生して種子ができる(Battaglia, 1948；森田, 1997)。

帰化種はセイヨウタンポポもアカミタンポポも三倍体(2n＝24)で，無融合生殖を行う単独繁殖者である。8〜9 割の頭花が 80％以上の稔性率を示し，平均稔性率も約 85％と高い。「群れからの自由」は，帰化種が都市的荒地に侵入し増殖する上で，きわめて有効に機能したであろう。実際，街中のちょっとした空間に 1 株だけ生えていても十分に種子をつけている。

近畿・中部・関東地方のタンポポ調査においてもう一方の主役となった，カンサイタンポポ，カントウタンポポなどの在来種は二倍体で，普通の種子繁殖(融合生殖)を行う。しかも強い自家不和合性があり，自分の花粉では種子ができない。もっぱら他家受精を行い，繁殖に群れを必要とする「群れ繁殖者」である。新潟の二倍体種(シナノタンポポ)で調べたところ，約 6 割の頭

花は80％以上の高い種子稔性率を示したが，2.5割は10％未満で平均稔性率は約70％だった。群れを形成している場合は比較的高い稔性率を示すことがわかる。しかし，個体群の密度，訪花昆虫，天候などさまざまな要因により種子稔性率は大きな影響を受けることが予想される。ブルドーザーによる人里の草地の破壊は群れを破壊し，在来二倍体が消える最大の原因となったと考えられる。また，たとえ裸地に種子が飛び込んで発芽しても，後続者がいなければ繁殖できない。

問題は，在来種にも倍数体があり，無融合生殖を行う単独繁殖者があることだ。北陸・東北地方から北海道にかけて広く分布するエゾタンポポは三倍体または四倍体，西日本のシロバナタンポポは五倍体なのである。シロバナタンポポは都市に進出する傾向があるが，エゾタンポポは在来の二倍体種と同様に都市化により消滅する。それゆえ，繁殖様式の違いだけで都市化によるタンポポの消長を説明できるわけではない。生活史全体に目を向ける必要がある。

(2) 草むら生活者と裸地生活者

在来種と帰化種の生活の違いは，葉の数の変化を見るとよくわかる(小川，1978)。図2にエゾタンポポ(無融合生殖者)の例を示すが，カンサイタンポポやカントウタンポポなどほかの在来種も同じ挙動を示す。葉数は春の開花期

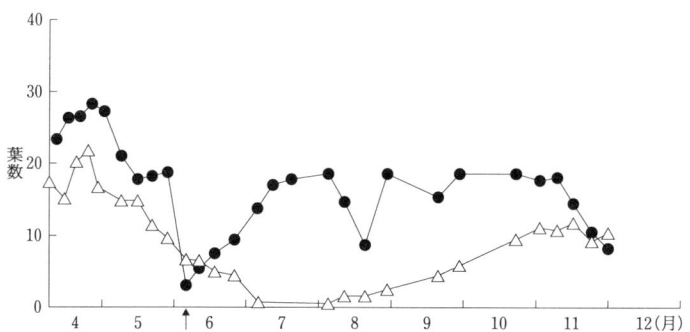

図2 コドラート(1m×1m)内の総葉数の季節変化(大沼・後藤，1984)
●セイヨウタンポポ，△エゾタンポポ

にピークとなり，果実期に減少して真夏には地上部はまったくなくなる。そして秋に新葉を展開して越冬する。在来タンポポは周りの草丈が高くなる夏の間は眠って過ごすのである(栄養休眠)。タンポポ属は一生をロゼットで過ごす。ロゼットというのは，1 cm ほどの短い茎に葉を密につけ，地表に放射状に広げる生活形で，開けた明るい場所に適している。地表面の空気の層は冬季も極端な低温にならず，日が当たれば適度な温度が保たれるので，春になれば地上茎を伸ばす植物も冬はロゼットで過ごすものが多い(ナズナ，ヒメムカシヨモギなど)。ロゼットのウイークポイントは，ほかの植物に覆われてしまうとお手上げなことである。この制約のなかで，在来タンポポは草むらの四季に適応した生活を送っているのである。

　セイヨウタンポポの葉の変化は，在来タンポポとまったく異なる(図2)。春に増加し，花期が終わると減少する点は同じである。ところが，すぐに再び葉を増やして花を咲かせ，増減を繰り返しながら夏の間も休まず稼ぎ続ける。裸地に生えるのでほかの植物に覆われることがなく，休眠の必要はないのである。休眠するどころか，夏に葉は大きくなり光合成能力は増大していると考えられる。

　発芽習性についても小川(1978)・Ogawa(1978)はおもしろい違いを見つけた。二倍体在来種カントウタンポポの種子は初夏(6～7月上旬)や翌年の早春(2～4月)にも多少発芽するが，主に当年の秋(9月末～11月)に発芽する。一方セイヨウタンポポでは5月に播種するとただちに一斉発芽を始め，2週間で完了してしまったのである。

　大島(1979)が，カントウタンポポ(論文ではセイタカタンポポ)と倍数体種エゾタンポポについて追試実験を行っている(図3)。自然変温では，カントウタンポポは7月末までごくわずかしか発芽しない。エゾタンポポの発芽率も40％を超えない。30℃でカントウタンポポはまったく発芽せず，エゾタンポポも発芽したものはわずかであった。小川(1978)が指摘しているように，初夏には休眠解除されているが，夏の間は高温によって発芽が抑えられているのである(環境休眠)。散布直後の在来種の種子は一部が休眠状態にあり，非休眠種子も発芽速度が遅いため，発芽せずに高温期に入ると考えられている

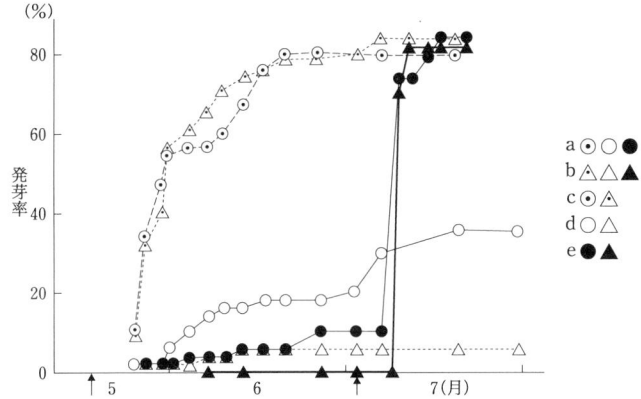

図3 異なる温度条件による在来種タンポポの累積発芽率(大島, 1979)。湿った濾紙上に播種。左の矢印は播種日，右の矢印は30℃から15℃に移した日を示す。
a：エゾタンポポ, b：カントウタンポポ, c：15℃, d：自然変温, e：30℃

(小川, 1998)。15℃に移すとただちに一斉発芽することは，気温の低下により抑制がはずれて秋発芽していることを示している。草が枯れて生じる「植生のギャップ(隙間)」vegetation gap をねらった草むら生活者の発芽のタイミングといえよう。

一方，セイヨウタンポポの種子には休眠性がなく，広い温度域でただちに発芽する(図4)。これは裸地生活者の特徴をよく示していると思う。大島(1979)が用いた富山県のセイヨウタンポポは30℃でもよく発芽したが，アカミタンポポでは40%ほどしか発芽していない。また，東京産のセイヨウタンポポには高温により抑制される系統もあるようである。しかし，セイヨウタンポポやアカミタンポポの場合は散布直後の種子に休眠性がないので，春にできた種子は夏がくる前にすべて発芽してしまっているのである。

(3) 貯蔵か生産か

図5には，青森県のリンゴ果樹園に混生するエゾタンポポとセイヨウタンポポの葉と根の乾燥重量の割合の変化が示されている(Sawada et al., 1982)。果樹園の雑草は定期的な草刈りにより管理されていて，矢印は草刈りが行われたときを示している。

16　第Ⅰ部　「放浪」と「侵略」を概観する

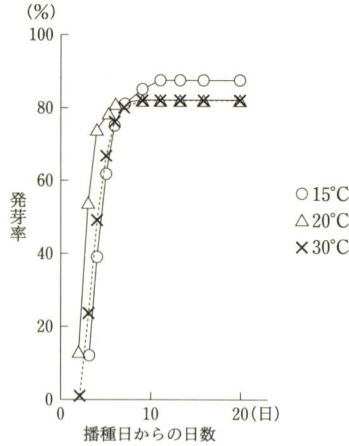

図4　異なる温度条件によるセイヨウタンポポの累積発芽率(大島，1979)

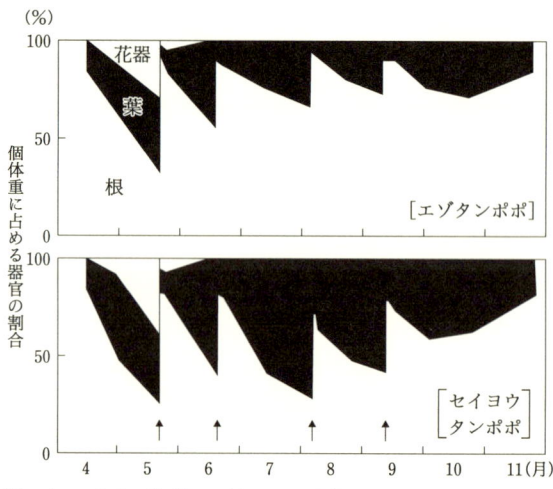

図5　2種のタンポポの草刈りに対する反応(Sawada et al., 1982)。矢印は草刈りの時期を示す。

通常は夏の間栄養休眠をするエゾタンポポも，地上部が刈り取られると新葉を展開するが，セイヨウタンポポと比べ葉の割合は低いままである。在来種は地下部への貯蔵にウエイトがあるのだろう。安定した生育地にすみ続ける定住生活者の挙動と見なすことができよう。

セイヨウタンポポは刈られるとすぐに葉を出し，葉の乾燥重量の占める割合が個体全体の70％に達することもある。試みに開花期の葉数を比較してみると，エゾタンポポではどんなに大きな株でも葉数は90を超えないが(乾燥重量20gの個体が80枚)，セイヨウタンポポでは小さな個体でも多数の葉をつけていた(乾燥重量3gで95枚，1.7gで41枚)。帰化種は貯蔵より生産にウエイトを置いているのである。

生産にウエイトを置いて何をしようとしているのだろうか。セイヨウタンポポが夏の間も稼ぎ続けるのは，種子生産のためである。1年を通して「季節はずれの」花が散発的に咲きつづけ，種子を散布しつづける。

(4) **生活環の回転速度**

図6はちょっとおもしろい写真だ。たった1個の頭花をつけた幼いセイヨ

図6 頭花を1個つけたセイヨウタンポポの小個体。1円硬貨の大きさと比較してほしい。

ウタンポポである。ロゼットの直径は4cmで葉は3枚。小花数は20。前年の春に発芽してほぼ1年経ったものだろう。多年草だが，1年草のようにすばやく繁殖を開始するのである。注意して観察すると，セイヨウタンポポはほとんどすべての個体が花をつけていることに気づく。在来種は発芽してから開花までに3年ほどかかり，ロゼットの直径が7〜8cmになってやっと花をつけるので，個体群には未着花株が多数見られる。安定した草地に定住的な生活を送る在来種は，それでやっていけるのだろう。予測不能な撹乱に襲われる都市の荒地では，のんびりとしてはいられない。すばやい生活環の回転によって，束の間の安定期に種族を維持しなければならないからである。

(5) **風散布能力と種子生産**

タンポポ属の果実にはパラシュート形の冠毛があり，風散布の代表的なものだ。キク科の果実はなかに種子が1個だけできる。種皮は膜状で果実と一体化しているので，やせた果実という意味で痩果と呼ばれる。タンポポの痩果をタネと呼んだり実と呼んだりするが，どちらも正しいといえる。

帰化種は在来種よりずっと小さなタネをつける(図7)。重さで比べると半分程度である。風散布能力を示す最終落下速度は，在来種が秒速42cm，セイヨウタンポポが31cm。当然のことながら落下速度が遅いものほどよく飛ぶ。つまり帰化種のタネは在来種よりずっと軽くてよく飛ぶのである。

生産する種子の数については，じつは簡単には語れない。30個体調べたところ，セイヨウタンポポの個体当たりの平均種子数は約1,100個(頭花数9，平均小花数121)，種子稔性率(85%)を考慮すると約925個と推定された。在来種のエゾタンポポは大きな頭花をつける無融合生殖者であるが，個体当たりの種子数はセイヨウタンポポより大きな値を示し1,950個であった(頭花数14，小花数139)。種子稔性率70%を考慮しても1,360個だった。セイヨウタンポポは牧草地など土壌条件，光条件が良いと非常に多数の頭花をつけ，筆者が観察した最も大型の株は春期だけで91個の頭花をつけ，種子数は1万7,000を超えると推定された(平均小花数207，種子稔性率も平均93%)。しかし都市の荒地は貧栄養で強い撹乱が加わるため，普通はこんなに多数の種子をつけない。しかも前に述べたように小さな個体も花をつけるので，平均すると

このような小さな数字になる。逆にエゾタンポポは花をつけていない株があるので，上記の値は過大ともいえる。

　1株が生産する種子の数を競い合ってもじつは意味がない。同じ環境で競争しているわけではない。不安定な都市の荒地において有利なのは，多数の個体が種子生産を行うことに加え，散発的でも継続して種子をまき散らし続けることなのだ。

(6) セイヨウタンポポの強さと弱さ

　以上の点をまとめてみよう。セイヨウタンポポは貧栄養で乾燥しがちな都市的荒地で増殖しているのだから，過酷ともいえる土壌条件に十分に耐性を持つことは疑う余地はない。しかしセイヨウタンポポの本当の強さは，不意に激しい攪乱が襲ってくる不安定な環境で増殖できることにある。それは，攪乱に耐えるのではなく，すり抜けるのである。攪乱と攪乱の間をかいくぐって発芽し成長し生産し，種子を飛ばすというすばしこさによって，すり抜けるのである。この芸当は在来種タンポポにはできない。

　在来種タンポポの強さは，里山の草地において草丈の高い植物との競争を避ける技を持っていることである。この技を持たないセイヨウタンポポは，草地に侵入することができない。これがセイヨウタンポポの弱さである。そのため，セイヨウタンポポは人がつくった裸地から裸地へと放浪しつづけるしかないともいえる。

3. キク科の放浪種

　セイヨウタンポポのような放浪生活を行う帰化植物はキク科に多数見られ，筆者は「放浪種」と見なしている。

放浪種とは何か

　放浪種 fugitive species の概念を提案したのはミジンコ研究者のハッチンソンで，もともとは動物生態学の概念だった。彼は次のように述べている。

　「サクセッション(生物群集の遷移)の初期のステージにだけ存在する種が

ある。攪乱のない情景においては，彼らは明らかに非常にローカルな存在である」。「彼らが存在できるのはすぐれた散布メカニズムをもつからである」。「彼らは永久に移動し続ける。1つの地点では(サクセションの進行にともない)競争に負けて常に消滅してしまうが，どこか別の場所に新しいニッチが開くと，そこに再度定着することにより生き残ってゆくのである」。「この類の種は，環境の小さなゆらぎが競争者からの逃げ場を用意する限り，"競争からの自由"をエンジョイする」(Hutchinson, 1951)。

　放浪種の概念は植物において，より有効に適用できる。多くのキク科帰化植物である。ロゼット型のセイヨウタンポポやブタナ，草丈30 cmに満たないノボロギクやチチコグサモドキ，草丈1〜2 mになるオニノゲシ・ダンドボロギク・ヒメジョオン・ハルジオン・オオアレチノギク・アレチノギク・ヒメムカシヨモギなど姿かたちはさまざまであるが，共通して明るく光のよく当たる陽地を好み，今日の都市では舗装道路のへりや人家の庭，学校や公園・空き地・河川敷などさまざまな場所にごく普通に見られる最もありふれた植物となった。都市的荒地のほか農村にも多く，攪乱により生じたさまざまなタイプの「植生のギャップ(隙間)」に生える。ノボロギクは畑地でよく見かける。ヒメジョオン・オオアレチノギク・ヒメムカシヨモギは，耕作を放棄された畑に大きな群落を形成する。ダンドボロギクやベニバナボロギクは窒素分の多い土壌を好み，森林の伐採地によく生じる。

　攪乱がつづかない限りギャップは永続せず，すぐ植生によりふさがれてしまう。これらのキク科植物は裸地が生じると最初にパイオニアとして出現するが，覆われることに耐えられないので，耐陰性の強い植物の増加とともに消滅してゆく。これらの種が存続できるのは，裸地から裸地へと常に移動しているからであり，それゆえ放浪種(放浪植物)と呼ばれるのである。

「空間的に予測不可能なギャップ」をねらう

　移動はもちろん種子による。Grime(1979)は，「空間的に予測不可能なギャップ」に実生を生じることをねらう方法であるとして，「大量風散布種子型」の世代更新戦略と呼んだ。都市の裸地などのギャップはどこに生じる

かわからないので，大量の種子を継続的に風でまき散らし，偶然性にまかせるのである。大量の種子によってギャップを探すともいえる。ほとんどの種子は無駄になるし，タネが小さいので実生も小さく生存率も低い。それは莫大な数と引き換えに選んだ小さなタネのかかえるジレンマなのだが，好運なものがギャップに飛び込んで生き残れば目的を果たしたことになる。

　Salisbury(1975)が述べるように，「人類の登場以前，森林の崩壊は主に山火事，地滑り，洪水によって起こり，より小規模なものはほとんど倒木の結果だった。人類の活動は開放的な生育地の範囲と頻度の両方を大きく増大させ」，風散布が効果的となった。

　図7にさまざまなキク科植物の散布体(冠毛と果実)を示す。図中の帰化植物6種はすべて放浪種である。落下速度が最も小さく飛翔能力が高いのはダンドボロギクで，オオアレチノギクがこれに次ぐ。セイヨウタンポポは6種のなかでは中ぐらいの飛翔能力を持つことがわかる。図には示されていないが，ヒメムカシヨモギとヒメジョオンのタネはオオアレチノギクよりさらに小さく軽い(1粒がそれぞれ0.026 mg，0.020 mg)。

　図7には在来種のタネも6種示してある。このうち，ハハコグサのタネの軽さと落下速度の小ささに驚かされる。ハハコグサのタネが飛ぶようすはまるで煙が昇るように見える。また，ニガナも帰化種と比べて遜色ない軽さと小さな落下速度を示している。じつはこの2種は放浪種なのである。放浪種と見なせる在来のキク科植物には，ほかにオニタビラコ・ノゲシ・チチコグサがあるが，帰化種と同じような場所をうろつき，都市雑草としてもなじみのものである。

　エゾタンポポ・カントウタンポポ・ノアザミは，前に述べたように里山の草地に生育する定住生活者であり放浪種ではない。また，ハマニガナは飛砂に埋もれるという強いストレスのかかる海浜にのみ生育する砂丘植物で，これも放浪種ではない。これら4種の在来種は最終落下速度が大きく，特にハマニガナの落下速度はきわめて大きい。種子の貯蔵物質を大きくして実生の生存率を上げようとしていると考えられるが，親植物により試され済みの生育地からはずれて飛びすぎないようにしているともいえる。定住的な生活に

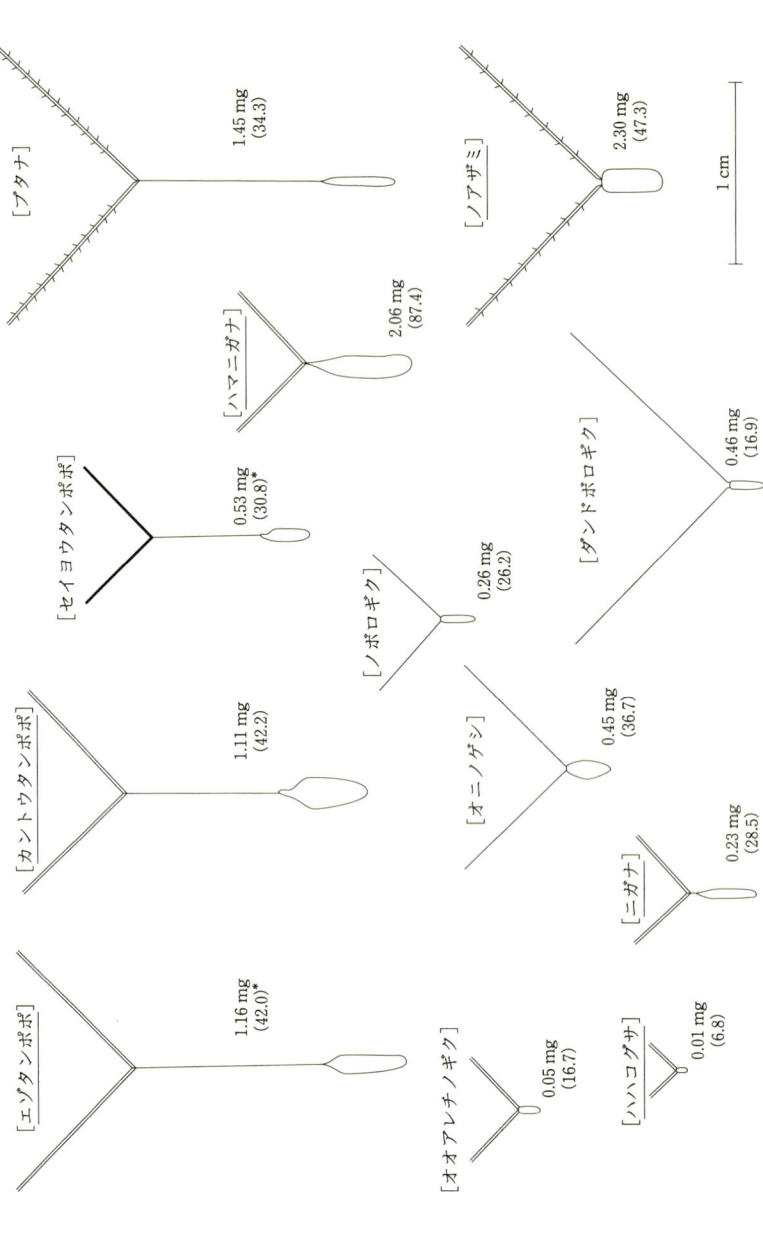

図7 冠毛を持つキク科植物の痩果(図とデータは高橋, 1981, *のついた落下速度は内藤, 1975による)。冠毛を含む重さ(mg)と( )内に最終落下速度(cm/秒)を示す。種名に下線のあるものは在来種

なぜ冠毛が必要なのか，疑問が生じるかもしれない。草地の在来種も，実生が生き残るためには小さなギャップが必要であり，砂丘植物の場合は発芽適地はもっと限られていると考えられる。親植物の近くにタネを散らす点は異なるが，運を天にまかして風散布する点は放浪種と同じなのである。

　キク科放浪種の1個体当たりの種子生産能力を推定した(表4)。タネは次々とつくられては散布されてしまうので，収穫して数えることができない。そこで，頭花当たりの平均小花数に個体当たりの頭花数をかけて推定することになる。この値は潜在能力を示すもので，実際には60%程度の種子稔性率をかけてやる必要がある。ブタナ以外は最大1万個以上のタネをつけ，特にオオアレチノギクとヒメムカシヨモギは数十万個という莫大な数のタネをつくる能力がある。ヒメムカシヨモギでは約82万個という驚くべき数が報告されている(赤座, 1940)。これは，宮脇(1965)に掲載され，よく引用されてきたデータであるが，にわかには信じられなかったので，8月下旬に最大規模の個体(高さ2m, 根際の直径3cm)を採取して数えてみた。この時期，ヒメムカシヨモギは開花中の頭花と多数のつぼみをつけ，すでに種子散布を開始

表4　キク科放浪種の種子生産能力(①高橋, 1981；②草薙・近内・芝山, 1994；③Hao et al., 2009；④赤座, 1940；⑤Weaver, 2001)。
小花数，頭花数の計数に用いたサンプルは新潟市で採取。ヒメムカシヨモギの平均頭花数は，平均草丈80cmの頭花数による推定値

	平均小花数 a	平均頭花数 (最大頭花数) b	サンプル数	平均種子数(最大種子数)/個体 a×b	文献値
ハルジオン	388	15　(67)	31	5,820 (25,996)	
ヒメジョオン	310	35　(282)	27	10,850 (81,220)	91,728②
オオアレチノギク	101	1,634 (3,044)①	30	165,034(307,644)	60,000以上③, 114,816②
ヒメムカシヨモギ	47	184(13,349)	―	8,648 (627,409)	小株 59,960 大株 819,620④ 2,000(40 cm), 230,000(1.5 m)⑤
ノボロギク	66	61　(233)①	30	4,026 (15,378)	19,768②
オニノゲシ	257	38　(146)	30	9,766 (37,522)	
ブタナ	85	10　(54)	30	850　(4,590)	

しているが，直径 0.5 mm に満たないごく小さなつぼみが無数にあり，これがすべて開花結実し，種子稔性率100%という仮定で計算した。平均小花数は47で頭花数は1万3,349個，種子数は62万7,403個という値となった。天候などの影響により種子稔性率は実際にはずっと低いことや，ごく小さなつぼみの多くが開花結実に至らない可能性を考えると，過大な推定値ではあるが，82万は現実味のある数であった。

　ヒメムカシヨモギやオオアレチノギクの2mに及ぶ草丈は，タネの飛翔距離を延ばし広範囲に散布するのに効果的である。さらに大形の株は，種子生産を長期間行うという意味も持つ。8月中旬から種子を散布し始め，11月まで3か月半に及び少しずつ散布してゆくが，このことが新たに生じるギャップを活用するのに大いに役立つことはいうまでもない。ともあれ，これらの帰化種は人間がつくり出した大規模なギャップに大増殖を遂げ，「侵略種」と見なされることになったのであるが，自然生態系への影響は大きなものではない。

　休眠性がないことはキク科放浪種の大きな特徴である。セイヨウタンポポの発芽習性を思い出してほしい。オオアレチノギクとヒメジョオンの発芽習性については次のような報告がある(Hayashi and Numata, 1967)。オオアレチノギクは広い温度域(10〜30℃)で良く発芽し，発芽率は播種後2日で44%，4日で80%に達したという。ヒメジョオンは10℃ではほとんど発芽しないが，20〜30℃では良く発芽した。これはオオアレチノギクの花が夏〜秋にかけて咲くのに対し，ヒメジョオンの花期が初夏であり，種子散布の時期が異なることとよく対応している。発芽の立ち上がりはヒメジョオンでは播種後4日で14.5%，8日で70%と少し遅いが，休眠性がない点は共通している。筆者もハルジオン(6月13日播種)で確かめている。散布直後のタネを湿った濾紙にまくと(室温)，1日で47.4%，2日で83%発芽したのである。

　放浪種が放浪生活を実現するために必要な習性はほかに2つある。ひとつはすばやく一生を終え，種子を残して次世代に引き継ぐという小回りのきく生活環。キク科の放浪種のほとんどすべてが一年草(越年草を含む)で，多年草はセイヨウタンポポとブタナなど少数派だ。

しかし，「生殖成長への切り替えの早さ」という点では，後に述べるシードバンク型の畑地雑草にはとてもかなわない。たとえば在来雑草のスベリヒユやトキンソウは7〜8月において，発芽から初回結実に至る日数が20〜25日，イヌビユは25〜30日である（赤座，1940）。赤座はこれを早産性と呼び，この性質により畑地雑草が除草をかいくぐり繁茂すると考えている。一方，放浪種のアレチノギクは120日，ヒメムカシヨモギは180日というデータを挙げて「甚だしく晩産性であるが，斯かるものでは耕作下の農地に繁茂し得ず。路傍又は荒蕪地に駆逐されて，其処から圃場に向かって種子を散布するに止まる」と述べている。多くの種子が夏〜秋に発芽するので，アレチノギクもヒメムカシヨモギも初回結実に9か月〜1年かかる。畑地ほど頻繁な攪乱のない荒地をねらう放浪種にとっては，1年もあれば生活環を回転するのに十分なのだろう。

群れからの自由

放浪種となるもうひとつの要件は「群れからの自由」（単独繁殖者）である。首尾よくギャップに飛び込んだとしても，ほかに同種の仲間がいないことも多いに違いない。一年草にとって種子がつくられなければ，種族は維持できない。確実に種子生産を成功させる保障はあるのだろうか。セイヨウタンポポのように「群れからの自由」はあるのだろうか。代表的な4種のキク科放浪種（ムカシヨモギ属のハルジオンとヒメジョオン，イズハハコ属のオオアレチノギクとヒメムカシヨモギ）の交配システムについて見てみよう。

(1) **ハルジオンとヒメジョオン**

タンポポ属などのタンポポ亜科の頭花はすべて両性の舌状花からなるので，比較的単純な構造だが，ムカシヨモギ属やイズハハコ属などのキク亜科の頭花は周辺部に舌状花，中心部に筒状花という2種類の小花からなり，性表現も多様である。

頭花は多数の小花の集まったものなので形態学的には花序（頭状花序）なのだが，訪花昆虫には舌状花を花弁とする1個の花として見えているだろう。多くのキク亜科と同様，ムカシヨモギ属の舌状花は雌花，筒状花は両性花で

あるが，蜜腺は筒状花のみにあるので，訪花昆虫にとっては筒状花の集まった中心部が「花粉と蜜のある場所」ということになる。まず舌状花が咲き，次いで筒状花が周辺から中心へと咲いてゆき，両種ともにすべての小花が咲き終わるのに8〜10日かかる。

ハルジオンとヒメジョオンの頭花は一見よく似ているが，小花の構成は大変違っている(図8)。ハルジオンの頭花は大きなものでは800個以上，平均400個の小花からなるが，その半数以上を雌花(舌状花)が占めている。まるで糸のような細い花冠(幅はわずか0.2 mm)を持つ雌花が非常に多数あるという点で，ハルジオンはキク科のなかでもユニークな存在なのである。一方ヒメジョオンでは雌花は少なく，70〜80%が両性花(筒状花)である。この違いが種子生産にどのように効いてくるのかは興味深いテーマなのであるが，後で述べる理由により追究できないのは残念なことである。ヒメジョオンの舌状花に冠毛がないことに気づかれただろうか？　この点については，後で述べる。

交配システムを明らかにするために，開花前の頭花に次の4つの処理を行った(服部, 2005)。①頭花の上半分を切除する(子房を残す)，②紙袋をかける(自動自家受粉)，③紙袋をかけておいた頭花に同じ株の他の頭花の花粉を受粉させる(人工自家受粉，開花中毎日実施)，④同じ処理を他株の花粉により行う(人工他家受粉)である。小さな痩果に種子ができたかどうかは顕微鏡を使わないとわからない。飛ばないようにセロハンテープにはりつけ検鏡する。

ハルジオンとヒメジョオンの結果は対照的に違っていた(図9)。切除処理(A)の結果，二倍体(2n=18)のハルジオンは種子がまったくできなかったが，三倍体(2n=27)のヒメジョオンは高い種子稔性率を示したのである。ヒメジョオンはセイヨウタンポポと同様，無融合生殖を行うことが知られている(Gustafsson, 1946-47)。袋かけをした場合も人工受粉した場合も差がなかったのは，当然の結果といえよう。まさに単独繁殖者なのである。ヒメジョオンの花粉は大きさがふぞろいで，小さな花粉は中身が抜けている点もセイヨウタンポポと同じである。開いて3日後の頭花(小花の開花率50〜70%)にもう胚が見られるようになる。まだつぼみの状態の小花にも胚ができている。早熟

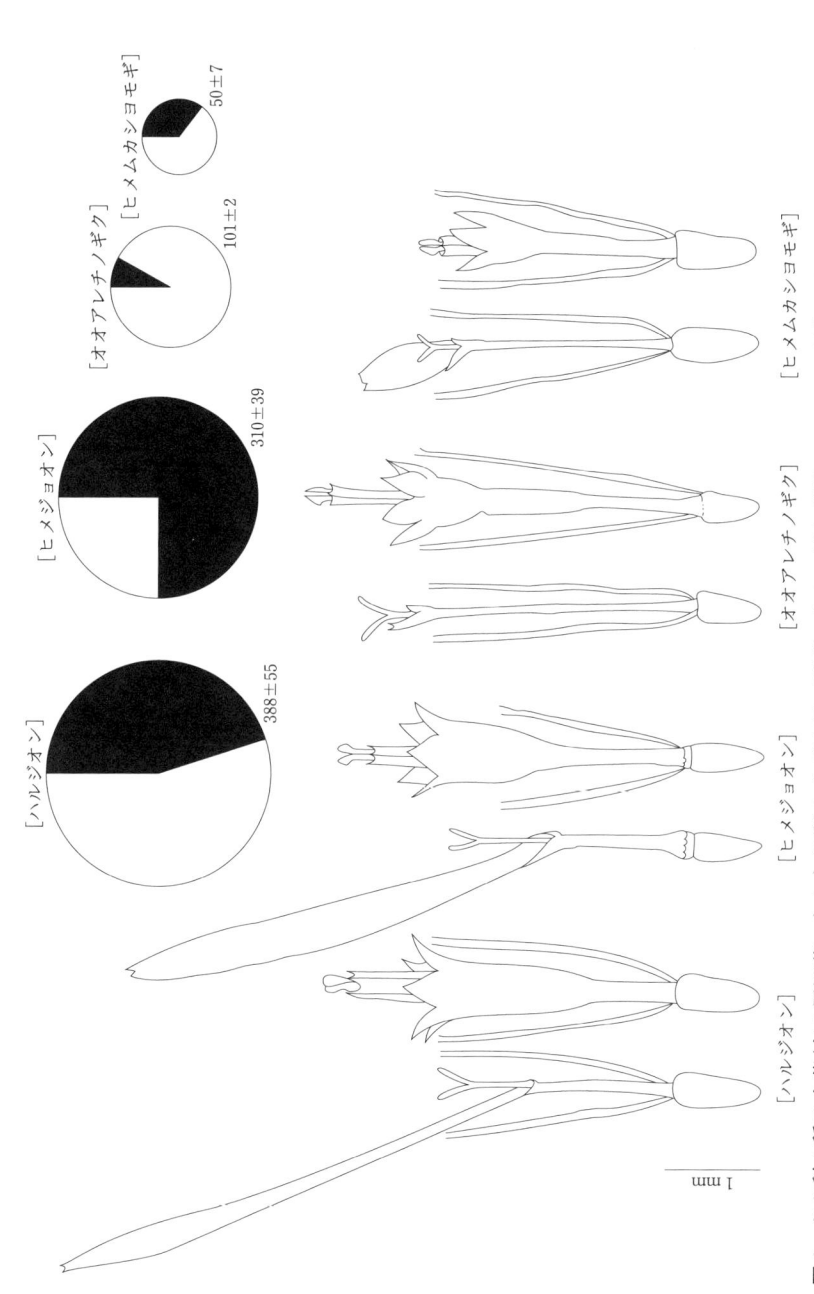

図 8 キク科 4 種の小花(左:周辺花,右:中心花)および 1 個の頭花に占める割合(服部,2005。30 頭花のデータによる)。円グラフの白色部が周辺花(雌花),黒色部が中心花(両性花)。数字は小花数の平均値±標準偏差

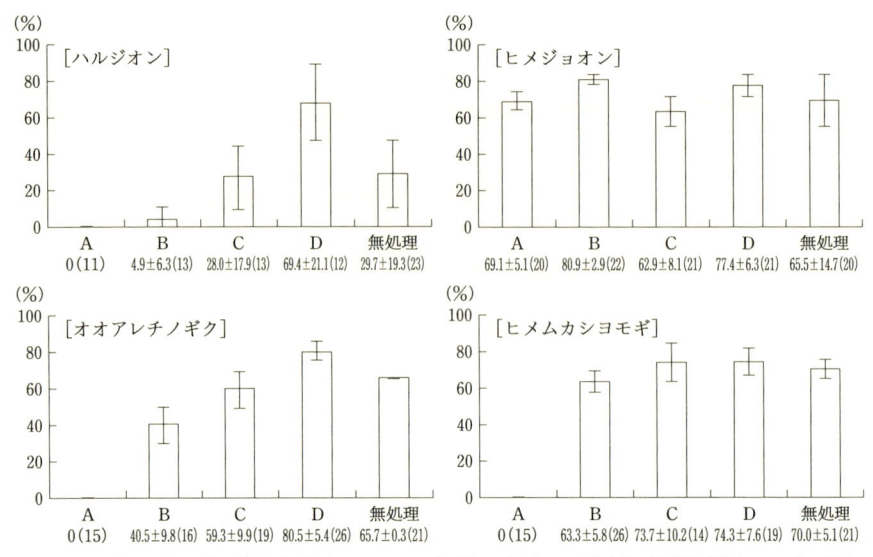

図9 キク科4種の種子稔性率(服部，2005に加筆)。数字は平均値±標準偏差(サンプル数)。
A：柱頭・葯切除，B：自動自家受粉，C：人工自家受粉，D：人工他家受粉

胚発生を行っているのである。自然稔性率(無処理)は無融合生殖者としては低い(平均65.5％)。

　ハルジオンは，袋かけと人工自家受粉で種子ができるので，自家受精が可能である。しかし，袋かけの種子稔性率がきわめて低いことは，自動的に自家受粉する仕組みが備わっていないことを示している。自然稔性率は低く，平均29.7％だった。人工受粉を行うと稔性率が増加したので，訪花昆虫の不足，あるいは雨などの影響と考えられる。自家受粉より他家受粉の稔性率が高かった理由は不明だが，弱い自家不和合性があるのかもしれない。頭花は大きく，花弁の機能を持つ多数の舌状花があることも虫媒の必要性を暗示しているのだろう。ハルジオンは大量風散布型の放浪植物には違いないが，その放浪性はヒメジョオンよりずっと弱いと考えられる。

(2) オオアレチノギクとヒメムカシヨモギ

　この2種は周辺花の花冠が小さく目立たない。ヒメムカシヨモギは舌状の短い花冠が頭花からのぞいているが，オオアレチノギクではほとんど発達し

ない(図8)。また頭花はハルジオンよりはるかに小さく, オオアレチノギクは直径 3〜4 mm(小花数は約 100 個), ヒメムカシヨモギでは 2 mm しかない(小花数は約 40〜55 個)。頭花の開花からすべての小花が咲き終わるまで 4 日ほどしかかからない。

おもしろいことに, 雌花(周辺花)の割合が非常に大きく両性花(中心花)が少ない。ヒメムカシヨモギでは 60〜80%, オオアレチノギクでは 90% を雌花が占める(図8)。オオアレチノギクでは 100 個の小花のうち, 両性花は 10 個ほどしかないのである。蜜腺は両性花だけにあるので, 昆虫にとっては魅力に乏しい花ともいえる。しかしシジミチョウ・ハナバチ・ハナアブなどが訪花する(Hao et al., 2009)。

切除実験により種子ができなかったので, 両種とも無融合生殖ではない。また, 袋かけによっても人工自家受粉によっても種子ができるので, 両種とも自家不和合性はないといえる(図9)。

両種の種子稔性率は微妙に異なっていた(図9)。オオアレチノギクでは, 袋かけをしても 40% 程度の稔性率なので, 自動自家受粉 automonous self-pollination ができることを示している。つまり単独繁殖者といえる。しかし, 人工自家受粉と比べ袋かけをすると稔性率が下がり, 人工他家受粉では上がる傾向が見られたので(統計的有意差はなかったが), 訪花昆虫の助けはあった方がよいのだろう。自然稔性率は 66% でヒメムカシヨモギよりやや低い。Hao et al.(2009)は自然稔性率(彼らの結果では 48〜61%)と「除雄して袋かけしない処理」(3.8%)の結果を比べ, オオアレチノギクの種子は大部分が自動自家受粉によりつくられると述べている。

一方ヒメムカシヨモギでは, 袋かけをした場合も人工受粉をした場合も, すべて自然稔性率(無処理)と同じ高い種子稔性率(70%)を示した。これはヒメムカシヨモギが, ひとつの頭花においてもっぱら自動自家受粉を行っていることを示している。まさに単独繁殖者である。

この 2 種はどのようにして自動自家受粉を行っているのだろうか。主なメカニズムは「小さいこと」である。頭花が小さく, ごく小さな小花が狭い空間に密集して咲くことにより, 同じ頭花内で自家受粉が起こるのである。も

ちろん，自家和合性が前提条件となる。雌花が先に咲き，両性花から花粉が放出されるのを待って受粉するが，オオアレチノギクは頭花当たり1〜2万個の花粉を放出し，1個の胚珠当たり花粉数は 98.8 という報告があるので(Hao et al., 2009)，花粉は十分に足りていると考えられる。ヒメムカシヨモギでは頭花が開く前に花粉が放出されるという報告もある(Weaver, 2001)。キク科の場合，同じ花のオシベとメシベの受粉によるわけではないが，本質的には同花受粉(同花受精)autogamy と変わらない。

　無融合生殖を行うものは少数派である。在来種では，ドクダミ(ドクダミ科)，タンポポ属・ヒヨドリバナ属・ニガナ属(以上，キク科)，ヤブマオ属(イラクサ科)，ノガリヤス属(イネ科)などに見られる。帰化植物に多いかというと決して多くはない。セイヨウタンポポ・アカミタンポポ・ヒメジョオンに加えて，オオハンゴンソウ(キク科)，コイチゴツナギ・ナガハグサ(イネ科)ぐらいなものである(Nygren, 1954)。無融合生殖者はすべて倍数体(主に三倍体)なので，筆者は倍数体が不稔性を回避する仕組みと考えている。無融合生殖という無性的種子生産の仕組みの獲得により，減数分裂が正常に行えない三倍体でも種族を維持することができたともいえる。「群れからの自由」の主な手段は，自動自家受粉あるいは同花受粉なのである。

同じ場所にとどまることも重要な戦術

　放浪種といえども放浪だけしているわけではない。ヒメジョオンの舌状花に冠毛がないことを思い出してほしい(図8)。舌状花の割合が15％程度しかなく，しかも種子稔性率が低いので(42.2％，筒状花では71.3％)，冠毛のないタネは頭花当たり25個しかできない。小さく軽いので，冠毛がなくても風により散布されるが，冠毛つきのタネより格段に飛翔距離は短いであろう。親株によって試され済みの生育地は，次の世代も利用可能かもしれない。むやみに飛び去ってしまうより，少しは残しておくというのも重要な戦術なのであろう。

　ハルジオンは根から芽(根生不定芽)を出し栄養繁殖をする。そのため多年草と記載されることもある。栄養繁殖により効率の良くない種子生産を補っ

ていると考えられるが，ハルジオンが多少の定住性を持つことも示しているのだろう。セイヨウタンポポが一年草的な多年草であることは，ギャップが利用できる間はとどまり種子を生産し続ける柔軟性を与えることになり，この種が都市で繁栄する要因のひとつとなっていると考えられる。

4. さまざまな生活史戦略

　生活史戦略 life history strategy とは，生物の種が「次世代へと個体を維持する過程に見られる戦略の複雑なシステム」である(Kawano, 1975)。これまで述べてきたように，植物は生育地の環境条件に対し，いわばセットとなったさまざまな生理的，生態的性質を発揮して適応しているのである。
　帰化植物はその出自の多様さ，異なる原産地の環境条件や異なる進化の過程に加え，侵入した生育地に加わる人の干渉のありようや物理的・生物的な環境条件に応じて，じつにさまざまな生活を送っている。異なる生活の仕方が種の数だけあるといっても過言ではない。しかし「放浪種」の概念が，多くのキク科帰化植物の生活を理解する助けになったように，戦略を類型化して認識できないだろうか。

生活史戦略の類型
　植物の生活史戦略を包括的に分析し類型化したのは Grime(1979)である。彼は植物の生育を妨げる，攪乱 disturbance とストレス stress というふたつの外的要因の組み合わせにより，3つのタイプの戦略を認めた(図10)。①競争戦略種 competitors，②ストレス耐性種 stress-tolerators，③攪乱依存種 ruderals である(これらの訳語は鷲谷，1996による)。攪乱は「植物体全体あるいは部分の破壊を伴う現象」と定義され，山くずれ・火事・凍結・乾燥・風倒・食害・人間の活動(耕起・踏みつけ・草刈り)などが挙げられている。一方，ストレスは光・水・無機塩類の不足，不適な温度などによる。「光合成を制限する現象」と定義される。
　攪乱もストレスも弱い場合，競争特に光をめぐる競争に強い植物，すなわ

図10 植物の生活史戦略(Grime, 1979を改変)。S-C：ストレス耐性競争戦略種，C-R：競争的攪乱依存種，S-R：ストレス耐性攪乱依存種，C-S-R：CSR戦略種

ち競争戦略種が優占する。たとえば極相林を構成するブナやオオシラビソなどである。ストレスが強く攪乱が弱い環境に適応するのが，ストレス耐性種である。北日本の多雪地では亜高山帯に雪田という特殊な環境が成立するが，大量の雪に圧し潰される状態から解放されるのは長くても1〜2か月という過酷なストレスが加わる。それゆえに競争のない植物社会をエンジョイするハクサンコザクラ，イワイチョウなどの雪田植物はまさにストレス耐性種の典型といえよう。攪乱が強くストレスが弱い環境に適応するのは，攪乱依存種である。これまで詳しく述べてきた放浪種は，その代表的なものなのである。

グライムはこれら3つの戦略に加え，攪乱とストレスの働き方が中間的な場合の戦略として，④ストレス耐性競争戦略種，⑤競争的攪乱依存種，⑥ストレス耐性攪乱依存種，⑦C-S-R戦略種の4つを提案している(図10)。7つの戦略のうち帰化植物が採用しているのは③⑤⑥⑦である。

攪乱依存種のもうひとつのタイプ

攪乱依存種は厳しい攪乱が頻繁に加わる環境に適応し，競争のない裸地を利用する生活史戦略を持つ植物である。放浪種のほかにもうひとつまったく違う戦術で攪乱をすり抜けているものがある。シードバンク(埋土種子集団)をつくり，攪乱を感知して出現する戦術である。放浪種が「空間的に予測不可能なギャップ」をねらうのに対し，こちらは「時間的に予測不可能なギャップ」をねらう(Grime, 1979)。これを「シードバンク型の攪乱依存種」と呼ぼ

う。

　このタイプの帰化植物は小形の一年草で(表5，アオビユは大形になる)，移入された日本では主に路傍・空き地・芝地・都市公園の裸地など都市的荒地に生えるが，もともとは畑地雑草である。畑は人間の活動による攪乱地のなかで最も頻繁に激しい攪乱が加わる場所で，耕起により少なくとも年1回は裸地となる。その後も除草などの「不定期で激しい攪乱」が加わるが，畑は長期にわたって畑として使われるので，畑地雑草にとっては同じ空間に生じるギャップを繰り返し利用できる貴重な生育地なのである。放浪種のように探し回るのではなく，機会の到来を待つという戦術がさまざまな科に見られるのも不思議ではない。在来の畑地雑草の多くは(表5)，日本の農耕の歴史とともに歩んできた史前帰化植物といわれ(前川，1943)，その種類も豊富である。コハコベ・ツメクサ・トキワハゼ・スズメノカタビラなど都市に進出しているものも多い。

　畑地にはさまざまな雑草の種子が埋まり，長期にわたり生存して永続的シードバンクを形成している。タチイヌノフグリの場合，1 m²の地表1 cm当たり2,400個含まれ，30年間攪乱されなかった土壌中から生きた種子が発見されたという(Baskin and Baskin, 1983b)。畑地雑草の種子はとても小さいので(表6)，雨が降れば簡単に埋もれてしまうのである。

　埋土種子が攪乱すなわち「ギャップの出現」を感知する仕組みは，光要求

表5　シードバンク型の攪乱依存種

	帰化植物	在来種(コスモポリタンを含む)
越年草 (冬型一年草)	シロイヌナズナ，マメグンバイナズナ，ミチタネツケバナ，オランダミミナグサ，ナガミヒナゲシ，タチイヌノフグリ，オオイヌノフグリ，ヒメオドリコソウ，コメツブツメクサ	ナズナ，ノミノフスマ，コハコベ，ツメクサ，トキワハゼ，ホトケノザ，キュウリグサ，ハナイバナ，スズメノカタビラ，スズメノテッポウ
夏型一年草	コニシキソウ，クルマバザクロソウ，アオビユ	シロザ，イヌビユ，ウリクサ，スベリヒユ，ザクロソウ，エノキグサ，クワクサ，トキンソウ，メヒシバ，カヤツリグサ

表6 帰化植物の種子重(1,000粒重 mg)(データは舘田・石川(1968)に森田(*),草薙ほか(1994)(**)を加えた)。
( )をつけた種名は在来種(コスモポリタンを含む)

種名	1,000粒重	種名	1,000粒重	種名	1,000粒重
(トキワハゼ)	11	マツヨイグサ	142	ハルガヤ	663
シロイヌナズナ	16.3*	タチイヌノフグリ	143	オオイヌノフグリ	866
(ツメクサ)	19	(スズメノカタビラ)	221	アレチギシギシ	1,100
ヒメジョオン	20	アリタソウ	228	ヘラオオバコ	1,400
セイタカアワダチソウ	60**	ニワゼキショウ	238	ムラサキツメクサ	1,500
ハキダメギク	89	(ハコベ)	364	ワルナスビ	1,500**
ムシトリナデシコ	93	アオビユ	365	アメリカセンダングサ	2,200
(ナズナ)	96	メマツヨイグサ	373	オオハンゴンソウ	3,000
ナガミヒナゲシ	96.5*	マメグンバイナズナ	413	ブタクサ	3,900
コニシキソウ	109**	オオアワガエリ	433	ヨウシュチョウセンアサガオ	7,600
ビロウドモウズイカ	119	ヒメスイバ	542	ヨウシュヤマゴボウ	7,600
(スベリヒユ)	121	シロツメクサ	609	イチビ	11,500

性(光発芽性)である。しかしこんなシンプルな仕組みだけで、掘り返され光にさらされると、季節に関わりなく発芽してくる畑地雑草はない。出現する時期は、種ごとにだいたい決まっているのである。それでは発芽のタイミングはどのようにコントロールされているのであろうか。このような問題意識のもと、バスキン夫妻による詳細な研究がシロイヌナズナ(Baskin and Baskin, 1983a)、タチイヌノフグリ(Baskin and Baskin, 1983b)、ヒメオドリコソウ(Baskin and Baskin, 1984)などの冬型一年草についてなされている。このうち、タチイヌノフグリについて紹介しよう。

研究が実施されたアメリカ合衆国中東部のケンタッキー州では(緯度は仙台市に相当)、タチイヌノフグリは5月に種子が熟し、実生はごく一部が春(2～3月)に生じるが、主な発芽期は秋(9～11月)である。5月末に採取した種子を、細かいメッシュの袋に小分けにして0～21か月埋め、毎月取り出して5つの温度条件(14時間明期)で発芽テストが行われた。温度条件は12時間ごとに15/6℃(11月)、20/10℃(10月)、25/15℃、30/15℃(6月と9月)、35/20℃(7～8月)である。これは、( )内に示したケンタッキーの各月の地上2.5 cmの平

均温度(最高/最低)をもとに設定された。

　結果は非常に興味深いものだった(図11)。同じ明条件でも埋土種子の発芽率(光にさらして15日後)は温度により大きく異なり，真夏の高温(35/20℃)ではまったく発芽しない。秋の温度で発芽するが，最適温度は11月の温度(15/6℃)であった。重要なことは，11月をピークに発芽率が周期的に変動し，覚醒期(ND期，7〜12月)と条件的休眠期(CD期，1〜6月)のサイクルがあることだ。30/15℃のグラフがこの傾向をよく示している。Baskin et al.(2003)はこれをCD/NDサイクルと呼んだ。タチイヌノフグリではCD期の春に，15/6℃や20/10℃で発芽が見られるが，ヒメオドリコソウはどんな温度でも春に発芽しない。そこでヒメオドリコソウのような場合は休眠期(D期)，D/NDサイクルと呼んでいる。CD/NDやD/NDサイクルは体内時計のように見えるが，じつは埋土種子が置かれた環境の気温の周期的変動により決定されている。覚醒は夏の高温により誘導され，冬の低温により二次休眠か条件的休眠が誘導されるのである(Baskin et al., 2003)。

　タチイヌノフグリに戻る。夏に地表に運ばれた種子は，十分な光と水分があっても発芽しない。温度が高すぎるからである。そこで発芽は秋まで待たなければならない。秋に地表に出た種子は発芽に要求される温度域にあり，ND期にあるので覚醒が進むにつれ11月をピークに発芽するというわけで

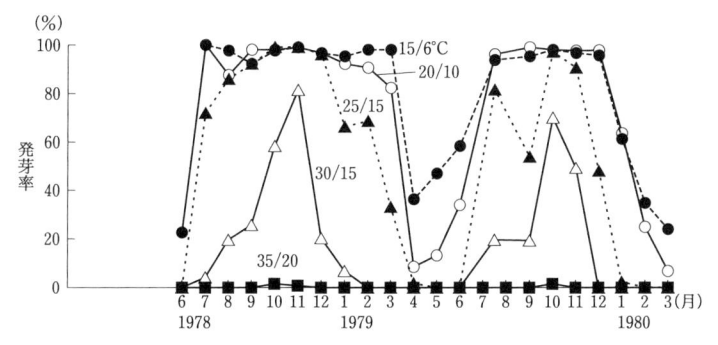

図11 埋土処理後0〜21か月後のタチイヌノフグリ種子の発芽(Baskin and Baskin, 1983b)。実験は1978年6月から1980年3月にかけて行われた。各月に地中から取り出された種子を5つの温度条件(14時間明期)に置き，15日後の発芽率を示す。

ある。また，冬に地表に出た種子は低温のため発芽できず，春にはCD期を迎えるのでわずかしか発芽しないと考えられる(Baskin and Baskin, 1983b)。こうしてタチイヌノフグリは予測不可能な土壌の攪乱を，ギャップに生活するチャンスに変えることができるのである。なお，シロイヌナズナはD/NDサイクルで春の発芽は見られないと報告されたが(Baskin and Baskin, 1983a)，日本に帰化したものは春にも発芽し，わずか1～数cmの個体が花をつけて生活環を閉じる。1個の果実に8個の種子をつけているのを確認したことがある。

　攪乱とストレスの両方が厳しい環境では植物は生育できないが，ややゆるやかな環境に生育するものをグライムは「ストレス耐性攪乱依存種」と呼び(図10)，シロイヌナズナのような小型の冬型一年草を挙げている。浅い土壌や砂地に生じ，無機栄養塩類の不足というストレスを受ける。多くの植物が地上部を枯らして生じるギャップをねらって冬に成長するのであるが，低温により光合成が制限されるストレスもある。そのため，小さな植物体と小さな種子しかつけられない(表6)。小さな植物体には早産性のメリットがあり，小さな種子には種子数を増やすメリットがあることは強調しておく必要がある。ふたつのストレスを考慮すると，ほとんどすべての冬型一年生雑草は「ストレス耐性攪乱依存種」といえるであろう。畑地に生育する場合は肥沃な土壌なので，シロイヌナズナなども40cm以上の草丈になり，6万8,000個の種子をつける(1果実43種子，1,575果実)。畑地雑草の肥料反応性の高さは，貧栄養のストレスに耐える反動なのかもしれない。

　もうひとつ検討すべき問題点がある。「シードバンク型の攪乱依存種」は，都市では放浪種的な生活をしていることである。ナガミヒナゲシは遠心力散布という一種の風散布を行う。乾果が完全に裂開せず，枯れた茎にいつまでも残り，風が吹くたびに茎は揺れ遠心力で種子を飛ばす。ケシ属の果実は遠心力散布に特殊化したもので，柱頭の下の小さな孔から種子が少しずつ飛び出すのである。ほかにはミチタネツケバナのように種子を弾き飛ばすもの(機械的自力散布)はあるが，多くはただパラパラと親株の周りに落とす。親株により試され済みの生育地にシードバンクを形成することに見合った散布法

である。しかし種子は小さく軽く，1,000粒重が500 mg以下がほとんどである(表6)。普通「ほこり種子」dust seedというと，ラン科などの菌根植物やナンバンギセルのような寄生植物の種子を指すが，シロイヌナズナの種子は1粒0.016 mgという軽さで，「ほこり種子」と呼んで差支えないと思う。草丈が低いのであまり遠くには飛びそうもないが，風散布され都市の裸地に侵入していく。中形の花をつけるナガミヒナゲシを除き，いずれもごく小さな花をつけ同花受粉をする。「群れからの自由」も保有しているのである。

ネイチャーエネミイとなりうる競争的攪乱依存種

競争的攪乱依存種は，他種との競争力を持つことにより攪乱地を比較的長期に利用できる植物である。競争戦略種との違いは，何らかの攪乱を必要としていることである。草刈りのような比較的弱い攪乱が加わる「里山の草地」の植物や，牧草地のイネ科植物(ハルガヤ，オオアワガエリなど)やマメ科植物(シロツメクサ，ムラサキツメクサなど)もこのカテゴリーに入る。競争力には，競い合って勝つ(負けない)だけでなく，在来種タンポポのように競争をかわすことや，イネ科牧草のように細長い葉を持ち競争を少なくするようなことも含まれるのである。

競争的攪乱依存種のうち，キク科のセイタカアワダチソウ，オオハンゴンソウ，オオブタクサや，ウリ科のアレチウリは，高い丈の茎やツルで伸び上がり，大きな葉により他種を圧して光をうばうので，生態系に重大な影響を与える危険性が指摘されている。河川敷に生育する在来種，たとえばサクラソウの自生地に侵入して脅威となっているオオブタクサについては鷲谷(1996)が詳しく紹介している。最近特に問題となっているのがオオハンゴンソウである(図12)。高地の湿原や渓流沿い，落葉樹林の林床にまで侵入して大繁殖し，日光や八幡平，大雪山，釧路湿原などの国立公園で駆除が大きな課題となっている。わが国からイギリスに移入されたイタドリが，"nature enemy"として駆除の対象となっているが，上記の4種も"自然の敵"と見なせるだろう。

これらの侵略的帰化植物も攪乱を必要とすることをよく示す例がセイタカ

図12　オオハンゴンソウ（日光中禅寺湖畔，8月）

アワダチソウである。タネは軽く(表6)，冠毛があり風散布される。実生は攪乱により生じたギャップでのみ生き残るので，攪乱地に侵入する点は放浪種と同じである。違うのは複数の地下茎(根茎)を出して定着し多年草として居座ることである。オオブタクサは原産地の北米ではもともと河川の氾濫原の植物で，トウモロコシやダイズの粗放的な大規模農地に進出したという(鷲谷, 1996)。時たま起こる大水により破壊を受け，種子は流され土砂に埋もれるような自然の攪乱地に適応した植物が，移住した日本で河川敷というよく似た環境に再び出会い，肥沃な土壌と陽地に恵まれ繁栄したのであろう。

　競争力を他種との競い合いに限定すれば急速な初期成長が効果的だが，セイタカアワダチソウ，オオハンゴンソウ，キクイモなどの多年草の場合は，根茎や塊茎などの貯蔵器官に貯めた栄養を使う。他方，一年草の場合は大きな種子をつけ，初期成長を確保する。表6のアレチギシギシ〜イチビは1粒の種子が1 mg以上あり，これらは競争的攪乱依存種と見なすことができる。また，表にはないが，オオブタクサの種子(果実)は1粒20〜60 mg，アレチ

ウリでは 120 mg に及ぶのである。オオブタクサの競争能力については鷲谷(1996)に詳しく紹介されている。

　競争的攪乱依存種には永続的シードバンクを形成する帰化植物がある。シロツメクサ・イチビ・オオブタクサ・ブタクサ・エゾノギシギシ・ヨウシュヤマゴボウ・ナガハグサなどである(安島, 2001)。

　これらの植物にはエゾノギシギシのように光発芽するものもあるが，オオブタクサやブタクサのように光要求性のないものがあるのがおもしろい。オオブタクサの発芽に最適な土中の深度は 2 cm で，16 cm でも発芽したという(Abul-Fatih and Bazzaz, 1979)。オオブタクサやブタクサは早春にどの草本植物よりも早く発芽し，この性質が光合成速度が大きいこととあいまってほかの草本植物を凌駕するのに効果的と考えられている。ほかの春発芽する種子と同様に低温要求性があり，一定期間低温状態(0～3℃)に置かれないと(つまり冬を越さないと)発芽しないが，低温要求性が満たされれば，その後の低温は発芽を抑制しない上，温度の日変動が発芽を促すため早春に発芽できるといわれる(Hayashi and Numata, 1967；鷲谷, 1996)。オオブタクサでは 41℃というような高温でも発芽し，夏まで発芽がつづくという(Abul-Fatih and Bazzaz, 1979)。すべての種子が早春に一斉発芽してしまわずシードバンクに残り，長期間にわたって発芽できることは予測不可能な攪乱に対する備えなのであろう。

　日本の野生植物の大部分がそうであるように，帰化植物も生活史が十分に明らかにされていない。駆除が課題となっているオオハンゴンソウなども，①無融合生殖による種子生産，②シードバンクの形成，③根茎の断片による繁殖，④耐陰性があるらしいなどの情報は得られたが，なぜ自然植生に侵入できるのか語ることはできなかった。帰化植物のなかでは例外的に鳥散布するヨウシュヤマゴボウ，付着性動物散布の代表的なものと見なされるが主に水散布されるアメリカセンダングサなど，個性的な帰化植物はたくさんあり，それぞれにおもしろい物語があるはずである。帰化植物の生活史戦略の全体像を明らかにするには，まだまだ多くの課題が残されているのである。

付表 成功した帰化植物（金井ほか，2008 を基に集計）

1．分布域が 40 都道府県以上

オオケタデ，ヒメスイバ，アレチギシギシ，ナガバギシギシ，エゾノギシギシ，ヨウシュヤマゴボウ，オランダミミナグサ，ムシトリナデシコ，アリタソウ，ホソアオゲイトウ，ホナガイヌビユ，マメグンバイナズナ，オランダガラシ，イタチハギ，コメツブツメクサ，ムラサキツメクサ，シロツメクサ，ムラサキカタバミ，コニシキソウ，オオニシキソウ，アレチウリ，アレチマツヨイグサ(メマツヨイグサを含む)，オオマツヨイグサ，コマツヨイグサ，マツヨイグサ，ワルナスビ，タチイヌノフグリ，オオイヌノフグリ，ヘラオオバコ，ブタクサ，オオブタクサ，ホウキギク，アメリカセンダングサ，ヒメムカシヨモギ，オオアレチノギク，ベニバナボロギク，ダンドボロギク，ヒメジョオン，ハルジオン，ハキダメギク，チチコグサモドキ，ブタナ，ノボロギク，セイタカアワダチソウ，オニノゲシ，セイヨウタンポポ，オオオナモミ，キショウブ，ニワゼキショウ，コヌカグサ，イヌムギ，カモガヤ，シナダレスズメガヤ，オニウシノケグサ，ネズミムギ，ホソムギ，オオアワガエリ，ナガハグサ，セイバンモロコシ，ナギナタガヤ

2．分布域が 30〜39 都道府県

シャクチリソバ，ソバカズラ，ツルドクダミ，オシロイバナ，クルマバザクロソウ，ノハラナデシコ，マンテマ，オオツメクサ，アオゲイトウ，ノゲイトウ，シュウメイギク，ナガミヒナゲシ，ハルザキヤマガラシ，カラシナ，カキネガラシ，イヌカキネガラシ，グンバイナズナ，ツルマンネングサ，レンゲソウ，アレチヌスビトハギ，コメツブウマゴヤシ，ウマゴヤシ，ムラサキウマゴヤシ，コシナガワハギ，シナガワハギ，タチオランダゲンゲ，アメリカフウロ，イチビ，アメリカキンゴジカ，セイヨウヒルガオ，アメリカネナシカズラ，マメアサガオ，アメリカアサガオ，マルバアサガオ，マルバルコウソウ，ヒレハリソウ，ヤナギハナガサ，ヒメオドリコソウ，オランダハッカ，ヨウシュチョウセンアサガオ，センナリホオズキ，アメリカイヌホオズキ，マツバウンラン，アメリカアゼナ，ビロードモウズイカ，ツボミオオバコ，ノヂシャ，キキョウソウ，セイヨウノコギリソウ，カミツレモドキ，コバノセンダングサ，コセンダングサ，アレチノギク，オオキンケイギク，ヘラバヒメジョオン，タチチチコグサ，キクイモ，トゲヂシャ，アラゲハンゴンソウ，オオアワダチソウ，アカミタンポポ，イガオナモミ，オオカナダモ，ヒメヒオウギズイセン，メリケンカルカヤ，ハルガヤ，コバンソウ，ヒメコバンソウ，ヒゲナガスズメノチャヒキ，コスズメガヤ，ヒロハウシノケグサ，シラゲガヤ，オオクサキビ，シマスズメノヒエ

3．分布域が 20〜29 都道府県

ハイミチヤナギ，ヤマゴボウ，ヒメマツバボタン，イヌコモチナデシコ，フタマタマンテマ，ツキミセンノウ，ホコガタアカザ，ウラジロアカザ，ゴウシュウアリタソウ，ハイビユ，オオホソナガアオゲイトウ，ハリビユ，セイヨウアブラナ，クジラグサ，カラクサガラシ，コシミノナズナ，ショカッサイ，ミヤガラシ，キレハイヌガラシ，ノハラガラシ，ハタザオガラシ，セイヨウヤブイチゴ，セイヨウミヤコグサ，コウマゴヤシ，エビスグサ，クスダマツメクサ，ビロードカラスノエンドウ，イモカタバミ，ハナカタバミ，オッタチカタバミ，オランダフウロ，キバナノマツバニンジン，ゼニバアオイ，ウサギアオイ，ゼニアオイ，ホソバヒメミソハギ，ユウゲショウ，オオフサモ，マツバゼリ，ノラニンジン，ツルニチニチソウ，オオフタバムグラ，ホシアサガオ，アレチハナガサ，ケチョウセンアサガオ，オオセンナリ，フラサバソウ，ヒレアザミ，アメリカオニアザミ，ハルシャギク，マメカミツレ，ウラジロチチコグサ，ウラベニチチコグサ，フランスギク，イヌカミツレ，オオハンゴンソウ，コカナダモ，タカサゴユリ，ホテイアオイ，アメリカクサイ，トキワツユクサ，ハナヌカススキ，オオスズメノテッポウ，オオカニツリ，マカラスムギ，カラスノチャヒキ，ウマノチャヒキ，ムギクサ，ボウムギ，ドクムギ，アメリカスズメノヒエ，タチスズメノヒエ，カナリークサヨシ，オオスズメノカタビラ

帰化植物の孤独な有性生殖
その受粉様式を見る

第2章

田中　肇

　植物が新天地に踏み込むとき，そこには厳しい戦いが待っている。侵入しても昔から生活していた在来の植物との生活空間の奪い合いに負けたり，新天地の生物集団との協調に失敗するなど，新しい風土になじめずに消えていった植物は限りなく多いに違いない。さらに個体数が少ない侵入初期には配偶者にめぐり合える確率が低く，植物は孤独な有性生殖を強いられ，種子の生産にも事欠いただろう。しかし初期の競争と孤独を耐え忍べた植物は，原産地で生活を悩ましていた天敵も少なく，在来の植物がもたなかった生活手段を使って，競争相手を蹴落として繁栄する機会を得る。この章ではそれらの要因のなかから，帰化植物がどのような繁殖戦略を選択して，帰化に成功したのかを探ることにする。

1. 何に花粉を運ばせたら有利か

　花粉は植物の遺伝子を詰め込んだカプセルで，直径 10〜100 μm ほどの小さな粒である。それは雄しべの先の葯で生産され，風や動物に便乗して移動する。その，移動先は同じ種の花の雌しべで，それも雌しべの先端にある柱頭に限られる。花粉はこのピンポイントに到達しないと繁殖の目的が果たせないため，花には花粉の放出や受容の効率を高めるさまざまな工夫がなされ

ている。

　昆虫や鳥など動物に花粉を運ばせる動物媒花は，蜜や花粉で誘った動物に花粉をなすりつけ，柱頭を動物にふれやすい位置においている。花粉の移動に風や水流を利用する風媒花や水媒花は，花粉の離脱が容易な位置に葯をおき，柱頭の面積を広くし風に乗ってくる花粉や水のなかの花粉を漉し取ったりする。もっと手っ取り早く，葯が同じ花の柱頭にふれて直接花粉をわたす，同花受粉と呼ばれる手段をとる花もある。植物はこれらの受粉方法のなかから，主となる生活の場の物理的・生物的環境のなかで，最も効率の良い方法をひとつまたは複数選んで採用し繁殖している。

　では，帰化に有利な受粉方法というのはあるのだろうか。多くの帰化植物は雑草的側面をもつため沼田(1975)や榎本(1997)は，河野(1975)のいう雑草の特徴16項目と帰化植物の特徴とを比較し，大筋において両者の共通性を認めている。そのなかで受粉に関しては，「栄養生長期がほとんどないか，あってもごく短く，素早く生殖生長に転化する」「自家和合性植物が多い」「送粉動物との特異的な相互関係に欠けるか，風媒受粉であるものが多い」とする3項目が挙げられる。これらの観点から，帰化植物の受粉様式の特性を定量的に裏づけようとする試み(河野，1986)もあるが，現在集積されている受粉様式に関する情報に照らしてみると，それは妥当な解析結果とはいいがたい。そこで被子植物全体を見わたしたとき，帰化植物と在来の植物とで受粉様式がどれほど違うのか，定量的に把握する試みをした。

　解析資料として，野生植物から栽培植物まで広い範囲の植物がかたよりなく掲載されている『新改訂学生版　牧野日本植物図鑑(7版)』(牧野，1976：以下「牧野図鑑」と呼ぶ)を採用し，記載されている被子植物から日本に野生しているか野生化した種を選び出した。内訳は帰化植物が120種，在来の野生植物が1,690種で，それぞれの受粉様式をもとに4グループに分けた。ここでいう受粉様式とは，①動物媒受粉，②風媒受粉，③同花受粉，④そのほか，である。④には，ヒガンバナやコモチマンネングサなど種子をまったく生産せず球茎やムカゴなどで栄養繁殖のみをしている種，および後に述べる無融合生殖を行う種を組み入れた。また，アマモやマツモのように水媒受粉する種

は在来植物のなかに8種あったが，帰化植物には含まれておらず，今回はそのほかのグループに組み入れた。

　これらの植物のなかで，受粉様式に関する知見がわずかでもある種は，私自身の未発表の観察を含めても500種に満たず，解析資料とした種の4分の1ほどにすぎない。そこで受粉方法が解明されていない種は，図鑑の花の写真や図・記載などを参考に受粉様式を類推した。また集計に当たっては，マメグンバイナズナやツユクサなどのように，花が若い間は虫媒受粉し，花が閉じる前に同花受粉をする種や，タケニグサやオオバコのように虫媒受粉と風媒受粉を併用している種など，複数の受粉様式を合せ持つ種は1種を動物媒受粉と同花受粉，あるいは動物媒受粉と風媒受粉などの2項目に所属するものとして，それぞれの受粉様式に2分の1種ずつ振り分けた。また，ミズバショウは虫媒，風媒，同花受粉の3つの受粉様式を併用しており(田中，1998)，それぞれの受粉様式に3分の1種ずつ所属するとした。

　解析結果を百分比で図1に示したが，動物媒受粉をする帰化植物の比は在来植物の比の6割に満たず，風媒受粉をする帰化植物の比は在来植物の1.6倍となり，同花受粉する帰化植物の比は在来植物の2倍となっていた。これは沼田(1975)や榎本(1997)により支持されていた，帰化植物では風媒花と同

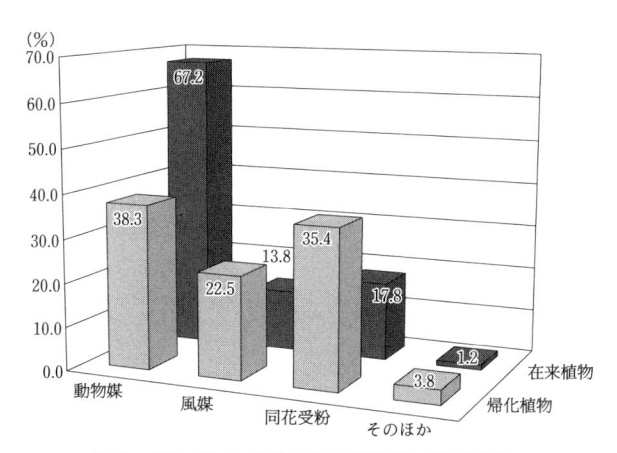

図1　帰化植物と在来植物の受粉様式別百分比

花受粉花の比が高いだろうとの推定を裏づけるものとなった。以下では動物媒受粉，風媒受粉，同花受粉の3様式の内容に立ち入って検討する。

2. 動物に花粉を運ばせるには

　日本の動物媒花を送粉者(花粉媒介者)別に見ると，虫媒花が最も多く，次いでツバキやサクラなどの鳥媒花，亜熱帯のトビカズラ属やツルアダンの花などオオコウモリを送粉者とするコウモリ媒花の順となる。牧野図鑑に記載されている帰化植物のなかで鳥やオオコウモリにより花粉が媒介される花は，小笠原諸島に帰化したリュウゼツラン(田中，1989)のみで，ほかの動物媒花はいずれも昆虫により送粉されている。熱帯アメリカ原産のルコウソウはハチドリ媒花と考えられるが，この細い花冠のなかに口ばしや舌をさしこんで蜜を吸える鳥は日本にはおらず，また昆虫の訪れも見られず，この花は同花受粉により受粉していると考えられる。

　では，花から餌を得ている昆虫は，花なら何にでも訪れるのかというと，否といわねばならない。オオイヌノフグリやハルジオンのように平たく上向きに開く花は，一般に蜜が浅い所に分泌されているため，口器の短い小型なハナバチ類やハエ・アブ類それに甲虫が多く訪れる。しかし，これらの花から得られる報酬は少なく，大型で生活に多量の資源を消費するマルハナバチなどは，キショウブやヒレハリソウのように，多量の蜜を花の奥深くに蓄えている花を好んで訪れる。また，夜咲くオオマツヨイグサやアレチマツヨイグサは細長い萼筒部に蜜を蓄えており，夜間活動し口吻が長いスズメガ類が独占的に訪れ送粉する。このように，花の形態や報酬の量と，昆虫の口器の長さや習性などの相違により，花と送粉する昆虫との組み合せは自ずと決まってくる。

　そこで，虫媒花をさらに花粉を媒介する昆虫群別に，マルハナバチ媒花，マルハナバチを除くハナバチ媒花，ハナバチを除くハチ目媒花，ハエ・アブ媒花，チョウ媒花，ガ媒花，甲虫媒花などに分け，帰化植物と在来の植物とで送粉昆虫に相違が見られるのか検討した。その結果，図2と章末の付表に

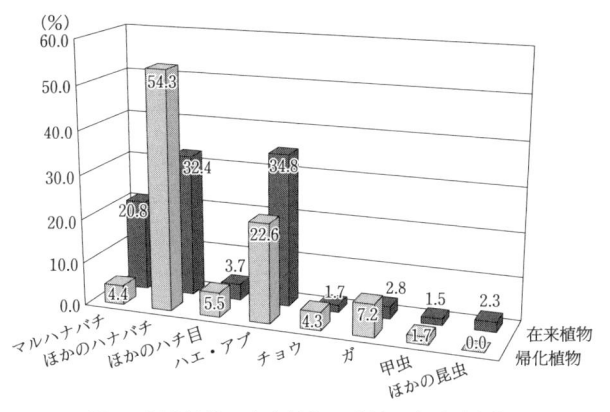

図2 帰化植物と在来植物の送粉昆虫別百分比

示したように帰化植物と在来植物との間に明らかな相違が認められた。

マルハナバチと帰化植物の接触は稀だ

　虫媒花のなかで昆虫との関係を特化させたグループのひとつに，マルハナバチ媒花がある。それらの花粉を媒介するマルハナバチ属昆虫の多くの種は，野ネズミのつくった古巣などを利用して営巣するため，繁殖には野ネズミがすめるような豊かな自然環境が必要である(小野・和田，1996)。ただ，コマルハナバチだけは例外で，適当な空間があれば人家の天井裏にでも巣を営み繁殖できる。そのため，都市化に最も適応したマルハナバチであり，季節になると市街地に咲くサツキツツジやトウネズミモチの花を頻繁に訪れる。ただ残念なことに，コマルハナバチの成虫の活動期は春から梅雨の中ごろまでであり，それ以後は翌春までの休眠に入ってしまう。したがって，夏から秋にかけて市街地や開発地で咲く花は，マルハナバチ属のハチと接触する機会をもてない(田中，1997)。

　そこで，マルハナバチ媒花の比率を見ると，在来植物では虫媒花の20.8％を占めるのに対し，帰化植物ではわずか4.4％にとどまっている。牧野図鑑の資料に掲載された帰化植物で，マルハナバチに送粉を依存する種はムラサキツメクサ，ハリエンジュ，ヒレハリソウ，キショウブのわずか4種

にすぎない。しかも、この4種はいずれも有用植物あるいは観賞用植物として人為的に持ち込まれ野生化した植物である。これらの事実は、マルハナバチ媒花として「送粉動物との特異的な相互関係」(河野, 1975)になった花が、人の手を借りずに帰化するのは困難であることを物語っている。

　ひとつ例を挙げてみよう。シロツメクサ *Trifolium repens* とムラサキツメクサ *T. pratense* は同じシャジクソウ属の帰化植物であるが、シロツメクサは街中の公園などの草地に普通に見られる。一方のムラサキツメクサは都市のなかにまでは侵入できずにいる。ムラサキツメクサは草丈が高いため刈り込まれると繁殖できないことも、侵入を阻まれる要因のひとつだろう。しかし、都市のなかにも中型のハナバチやハナアブ類に受粉されるセイタカアワダチソウやガの仲間に受粉されるアレチマツヨイグサなど、背の高い帰化植物が生活できる空間は多く存在する。

　シロツメクサもムラサキツメクサも葯と柱頭は舟弁と呼ばれる袋状の花弁のなかに収納されており、蜜を吸いに来た昆虫が舟弁を押し下げると、外に出て昆虫の腹面に接触し花粉を授受する(田中, 2000)。このような花を操作して、蜜を吸い花粉を媒介できるのはハナバチ類のみである。その際、花が小さいシロツメクサには、中型のハナバチであるミツバチ(Apis spp.)がおもに訪れ、餌をとり花粉を媒介する。一方、ムラサキツメクサの花は花冠の筒状部分が7～10 mmとシロツメクサの3倍もあるため、蜜を吸い花粉を媒介できるのは、長い口吻をもつマルハナバチ属のハチと時おり訪れるヒゲナガハナバチのみとなる。しかし市街地では、ムラサキツメクサの花の最盛期(7～8月)にはコマルハナバチやヒゲナガハナバチの活動期(4～6月)はほぼ終了しており、十分な受粉の機会が得られない。こうして、ムラサキツメクサは都市部では送粉者が不在なため種子生産が阻害され、侵入が阻まれているのだと考えられる。

帰化するならハナバチと手を結べ

　図2を見ると、マルハナバチをのぞくハナバチ媒花の比は帰化植物の方が在来植物の1.6倍以上あり高く、ハエ・アブ媒花をつける帰化植物の比は在

来植物の3分の2ほどにすぎない。

　このような，ハナバチ媒花の比とハエ・アブ媒花の比の相違は，ハナバチ類とハエ・アブ類が幼虫期に要求する生活環境の相違を，反映したものと考えられる。ハナバチ類は土中に掘った穴や草木の空洞部分に花粉と蜜を蓄えて幼虫の餌とするため，育仔には乾燥した環境が適し，ハナバチ類の多様性はやや乾燥した暖温帯を頂点にしているという(加藤，1993)。一方，ハエ・アブ類の幼虫は「水中や土中など多湿な環境に棲み，有機物を食べている」(石川，1996)とか「湿った環境あるいは液状環境に潜り込んで内在的な生活をするものがほとんどである」(加藤，1993)といわれる。やや乱暴ないい方になるが，一般的にハナバチ類は乾燥した環境が好きで，ハエ・アブ類は湿った環境が好きだということになる。

　この傾向を裏づけるような結果を，訪花昆虫の個体数の調査から得ている(田中，2009)。調査は，東京都豊島区の住宅密集地，住宅地に囲まれた東京都文京区の小石川植物園，渓流ぞいの山林と農地とからなる埼玉県飯能市郊外，それに群馬県尾瀬の4か所で行った。それら調査地で，花を訪れていたハチ目昆虫とハエ目昆虫の個体数の比を見ると，豊島区と小石川植物園ではハチ目昆虫が多く(0.70および0.63)，飯能市と尾瀬ではハエ目昆虫の比が高かった(0.77および0.82)。豊島区や小石川植物園は都市のなかの人為の影響を多く受けた乾燥ぎみな環境にあり，飯能市郊外や尾瀬は水に恵まれた環境であるため，調査地の水環境を反映して統計的にも有意な差が出たのだと解釈できる。

　さて，植物が帰化する際の最初の侵入場所は港や空港，植物の栽培施設，輸入食糧をあつかう施設，輸入飼料を利用する施設などであり(浅井，1993)，帰化後も人為の影響を強く受けたどちらかといえば乾燥した立地で生活する。そのような環境ではハエ・アブ類より，乾燥した環境を好むハナバチ類の方が個体数が多く，ハナバチを送粉者とした方が繁殖に有利であり，帰化植物ではハナバチ媒花の比が高いのだと考えられる。

ガは利用しやすいスペシャリスト

　虫媒花内でのガ媒花の比を見ると，帰化植物では7.2%と在来植物の2.8%の2.6倍近くなっている。これは牧野図鑑に記載された4種のマツヨイグサ属植物がその比を押し上げているためである。帰化しているマツヨイグサ類は，細長い萼筒をもつことや夜間開花するなど，形態や開花習性の上ではマルハナバチ媒花以上に特化している。これらの花を訪れ，蜜を吸い花粉を媒介する昆虫は，夜間活動し，長い口吻をもつガの仲間である。なかでも口吻が長く活動的なスズメガ科のガはスペシャリストとして活動するが，それらの幼虫は市街地にも自生しているヤブガラシやマツヨイグサ類，あるいは栽培されているナンテンやホウセンカなどを食べて成長している(江崎，1958)。したがって，マツヨイグサ属の花とスズメガとの出会いは都市部でも容易である。マツヨイグサ属は，花と昆虫との関係がかなり特化しているにも関わらず，育仔に特別な環境を必要としない昆虫を送粉者としているため，帰化の機会を得たものと考えられる。

3. 風媒受粉は勝者の象徴

　受粉様式の解析結果は，風媒花をつける帰化植物の比は在来植物より高く，帰化植物は「風媒受粉であるものが多い」とする沼田(1975)や榎本(1997)の記述を支持している。風媒花は，花粉や胚珠を取り巻く付属器官である花弁や萼片を大きくし派手に彩る必要がなく，また報酬として蜜や花粉を提供する必要もないため，虫媒花よりコストのかからない花である。しかも，風はどのような環境でも吹いており，風媒受粉はいつでもどこでも成立すると考えられがちである。

　しかし，現実はそのようにはいかない。虫媒花なら適当な報酬を支払えば，ギンリョウソウのように枯葉に埋もれていても，昆虫が花を探し出して花粉を運ぶが(田中・森田，1999)，風は花を探してはくれず，葯から放出された花粉は三次元方向に飛散してただちに希釈されてしまい(Proctor et al., 1996)，柱頭に達する確率は低い。また，植物群落の下層では風が弱く，カテンソウ

やクワクサのように，雄しべが花粉を弾き飛ばす機構をもつ植物のほかは，風に花粉を託すことはできない。そのため風媒受粉をするには，草原のヨシや温帯林の樹冠を占めるブナなどのように，開放的な立地に群生するか，森林の最上層に出て花をつけねばならない(Faegri and Pijl, 1979)という制約がある。これは雌しべが花粉を受け止め種子を残せるだけの空中花粉濃度を保つには，その地域の植物社会の優占種である必要性を示している。

　このように優占種でないと風媒受粉のメリットを得にくいため，個体が散在する侵入初期の外来種は，風媒受粉により繁殖するのは大変困難だったと考えられる。それにも関わらず，風媒受粉する種の比が在来植物より高い理由はふたつ考えられる。そのひとつは帰化植物が当初，競合する植物の少ない攪乱された土地に侵入することが多く，単純な群落をつくるのが容易であったからであり，もうひとつは，ほかの帰化植物とは違う侵入経路を通った種があるからである。風媒花をつける帰化植物は牧野図鑑に25種掲載されている。ほぼ半数の12種はハルガヤやカモガヤなどのイネ科の植物で，牧草として集団で日本にもたらされた種である。したがって，野生化する以前から牧草地という草原の優占種であり，それが牧草地から逸出する際も，草原をつくり得る開放空間に集団で移動できたためと考えられる。

4. もっと確実な方法，同花受粉

　被子植物の多くの種は両性花をつけており，近隣に配偶者を得られない場合や適当な花粉媒介者がいない場合には，同じ花や，同じ株のほかの花など同一個体内で受粉(自家受粉)をして種子をつくる。こうした自家受粉は次世代の多様性を保つには不都合であり，弱い子どもが生じるリスク(近交弱勢)をともなう繁殖方法であるが，配偶者を求めて移動できない植物の生き残りを保障する手段である。その手段を確実にするため，葯や柱頭を移動し互いに接するか，開花当初から葯と柱頭が接していて自動的に花粉を授受する，同花受粉花と呼ばれる花もある。さらには，より徹底して一度も萼や花弁を開かずに，一見つぼみのような状態の花のなかで同花受粉をして結実する閉

鎖花と呼ばれる花がある。閉鎖花はスミレ属でよく知られており，そのほか，地中や葉鞘のなかなど隠れた空間に閉鎖花をつけるミゾソバやアシボソなど，さまざまな植物で見られる。

　帰化植物で同花受粉する種の比は，在来植物の2倍ほどになった(図1)。浅井(1993)はヒトが「まったく気がつかないうちに侵入し，帰化状態となった」植物を自然帰化植物と呼んでいる。これら自然帰化植物は，ヒトによって自然が攪乱されてできた土地や埋立地などで，侵入者としての最初の個体が生育することになる。そのような環境に生育できる植物は，もともとの原産地でも荒野と呼ばれるような環境や，ヒトの活動の影響を強く受けてきた荒地や耕作地など，不定期な攪乱の多い環境で雑草として生活してきた植物であったと考えられる。こうした環境では，植物はいつ次の攪乱に襲われるか予想がつかず，ほかの個体との花粉交換のために花期を同調させ花粉を風や昆虫に託していては，繁殖のチャンスを逃すことになる。そのため，自然帰化植物は雑草と同様に，成長初期から花をつけ種子を生産する習性をもつ種が多い(河野，1986)と考えられている。その際，最も確実な受粉方法は，積極的な同花受粉である。

　虫媒花由来で同花受粉花となった，最もなじみの深い帰化植物はタチイヌノフグリ *Veronica arvensis* であろう(図3，後ろ袖)。この花は，午前10時ごろ開花し，午後2時には花冠が閉じてしまう。開花当初，葯と柱頭はわずかに離れており，柱頭には花粉がついていない。開花から正午ごろにかけ，左右2個ある雄しべは花糸を曲げて葯が花の中心に移動し，そこにある柱頭にふれて花粉をつける(図3；田中，1993)。タチイヌノフグリはこのようにして種子を生産するため，歩道の隙間のほんのわずかな土に1個体だけしがみついていても次世代を残せる。しかし，同じクワガタソウ属の帰化植物オオイヌノフグリ *Veronica persica* は昆虫による送粉に頼っているため(田中，2001)，昆虫の少ない都市の中心部には進出できずにいる。

　風媒花に由来して，閉鎖花のみをつける花はイヌムギ *Bromus catharticus* である。風媒受粉をするイネ科植物では，個々の花を保護している頴と呼ばれる苞が開いて，雄しべと雌しべの先を出し花粉を授受する。しかし，イヌム

図3 同花受粉をしているタチイヌノフグリの花

ギでは一度も頴を開くことなく閉じたままの花のなかで受粉する(口絵1)。若い小穂(花の集まり)をとって頴を開くと，白い羽毛状の柱頭に長さ1 mmに満たない小さく黄色い葯が張りついている。その葯を剝がしてみると，柱頭には黄色い花粉がついており，既に受粉していることがわかる。こうしてイヌムギの花は葯や柱頭を一度も頴の外に出すことなく受粉し種子を生産する(田中，1979)。

5. そのほか

ヒメジョオン(田原，1915)やニガナ(岡部，1932)など無融合生殖をする植物がある。なかでもセイヨウタンポポ *Taraxacum officinale* の無融合生殖は広く知られている。しかし，在来植物のカントウタンポポ *T. platycarpum* などにはこのような能力がなく，花粉を受けないと結実しない。しかも同じ株の花の花粉では結実できず，ほかの個体の花粉を必要とするため，昆虫による花粉媒介が必要である。こうした繁殖方法の違いが，セイヨウタンポポのみが都市部に進出できた要因のひとつだといわれる(森田，1997)。

植物の受粉様式を解析し帰化植物と在来植物との比較を試みた。その結果，これまでいわれてきた帰化植物の受粉様式の特徴を，数量的に裏づけることができた。加えて，虫媒花では送粉に貢献する昆虫の組成が帰化植物と在来植物とで異なることも明らかにした。しかしここで行った解析では，受粉様式が未知の種の送粉様式は推定により決めた。また，複数の受粉方法をとる種や複数の昆虫分類群に送粉される種を数値として配分する際，配分率にウエイトをかけなかった。今後，受粉様式や送粉者が種子生産に貢献する度合いが明らかにされれば，それらの数値を代入することで，帰化植物の繁殖方法の特性がより鮮明になると考えられる。

付表 帰化植物の受粉様式解析結果。複数の受粉様式をとるものは 1 種を分割し小数で記した。付表では和名は牧野(1976)に従った。＊：記録あり，＋：著者の未発表観察，無印：推定による

植物名	データ有無	マルハナバチ	他のハナバチ	他のハチ目	ハエ目	チョウ	ガ	甲虫	鳥・コウモリ	風媒受粉	同花受粉	その他
セイヨウタンポポ	＊											1.00
オニノゲシ	＋		0.25		0.25						0.50	
トゲチシャ	＊										1.00	
ダンドボロギク	＋		0.17		0.17	0.17					0.50	
ベニバナボロギク			0.25			0.25					0.50	
ノボロギク	＊										1.00	
カミツレモドキ			0.50								0.50	
マメカミツレ											1.00	
クソニンジン										1.00		
アメリカセンダングサ			0.50		0.50							
コセンダングサ	＊		0.50		0.50							
キクイモ	＊		0.50		0.50							
オオハンゴンソウ	＊		1.00									
キヌガサギク			0.50		0.50							
ハキダメギク	＋										1.00	
ブタクサ	＊									1.00		
オオブタクサ	＊									1.00		
オオオナモミ	＋									1.00		
チチコグサモドキ											1.00	
ヒメムカシヨモギ	＊		0.25		0.25						0.50	
ヒメジョオン	＊											1.00
ヤナギバヒメジョオン	＊				0.25		0.25					0.50
ハルジオン	＊				0.50		0.50					
アレチノギク											1.00	
オオアレチノギク	＊										1.00	
ホウキギク	＋		0.50								0.50	
セイタカアワダチソウ	＊		0.50		0.50							
トキワワダチソウ			0.50		0.50							
キキョウソウ	＋										1.00	
アレチウリ	＊			1.00								
ノジシャ			0.50								0.50	
ヘラオオバコ	＊									1.00		
オオイヌノフグリ	＊		0.50		0.50							
タチイヌノフグリ	＊										1.00	
ヨウシュチョウセンアサガオ											1.00	

植物名	データ有無	マルハナバチ	他のハナバチ	他のハチ目	ハエ目	チョウ	ガ	甲虫	鳥・コウモリ	風媒受粉	同花受粉	その他
センナリホオズキ			0.50								0.50	
ヒメオドリコソウ	*		0.50								0.50	
チクマハッカ	*		1.00									
イヌムラサキ											1.00	
ヒレハリソウ	*	0.50	0.50									
セイヨウヒルガオ	*		0.50		0.50							
ルコウソウ	+										1.00	
ルリハコベ			1.00									
コマツヨイグサ							0.50				0.50	
マツヨイグサ							1.00					
アレチマツヨイグサ	*		0.25				0.25				0.50	
オオマツヨイグサ	*						1.00					
ニオイスミレ			0.50								0.50	
イチビ											1.00	
オオニシキソウ	+			0.50	0.50							
コニシキソウ	*			1.00								
オランダフウロウ			0.50								0.50	
ムラサキカタバミ	*											1.00
イタチハギ			1.00									
アレチヌスビトハギ			1.00									
ハリエンジュ	*	0.50	0.50									
ゲンゲ	*		1.00									
ウマゴヤシ			0.50								0.50	
コウマゴヤシ			0.50								0.50	
コメツブウマゴヤシ	*										1.00	
ムラサキウマゴヤシ	*		1.00									
シロツメクサ	*		1.00									
アカツメクサ	*	0.50	0.50									
シナガワハギ	*		0.50								0.50	
カキネガラシ	*				0.50						0.50	
イヌカキネガラシ											1.00	
ハタザオガラシ											1.00	
オランダガラシ	*				1.00							
ハマダイコン	*		0.50			0.50						
グンバイナズナ	*		0.25		0.25						0.50	
マメグンバイナズナ	*				0.50						0.50	
トゲミキツネノボタン											1.00	
ムシトリナデシコ	*					1.00						

第 2 章　帰化植物の孤独な有性生殖　　55

植物名	データ有無	マルハナバチ	他のハナバチ	他のハチ目	ハエ目	チョウ	ガ	甲虫	鳥・コウモリ	風媒受粉	同花受粉	その他
コハコベ	+										1.00	
オオツメクサ	*		0.50		0.50							
オランダミミナグサ	*										1.00	
クルマバザクロソウ	+										1.00	
アメリカヤマゴボウ	+		1.00									
ホナガイヌビユ	+										0.50	0.50
ノゲイトウ											1.00	
ホソアオゲイトウ	*									1.00		
ハリビユ											1.00	
アオゲイトウ											1.00	
オシロイバナ	*						0.50				0.50	
ホソバノハマアカザ	+									1.00		
コアカザ	*									0.50	0.50	
ケアリタソウ	*									0.50	0.50	
アメリカアリタソウ										0.50	0.50	
カラムシ	*									1.00		
オオケタデ	+		0.50		0.50							
ヒロハギシギシ										1.00		
アレチギシギシ	+									1.00		
ヒメスイバ	+										1.00	
ソバカズラ											1.00	
ツルドクダミ	+		0.50		0.50							
ニオイタデ					0.50						0.50	
ニワゼキショウ	+										1.00	
ヒガンバナ	*											1.00
リュウゼツラン	*								1.00			
キショウブ	*	0.50	0.50									
ホテイアオイ			1.00									
セイバンモロコシ	+									1.00		
シマスズメノヒエ	+									0.50	0.50	
キシュウスズメノヒエ										1.00		
ハルガヤ	+									1.00		
オオアワガエリ										1.00		
カラスムギ	*									1.00		
オオカニツリ										1.00		
コバンソウ	+										1.00	
ヒメコバンソウ	+									0.50	0.50	

植物名	データ有無	マルハナバチ	他のハナバチ	他のハチ目	ハエ目	チョウ	ガ	甲虫	鳥・コウモリ	風媒受粉	同花受粉	その他
カモガヤ	+									1.00		
ナガハグサ	*									1.00		
イヌムギ	*											1.00
ドクムギ										1.00		
ウマノチャヒキ										0.50	0.50	
ネズミムギ										1.00		
コヌカグサ										0.50	0.50	
ギョウギシバ	+									1.00		
ナギナタガヤ	*											1.00
ジュズダマ	*									1.00		
種数計		2.00	24.42	2.50	10.17	1.92	3.25	0.75	1.00	27.00	42.50	4.50

第 II 部

帰化種と在来種の比較生態学

第3章 オランダミミナグサとミミナグサの比較生態

福原　晴夫

1. オランダミミナグサとミミナグサ

　春早く，オオイヌノフグリの紫の花に混じって，道端に白い可憐な花を見かけないだろうか。ちょっと毛深い葉と茎に，先が2裂した花弁をもつ花が密に咲いている。これがオランダミミナグサである。

　ミミナグサ属はわが国で13種類(米倉・梶田，2011：亜種・変種を含む)あまりが知られており，そのうち帰化種は3種(オランダミミナグサ，セイヨウミミナグサ，シロミミナグサ)が分布している。セイヨウミミナグサは，最近，北海道各地から報告されている(清水，2003)。有名なのはオランダミミナグサ *Cerastium glomeratum* で，今や北海道も含め，全国各地に分布している。オランダミミナグサはヨーロッパ原産で明治末に帰化したとされている(長田，1972)。久内(1950)によれば，「明治末年に横浜産のものに，牧野博士の命名せるものなり」として，最初アオミミナグサの和名がつけられたが，「別に同博士のオランダミミナグサなる名もある」として，後年オランダミミナグサの方が普及したものであろう。牧野(1923)はオオイヌノフグリやマツヨイグサ，ヒメジョオンとともにオランダミミナグサを「渡来のもので今雑草として野生しているもの」として挙げていることから，1920年代初頭には既に目立った分布をしていたことがうかがえる。

一方，ミミナグサ C. fontanum subsp. vulgare var. angustifolium は道端や田畑の雑草として知られ，北海道から沖縄まで全国に分布している在来種である。在来種とはいえ，ミミナグサも，有史前または有史の初期に農耕文化とともに渡来した種とされており(前川，1943，1978)，その意味では帰化種(史前帰化植物)ともいえるが，わが国の自然に，少なくとも 2,000 年にわたり生育して適応し，生態的な地位を確立していることから，このような種は一般に在来種とされているので，本章でも在来種としてあつかう。

都市部や市街地において在来種の密度が低下したり，姿を消し，その代わりに近縁な外来種が分布を拡大させている有名な例は，何といっても在来タンポポとセイヨウタンポポの関係である(小川，2001)。多くの地域で両種の分布調査が行われ，進む都市化現象の良い環境指標となるため，市民運動や小・中学校の教材としても取り上げられてきている。ミミナグサについても，実は早くからオランダミミナグサとの交代現象が指摘されている。沼田(1975)は久内清孝談として「大正時代には東京近郊はミミナグサばかりでオランダミミナグサを見つけるのはたいへんだったという」に対し，それが「今はまったく逆転してオランダミミナグサが圧倒的に多い状態になっている」としたが，既に全国の多くの都市で，ミミナグサとオランダミミナグサの交代が起きていることは想像に難くない。

しかし，オオブタクサやセイタカアワダチソウなどに比べ，オランダミミナグサが市街地や畑地の雑草であっても，いわゆる「侵略的外来種」として猛威を振るっているわけでもないためか，ミミナグサとの交代現象の実態やそれぞれの個生態，なぜ交代していくのか，というような点については，明らかにされてきていない。

本章では，福原ほか(2007a，2007b)に基づき，新潟県長岡市を中心に両種の分布や生活史，種子生態と発芽特性について述べ，比較生態学的な観点から在来種ミミナグサが外来種オランダミミナグサに交代していく現象について考察してみたい。ここでいう交代とは小川(2001)がセイヨウタンポポと在来タンポポの関係で用いた「種が交代していくように見える現象」をさしている。また，オランダミミナグサが新たな都市化の環境指標種となり得るか

どうかについても考察してみたい。

2. 都市環境に分布するオランダミミナグサ

オランダミミナグサとミミナグサの分布

まず最初に，都市部でオランダミミナグサとミミナグサの分布がどうなっているかを見てみよう。

植物の分布の調査は，コドラートを設置したり，トランセクトを設けてそれにそって出現状態を調べることが多い。しかし，これらの方法で広範囲な調査を行う場合には，時間がかかる。そこで，本調査では「歩き回り法」(福原ほか，2007a)を考案した。この方法は調査地をランダムに歩き回って，一定時間内に出現するミミナグサとオランダミミナグサの株を数え，それらの比率を知る方法である。問題は歩き回る時間であるが，最初に両種の出現の比率が安定する時間を長岡市の4か所で測定して決定した。図1に示すように，最初の5分間は比率が上下するが，約10分後から両種の出現の割合は安定してきている。したがって，10～15分間の歩き回りによりその地域の出現の割合をおおよそ把握できると考えることができる。

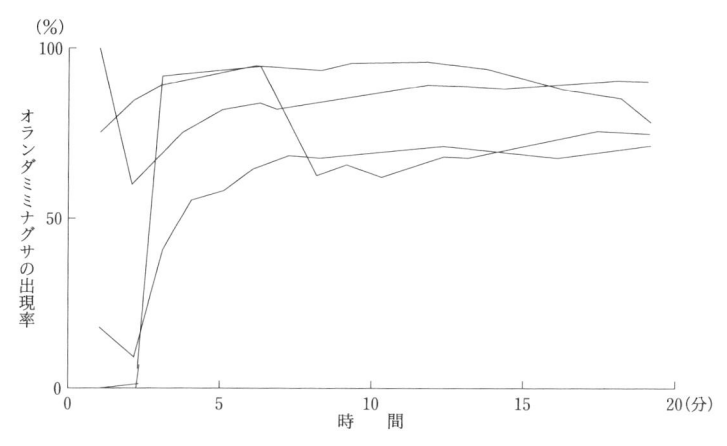

図1 歩き回り法によるミミナグサとオランダミミナグサの出現状況(福原ほか，2007a)。両種が分布する4地域の結果を示す。

分布調査は以下のように行った。新潟県長岡市(以下2005年の合併前の旧長岡市を示す)の信濃川右岸地域を対象に，2.5万分の1の地図上を$1\times 1\,km^2$の149区画に区切り，できるだけ区画の中央付近の道路ぞいや空き地で10分間歩き回り法により両種の出現個体数を記録した。

おもに山地地域で未調査区(42区)が多くなったが，107区画を調査でき，その結果によると(図2A)，両種とも確認できなかった区画が5区画(4.7%)，オランダミミナグサのみの出現区が16区画(15.0%)，ミミナグサのみの区画が11区画(10.3%)であった。個体数比でミミナグサの多い区画が27.1%(29区画)に対し，オランダミミナグサが多い区画が43.0%(46区画)であり，オランダミミナグサのみの区画と合わせると約60%の区画で優占しているといえる。

ではこの分布は何と関係した分布であろうか。調査当時の長岡市都市計画総括図(1980年5月)から土地の利用状況を判定して，同じ区画に当てはめたものが図2Bである。区画41が長岡駅になり，中心街(商業地域)は，区画40，41，49，50である。住居地域はその周辺に広がり，区画16，17，24は工場地帯である。この当時大きな土地の攪乱が行われた地域がいくつかあり，区画20付近では暗渠排水工事が行われ，区画80では大規模な墓地公園の造成が行われた。区画13，18，26では隣の市へのバイパス工事が行われていた。

こうして見ると，オランダミミナグサのみの分布は中心街の商業地域，工業地域，攪乱地にあり，それらの周辺の住居地域には両種が共存するもオランダミミナグサが優占し，その周囲にミミナグサの優占地域が広がり，山間部の道端にはミミナグサのみの地域があることがわかる。すなわち都市の中心街にはオランダミミナグサが圧倒的に優占し，離れるに従って在来種ミミナグサが優占していく状況が明らかに見られる。同じ傾向は福原ほか(2007a)による新潟市西部における調査によっても確認され，オランダミミナグサは市街地や住宅街，砂丘地帯，郊外の水田地帯に出現している。

このようにオランダミミナグサは市街地や住居地域，最近攪乱された土地に分布し，ミミナグサは山地の道端などに分布することは明らかである。このような傾向は各地の植物相の調査でも知られ，指摘されていることである

第3章 オランダミミナグサとミミナグサの比較生態　63

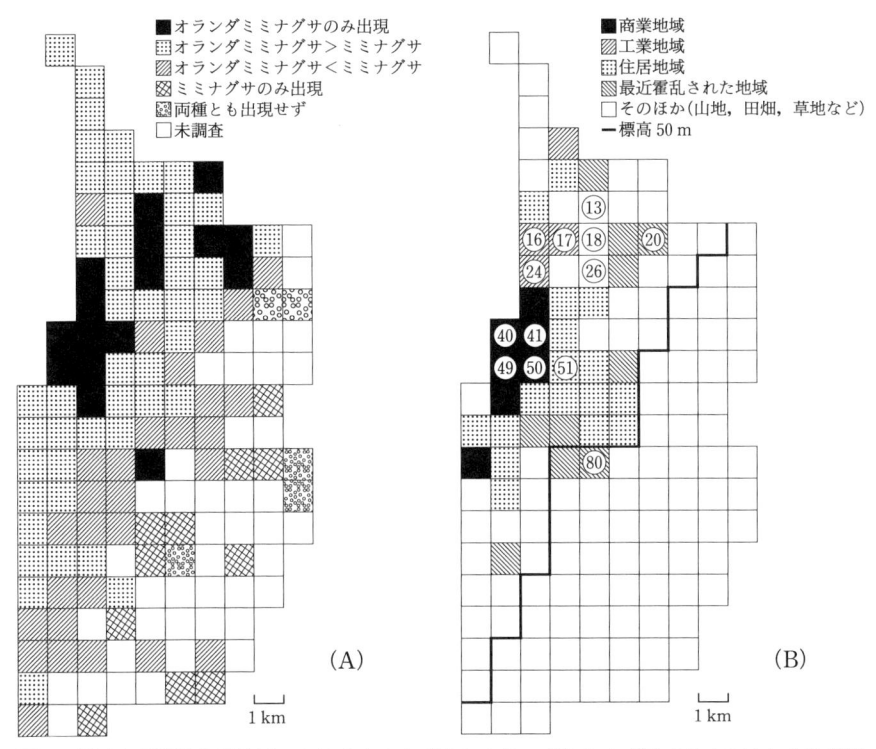

図2　長岡市信濃川右岸地域におけるミミナグサとオランダミミナグサの分布(A)と土地利用の状況(B)(福原ほか，2007aを一部改変)。区画の西は信濃川，東側の区画の外は旧長岡市の境界に当たる。分布調査は1980年5月25日～6月29日に行った。土地利用状況は，長岡市都市計画図(1980年5月)より作図。区画内の面積が半分以上占める場合をその区画の土地利用とした。(B)の太線は標高50 m，丸数字は区画番号を示す。

が(たとえば沼田，1975)，本調査において，改めて実証的に分布の実態を確認することができたといえる。

土壌条件

それでは，上記のような分布に土壌の性質の違いはあるのであろうか。

ミミナグサとオランダミミナグサのみ生育する区画から土壌を採取し，土壌要因を比較してみたところ(表1)，pH(H_2O)，pF値(遠心含水当量)には有意な差は認められなかった。両種ともで酸性土壌での生育を示し，pF値から

表1 オランダミミナグサとミミナグサの生育する土壌条件(福原ほか,2007a)。数値は平均値±標準偏差

測定項目(単位)	オランダミミナグサ($n=32$)	ミミナグサ($n=17$)
pH(H_2O)	5.60±0.71	5.35±0.49
電気伝導度(μS/cm)	215.8 ±154.1	298.1 ±244.8*
灼熱減量(%)	6.51±4.20	9.29±3.91*
pF 2.7(%)	23.34±11.19	23.57±12.14
pF 4.2(%)	12.73±6.43	12.50±5.78
最大容水量(%)	52.39±15.36	59.58±13.71*
粒径中央値	2.06±0.30	1.88±0.27*
淘汰度	0.82±0.21	0.95±0.25*
歪度	−0.04±0.37	−0.05±0.15

n は地点数　　*$p<0.05$(U-検定)

考えて，ともに細砂〜微砂壌土の値を示した。しかし，電気伝導度，灼熱減量，最大容水量，粒径中央値，淘汰度では有意な差が見られている。これらから，オランダミミナグサは有機物含量が低く，塩類濃度も低く，粒径の細かな砂質土的な土壌に，言い換えれば表層の有機物の層を剝ぎ取ったような攪乱地に生育していることがうかがえる。一方ミミナグサは有機物含量が高く，粒径幅の広い(不均一な)山地の道端や山裾の埴土的な土壌に生育していることになる。在来のタンポポ類が，より有機物に富んだ，N 含量の高い土壌に生育していることは，既に波田(1988)の報告にも見られる。オランダミミナグサが保水力の指標となる最大容水量がより小さな土壌に生育していることは興味深い。実生の乾燥に対する生残実験では，わずかではあるが，オランダミミナグサの方に乾燥耐性が認められる(福原ほか，2007a)。このことは，オランダミミナグサの方が，より乾燥した土壌においても生残が可能であることを示しているといえる。

3. 生活史の比較

生活史の調査は，比較生態の基本となる。当時新潟大学教育学部長岡分校の構内には両種がともに分布していた。そこで成長の調査のため 20 個体ずつ採取して，乾燥重量を測定し，成長のようすを比較してみた。地温ととも

にその生育状態を示したのが，図3である。地温は4月中旬の約7℃から上昇し，8月には約20℃となり，9月の中旬以降15℃以下となった(図3A)。

　成長を概観すると，オランダミミナグサは秋の10月ごろにいっせいに発芽し，成長をつづけ，12月中旬の降雪前には，20 mg程度となり越冬する(図3B)。翌春の消雪後から成長をつづけ，5月より開花し，5月中旬ごろに開花の最盛期となる。開花結実とともに5月中旬から枯死が始まり，6月中旬にはほとんどが枯死する。以上のようにオランダミミナグサは基本的に冬型一年草(越年草)の生活史を示す。基本的と述べたのは，一部の実生は春にも出現するからである。

　一方ミミナグサは(図3C)，枯死途中の地上茎から7〜8月の間に新たなシュートを伸ばすものと，初秋の9月初旬ごろに種子から発芽し，成長を開始する個体とがある。したがって，越冬前の個体重を比較するとオランダミ

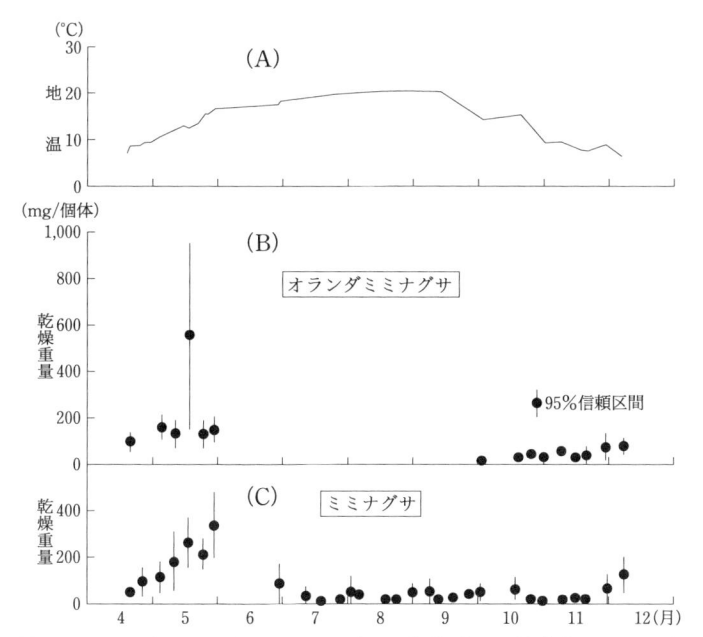

図3　オランダミミナグサとミミナグサの個体重の季節変化から見た成長のようす(福原ほか，2007a)。新潟県長岡市における調査。A：地温，B：オランダミミナグサ，C：ミミナグサ

ミナグサより大型の約 150 mg で個体差は比較的大きい。翌春消雪後から成長を開始し，開花の最盛期である 5 月中旬には 250 mg 前後となる。開花は4 月下旬から始まり，5 月中旬に最盛期となり，6 月に枯死する。特徴的なことは，ミミナグサでは開花後にすべての個体が枯死するわけではなく，7月上旬ごろ地上茎からシュートを再生し，栄養繁殖や多年草的な生活史を示す個体もあることである（大井(1983)は「短命な多年草」と記載している）。しかし，

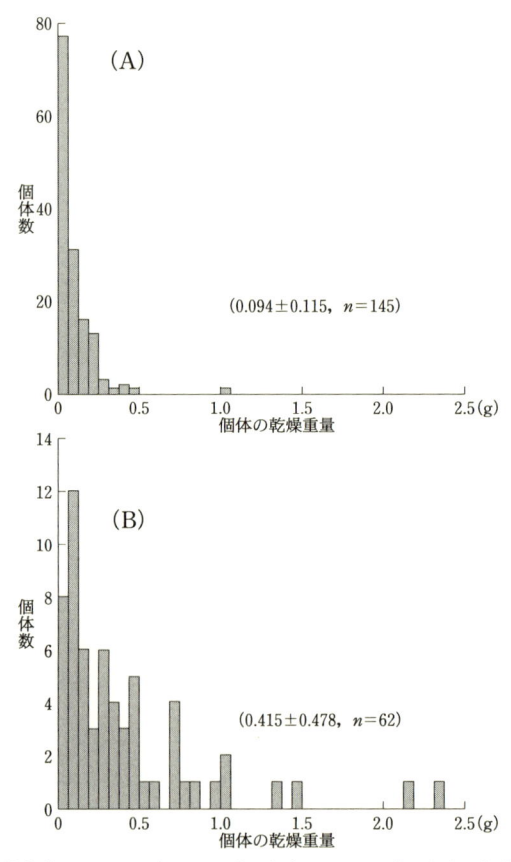

図 4 越冬後のオランダミミナグサ(A)とミミナグサ(B)の個体重(根を除く)の分布。新潟県新発田市大峰山麓において 2006 年 2 月 9日に採集し，60℃で乾燥した。

多くは種子から発芽しており，オランダミミナグサ同様に冬型一年草(越年草)の生活史を示す。

両種の春の成長を始めるころの個体差は興味深い。図4は成長を開始する2月上旬に新潟県新発田市大峰山麓の同じ場所で採集したオランダミミナグサとミミナグサの個体重の頻度分布である。

オランダミミナグサ(図4A)はほとんどが0.5g以下であり，半数は60mg以下である。最小の個体は2.6mg，最大で1.0gであった。これに対してミミナグサ(図4B)はオランダミミナグサに比べて重さにバラツキがあり，さまざまな大きさで越冬していることがわかる。0.5g以下は76％で，最小は3.8mg，最大は2.3gであった。ミミナグサが大型に成長していることは，春の繁殖に有利であるとも考えられるが，後で述べるように種子生産性はオランダミミナグサの方が高い。

両種の生活史が地域により異なるのは明らかであろう。長岡市や新潟市においては，調査当時は積雪があり，消雪と降雪の時期がある程度限定され，生育のスタートと越冬開始が比較的同調的に起こっていた。したがって，積雪がないか，ほとんどない地方などでは本結果とかなり異なる発芽時期や開花期が予想されるであろう。最近は積雪が少なく，新潟市においても2月下旬にオランダミミナグサの開花を観察したこともある。

4. 小さな軽い種子で分布を広げるオランダミミナグサ

個体の種子生産量や種子の大きさは再生産を保証する重要な要素である。両種の蒴果当たりの種子数を比較すると，ミミナグサが有意に多い(オランダミミナグサ：25.1±9.1，ミミナグサ：32.4±10.1，$n=100$)。しかし，個体の全乾燥重量と種子数には図5に示すように両種とも有意な相関関係にあり，個体重量当たりではオランダミミナグサの方が種子生産性は高いといえる。また，オランダミミナグサで特徴的な点はきわめて小型の個体(数mgで草丈5mm程度)でも種子をつけることができることである。春遅く発芽した実生がたった1個の花をつけることもある。

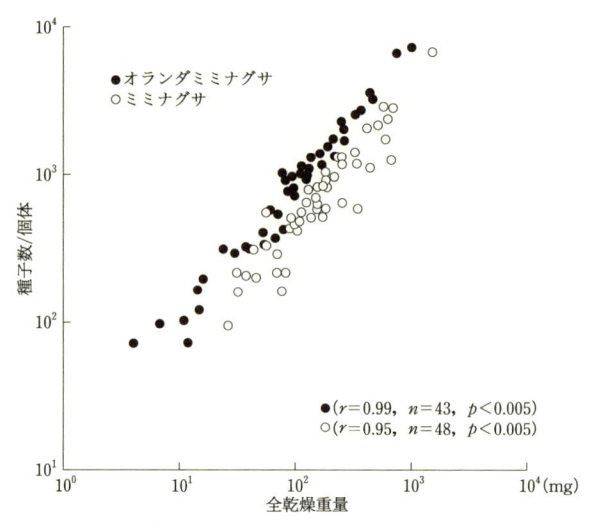

68　第Ⅱ部　帰化種と在来種の比較生態学

図5　オランダミミナグサとミミナグサの全乾燥重量と種子数の関係(福原ほか，2007b)

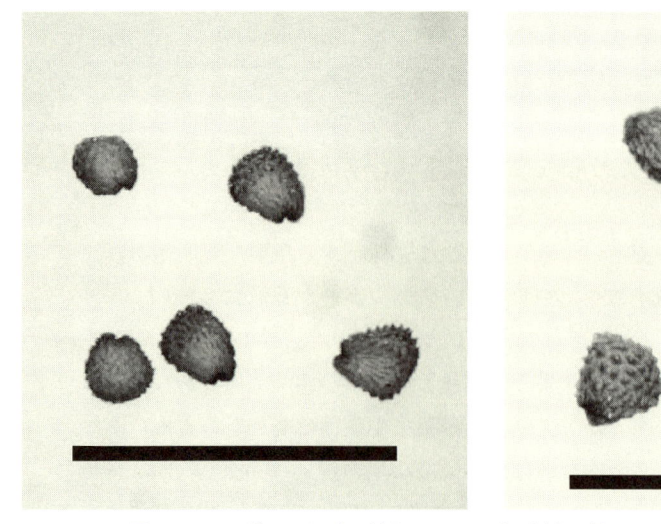

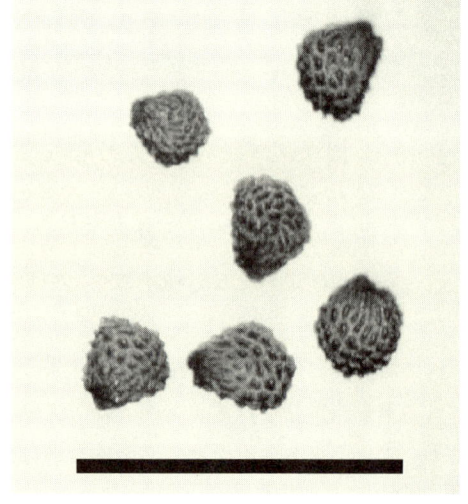

図6　オランダミミナグサ(左)とミミナグサ(右)の種子。スケールバーは2 mm

種子の大きさは明らかに異なり，ミミナグサの方が大きい(図6)。また1個の種子重量もミミナグサの方が約2倍重い*。

このように個体の生産する種子はオランダミミナグサの方がミミナグサよりも多く，また，オランダミミナグサは小型の種子をつける。これらの点は，オランダミミナグサの方がより雑草的な面をもつことを示すものであろう。また，ミミナグサに比較してきわめて小型の個体においても種子をつけ，栄養成長期間を短くして，繁殖成長に入ることは，オランダミミナグサは可塑的な成長戦略をもち，不安定な生育地において繁殖上有利であることを示していよう。

大型の種子は一般に小型の種子よりも，貯蔵エネルギーが多くて生存率が高く(立地占有率が高く)，またより環境的に安定な地中の深い所から出芽できる(伊藤，1993)。この点はむしろミミナグサの繁殖にとっては有利な面と考えられる。一方，大型のより重い種子は種子散布において小型のより軽い種子よりも立地到達力で劣るであろう(林，1975)。両種は種子に散布のための特別な装置をもたず，自動散布の後，風による飛散により分布を広げているものと思われる。種子の散布の範囲は測定していないが，オランダミミナグサの方が種子が軽いことと，風蝕量の多い攪乱地に分布することにより，より散布範囲が広がることが予想される。

5. 両種の種子発芽の特徴

野外における発芽ももちろん生活史の一部であるが，発芽の基本的な特性は実験室的に調べられるため，ここでは最初に実験室における結果から発芽特性を比較し，野外における出芽や実生密度の変化と重ねて，両種の発芽生態を比較してみたい。

種子の発芽において，恒温条件と変温条件では休眠期間や発芽率，光発芽

---

*種子の長径はオランダミミナグサが平均約400 μm，ミミナグサが約620 μm，種子の重量はオランダミミナグサが平均42.5 μg，ミミナグサが平均82.5 μg。

特性などに違いがあることが多くの植物で知られている(中山，1960，1966；鈴木(善)，2003)。しかし本節の室内発芽実験は，装置的な制約から，恒温条件と室温放置の変温条件でのみ行われており，限定的な解釈となる。

発芽温度の幅はオランダミミナグサの方が広い

　種子の発芽可能温度域は，一年草にとって，生育の出発点を決める重要な因子であろう。両種の温度と発芽率の関係を図7に示す。オランダミミナグサとミミナグサでは保存条件が異なるため，この図では発芽率そのものの直接的な比較はできないので注意してほしい。恒温条件下では発芽最適温度は両種とも明らかに15℃付近である。しかし，オランダミミナグサは発芽温度の範囲が広いのに対し，ミミナグサは狭く，5℃，20℃では発芽率はきわめて低い。オランダミミナグサの場合，休眠が解除されているならば5℃前後の低温においても発芽が可能であることは興味深い。ここでは，発芽温度に対する変温の効果を明らかにできていないが，多くの雑草種子では変温は発芽率を上昇させ，発芽可能温度域を広くしている(伊藤，1993；鈴木(善)，2003)。

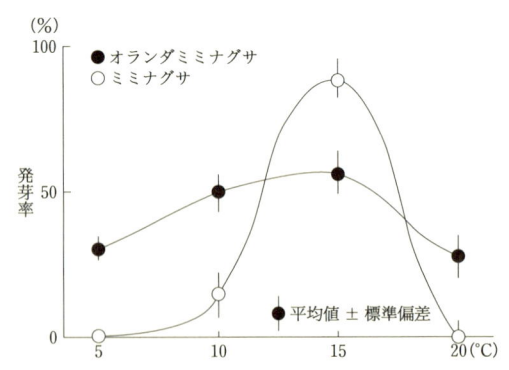

図7　オランダミミナグサとミミナグサの温度と発芽率の関係(福原ほか，2007b)。オランダミミナグサについては，採取後室温開放貯蔵した種子を，ミミナグサについては1か月間室温開放貯蔵し，その後5℃で保存した種子を9 cmシャーレに100粒(5連)播種し，明条件(8,000 Lux・12L-12D)で3週間後の発芽率を測定した。実験方法の詳細は福原ほか(2007b)を参照

明条件で発芽

　暗条件下において，多少の発芽が認められたものの，両種とも基本的には明発芽種子である(福原ほか，2007b)。ミミナグサの種子が明発芽であることは笠原(1941b)も確認している。明発芽は多くの雑草に認められる発芽特性であり(伊藤，1993；鈴木(善)，2003)，両種にとっても，ギャップシグナル(鷲谷，1993)をキャッチし，あるときは発芽に至り，またあるときは逆に発芽せずに埋土種子集団を維持する重要な特性であろう。

休眠期間はオランダミミナグサの方が長い

　種子にとっての休眠期間は，生育条件の不都合な時期を避けるべく適応してきた選択の結果と考えられている。両種のおよその休眠期間を知るため，採取年の5～12月の毎月中旬に種子100粒をシャーレに播種し，明条件下(8000 Lux，12L-12D)で室温，15℃の2条件について1週間ごとの発芽数を調べた。

　室温開放貯蔵したオランダミミナグサの種子は，室温条件では9月中旬以降にいっせいに発芽している(図8A)。5月に播種した種子の発芽が最も早く，月を経過するに従い発芽が遅れる傾向が見られる。5～7月の播種では発芽率は約90％以上であったが，その後発芽率が低下する傾向が認められ，11月では約65％程度となっている。

　15℃の条件では，6～8月に播種した種子で若干の発芽が次月に認められたが，大部分の発芽は9月以降に起こり，5～8月播種の種子では10月に発芽がほぼ終了し，発芽率は80％以上である(図8B)。このようにオランダミミナグサの発芽は15℃および室温条件で，大部分が9月中旬から発芽を開始しており，ほぼこの時点で一次休眠は解除されていると考えられる。5月中旬に採取した種子を使用していることより休眠期間は約4か月間と推定される。

　ミミナグサの場合も室温条件では9月にほぼいっせいに発芽する(図9A)。6～8月に種子の発芽が認められたが，きわめて少数であった。5～7月播種の発芽率は10月で80％以上であり，高い発芽率が保たれている。9～11月

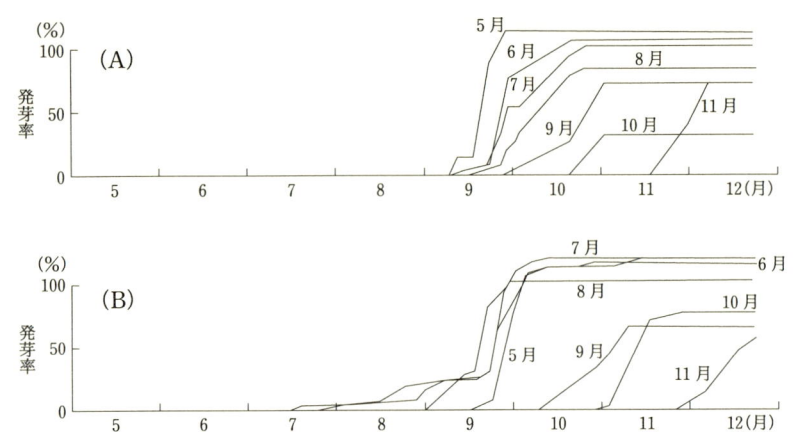

図8 オランダミミナグサ種子の月別発芽率(福原ほか, 2007b)。5月下旬に採取し、室温開放貯蔵した種子を各月の中旬に室温条件(A), 15°C・8,000 Lux(12L-12D)(B)で播種し、1週間ごとの発芽率を調べた。

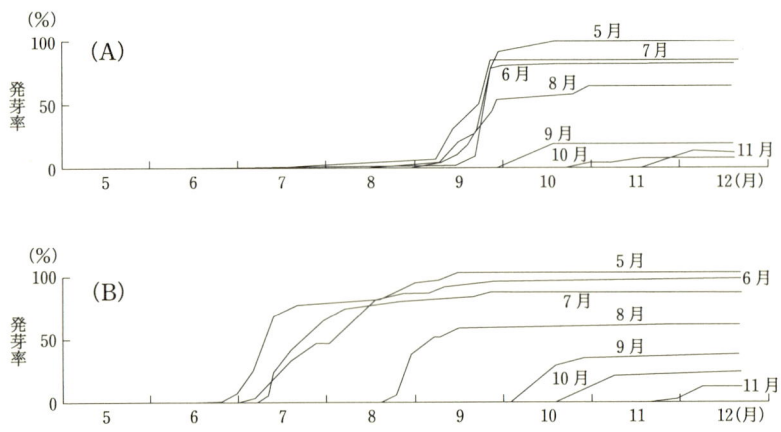

図9 ミミナグサ種子の月別発芽率(福原ほか, 2007b)。5月下旬に採取し、図8と同様に発芽率を調べた。

播種の発芽率は低いが，これは種子への糸状菌の感染による影響が大きいと思われた。

15℃の条件では，7月から発芽し，特に7，8月には播種直後から発芽が開始されている(図9B)。5〜7月播種の発芽率は8月で75％以上である。発芽率の低下は8月以降に播種した場合に起こり，室温条件と同様にカビの感染の影響が大きいと思われた。以上のようにミミナグサの場合は15℃の条件では7月上・中旬から発芽が開始され，特に7，8月には播種直後から発芽する。この点と種子の採取が5月中旬に行われたことより，本種の休眠期間は短く約2か月間と推定される。

しかし両種とも少量の割合の種子が，上記で推定した休眠期間以前に発芽している。これは，休眠について種子集団のなかにバラツキがあることを示しており，いわゆる不斉一発芽(鷺谷, 1991)の一因となるものであろうが詳しくは解析できていない。

雑草の種子には，一次休眠が解除された後に，発芽に不適当な条件のなかで再び発芽に至らない，いわゆる二次休眠状態に入るものが多い。そこで，採取後320日の種子を用い，一般的に休眠を解除すると考えられるさまざまな発芽処理を行い，発芽率を比較したところ，室温開放貯蔵と処理条件に発芽率の差は認められず，78.0〜85.7％であった(福原ほか, 2007b)。したがって，二次休眠状態にはないと考える方が妥当であると思われる。オランダミミナグサに二次休眠が認められないことは埋土種子について鈴木(光)(2003)も報告している。

ミミナグサにおいてもオランダミミナグサと同様の発芽処理条件で，発芽率は22.8〜39.3％となり，発芽率には処理による有意な違いはない。本結果の範囲内では両種において二次休眠は認められないことを示すものと思われるが，オランダミミナグサの場合は，実験以前に覚睡していた可能性，ミミナグサの場合は休眠打破の処理条件が不適である可能性も残っており，現時点では明確な結論を出せていない。

両種の種子の寿命は明らかではない。たとえば，種子が土壌中に埋もれずに屋外で乾燥状態で放置されているような場合を想定した室温開放貯蔵とい

うきわめて限定的な実験では，オランダミミナグサ，ミミナグサ両種とも約1年半程度(5月ごろから翌年いっぱい程度)は発芽能力を有している(福原ほか，2007b)。オランダミミナグサの埋土種子の発芽特性を調べた鈴木(光)(2003)は埋土1年間は発芽率が80〜90%で発芽率が低下しなかったことを報告している。

高温はミミナグサの発芽を抑制

ミミナグサにおいては，室温播種は15℃播種に比較して，発芽が遅れている(図8A)。既に種子の休眠が解除されていると考えられることから，この現象は，いわゆる強制休眠(環境休眠)の状態といえる。発芽を抑制していると考えられる要因は温度であろう。図7に示した温度との関係から，20℃以上ではミミナグサの発芽が高温により抑制されている可能性が高い。別に行った30℃の高温・湿潤処理の種子は30日間発芽せず，15℃に移しても発芽率は20%程度であった(福原ほか，2007b)。笠原(1941a)はミミナグサを濾紙床で発芽させ，25℃では60日間まったく発芽せず，やはり高温抑制と見られる現象を見ている。

オランダミミナグサの場合も，採集後320日の種子に対する30℃・18日間の湿潤条件では発芽が認められず，その後15℃に移しても，発芽率はほかに比較して低かった(福原ほか，2007b)。このことはやはり本種に対しても高温が発芽を抑制しているが，20℃ではある程度発芽することより，ミミナグサよりもその抑制温度は高いと予想される。

真夏の発芽を避けるオランダミミナグサ

室内における発芽実験の結果から得られた発芽特性から，野外における両種の実生の出現状況の説明が可能であろうか。

オランダミミナグサのみが生育する調査区(新潟大学構内，標高約20m)とミミナグサのみが生育する調査区(新潟県角田山五箇峠，標高約240m)にそれぞれコドラート(1×1m)を設置し，親個体の枯死後6月から実生数を定期的に数えた。

オランダミミナグサの場合，7月に20個体/m²の実生が出現したが，定着しなかった(図10A)。9月から本格的に出芽(土壌の表面に出現すること)が始まり，急激に実生数は増加し，11月上旬には1,400個体/m²となり越冬に入っている。地温は7月下旬に26°Cとなり，発芽抑制の可能性があるが，夏期に出芽が少ないのは，大部分の種子が休眠しているためであろう。出芽の盛んな9月中旬以降に地温は約20°C以下となっている。

ミミナグサの再生したシュートは7月上旬より出現した。種子からの実生は7〜8月に出現したがこれらは定着せず，再び9月中旬から実生が出現した(図10B)。7〜8月まで地温が20°C以上に維持されていることから，高温による発芽抑制を受けていた可能性が高い。この実験区での実生の密度はもともと低く，このコドラートでは越冬時の密度はわずかに5個体/m²であった。

このように，播種実験と同様に，野外においても両種ともに顕著な二季的な出芽パターンを示したといえる。オランダミミナグサにおいては，4月下

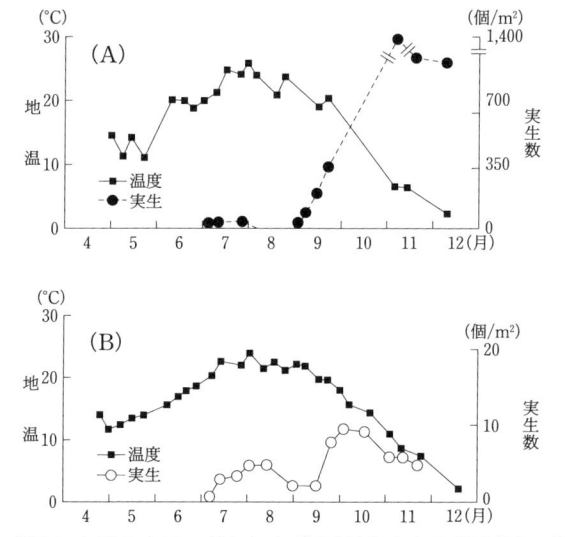

図10 野外におけるオランダミミナグサ(A)とミミナグサ(B)の実生密度の変化と地温(福原ほか，2007b)。オランダミミナグサは新潟大学構内，ミミナグサは新潟市角田山麓に設置したコドラートでの調査。ミミナグサには地上茎からの再生シュートも含む。

旬にきわめて少数であるが7実生/m^{2}の出芽があり(全個体の2.0%,図10Aには示されていない),温度の低い春早くにも種子発芽が起こる。しかし,個体群の維持における寄与についてはわずかな程度と思われる。

このように両種の二季的出芽パターンは,室内における発芽実験からも説明が可能であった。しかし,一次休眠の覚醒条件や種子集団内における不斉一発芽の要因解析,埋土種子の密度や寿命などは課題として残されている。

6. オランダミミナグサが分布を広げる生物学的要因は何であろうか？

第2節で述べたように,オランダミミナグサは,都市化や圃場整備,土地改良などにより強い攪乱を受けた土地や畑地,果樹園に分布し,一方ミミナグサは比較的安定した農村部の農道,路傍,人里の山道などに分布している。多くの地域で調査を行うなら,この事実はますます明らかになるであろう。

都市化による土地の攪乱で在来種と外来種が交代している有名な例は,各地で調べられている在来タンポポとセイヨウタンポポ(アカミタンポポを含む)である(内藤,1975；Ogawa, 1979; Ogawa and Mototani, 1985；森田ほか,1985；小川,2001)。この交代の現象はどのように説明されているのであろうか。小川(2001)によればこの交代現象を,競争による駆逐ではなく,①多量の種子をつくることにより生存のチャンスを利用できることや,②三倍体のため1個体でも殖えることができるなどの生物学的特性と,③人間活動による生物学的空き地の形成による,としている。一般に新しい生育地への種の侵入には鷲谷(1996)がいうように,①従来から存在していた生育場所にもともと存在する空いているニッチ(生態的な地位)への侵入,②ヒトが新たにつくり出したために豊富な空きニッチを含む生育場所への侵入,③競争による在来種との置き換わり,つまり在来種のニッチを奪うことによる侵入,の3つが挙げられる。

オランダミミナグサの市街地への進入と明治以降の各地での分布拡大は,基本的には分布調査の結果から,セイヨウタンポポの場合と同様に,小川の

①と③，鶯谷の②に当たる市街地などに新たに形成された攪乱を主体とする生育環境への侵入と思われる。ではオランダミミナグサの侵入を成功させた生物学的特性は何であろうか。表2にまとめた両種の生態的形質の比較より考えてみよう。

第1にオランダミミナグサは，種子への投資率がより高く，小型の種子を多くつけ，いわゆるr戦略者たる雑草性を示す。種子は新たに生育地を広げる第1歩であり，多産性と軽量性は散布域(立地到達力)を広げることに有利であろう。

第2として，繁殖個体の成長に大きな可塑性を有することが挙げられる。オランダミミナグサはきわめて小型の個体，草丈5mmでも繁殖に参加で

表2 オランダミミナグサとミミナグサの生育する土壌条件といくつかの生態的形質の比較(福原ほか，2007bを改変)。表中の大・小，高・低などはオランダミミナグサとミミナグサを比較した場合の相対的な意味で使用している。

		オランダミミナグサ	ミミナグサ
	生育地	不安定地，攪乱地，市街地，裸地，圃場整備した農地	安定地，路傍，畑地，人里の山道
	生活環	冬型一年草	大部分が冬型一年草
	越冬時の個体の大きさ	小	大，変異あり
	繁殖様式	種子繁殖	種子繁殖
	繁殖個体	きわめて小型から可能	小型
土壌	pH(H_2O)	酸性	酸性
	保水量	低	高
	有機物含量	低	高
	土壌粒子	均一	不均一
花	開花期	4〜5月中旬	4〜5月中旬
	個体当たりの花数	多	少
種子	種子数/蒴果	少	多
	種子生産効率(投資)	高	低
	種子重	軽	重
	種子の大きさ	小	大
	種子休眠期間	約4か月	約2か月
発芽	種子発芽期	少数夏，大部分秋，ごく少数翌春	少数初夏，大部分秋
	発芽の光要求性	明発芽	明発芽
	最適発芽温度(恒温)	15℃	15℃
	種子発芽の高温抑制	あり(ミミナグサより高温)	あり
	発芽温度範囲	広い	狭い
	一年後の発芽率(室温開放貯蔵)	高	低

きる高い可塑性を有している。コンクリートの小さな割れ目などに生育している事例もよく観察できるが，これらも立派に種子生産が可能である。

　第3の特性として，オランダミミナグサの発芽温度の範囲が広いことが挙げられる。5℃の低温においても発芽が可能であり，積雪のない地域では秋〜春にも発芽している可能性が高い。

　オランダミミナグサの大部分の種子は休眠解除後の秋にいっせいに発芽している。一方ミミナグサの場合は，温度環境が良好(20℃以下)であれば休眠の2か月後の夏にも発芽が可能であり，事実野外において実生が確認できた(図9)。しかし，これらの実生はほかの植物の被陰により生育できなかった。乾燥しやすく，被陰されやすい(生育条件の悪い)夏期間を種子休眠で過ごし，秋に一斉発芽するのがオランダミミナグサの第4の特性である。

　また，より貧栄養条件の土壌に生育できる第5の生物学的特性ももつ。都市化による土壌攪乱は，表層土を剝ぎ取って貧栄養化させ，同時に土壌の乾燥化やアルカリ化をもたらし，裸地化した空き地を増加させる。これらは地温の上昇をもたらし(鷲谷，1991)，ミミナグサのような低温と高温による発芽抑制を受ける種子では，分布をかなり制限される要因になるであろう。一方，発芽可能温度域が広く，乾燥による実生の生残率もより高く，貧栄養化した土壌に生育して繁殖個体の大きさに大きな可塑性を有するオランダミミナグサは，攪乱された空き地などで容易に分布を広げることが可能となっているのではないだろうか。

　多くの帰化種が，攪乱された土地に侵入し，その侵入は空きニッチ論で説明されているが，「攪乱」が発するさまざまな情報を「攪乱シグナル」とすると，発芽や生残，成長，繁殖に影響する土壌の性質や照度，乾燥状態，温度環境などを含め「攪乱シグナル」をさらに定量的にとらえていくことが必要であろう。

7. オランダミミナグサは都市化の指標種となり得るか

　帰化植物の侵入と近縁な在来種との交代を都市化という社会的な要因との

関係で理解できるため，市民が参加できる環境指標調査の材料としてタンポポ属が選ばれ，各地でタンポポ調査が行われてきている(小川，2001)。福原ほか(2007b)は，このような調査材料の必要な特徴として，①できるだけ誰にでも簡便に種の区別のできる形態的特徴を有すること，②適当な大きさで個体性が明確であり，定量的なあつかいができること，③普通種で個体数が多く，目につきやすいこと，④生物学的特性が明確で分布の説明が可能なこと，を挙げている。タンポポはこれらの特徴を有し，最適な材料として選ばれてきていた。

しかし，第11章で詳しく述べられているように，最近，帰化種と在来種の間で雑種が形成され，これらの雑種が高い頻度で分布することが各地で報告されつつあり，新たな生物学的な特性を獲得した個体の出現や種の同定で複雑な様相を呈してきている。小川ほか(2007)は雑種の問題点の整理や環境指標性の再検討を行い，「在来種ではないグループによる在来種の生育拠点への顕著な侵入はなく，雑種の遺伝学的，生態学的解明が今後も重要であるが，種類の識別ができれば環境指標性は有効である」とした。タンポポの花は誰にでも目につき，発見が容易で，雑種を除くと生物学的特性も明らかにされており，今後も環境指標性の代表種としての位置は維持されると考えられるが，厳密な種類の識別に，これまでの肉眼的な同定に花粉などの顕微鏡的な観察や場合によっては，アイソザイム分析を組み合せることが必要となるなら，この点が上記①に照らし合わせると問題になってきていると考えられる。

本章で述べたオランダミミナグサとミミナグサは，上記の①～③の指標性を十分満たす。③についてはミミナグサの場合，繁殖後，地上茎からのシュートの再生による個体が初夏に出現する場合があるが，開花の時期を中心に調査を行うならば，個体性は明確である。しかし，④についてはタンポポ属に比較して両種の繁殖生態や雑種形成の可能性などが明らかにされていない状態であり，今後環境指標種として用いる場合にはこれらの検討が必要となってくる。

第4章 コスモポリタンな寄生植物アメリカネナシカズラの繁殖戦略

古橋　勝久

　近年の物流の巨大化と高速化は，世界の植物の分布図にも大きな影響を与えている。外国からの貨物や乗り物に付着して入ってくる植物の種子は，検疫の網を潜り抜け一部は発芽して日本を繁殖地にしてしまう。今，そうした植物が増加していることを，町の空き地や川原の野草のなかの帰化植物の多さから感じ取ることができる。しかし，寄生植物については，そうした実感はない。独立栄養植物(光合成によって生きている一般の植物)と同じように種子の運ばれる確率は増加していると思われるが，寄生植物が帰化し繁殖するためには独立栄養植物とは異なった困難さがある。

　一般に寄生するものと寄生されるもの(ここでは宿主と呼ぶ)の関係は，長い間の相互作用によって築かれてきたものが多く，限られた種の間でしか成立しない。そうした寄生植物がほかの土地に移りすむためには，その地に既に宿主になる植物が存在するか，これまでの宿主植物といっしょに移住しなければならない。このことが，寄生植物が離れた土地で繁殖するのを困難にしている理由となっている。しかし，近年，世界に広く分布を拡大し，コスモポリタン種と呼ばれている寄生植物がある(Nickrent and Musselman, 2004)。それはネナシカズラの仲間のアメリカネナシカズラのことで，ここではこの植物が，なぜ，コスモポリタン種となり得たかを，生理的特性や繁殖戦略などから考えてみることにする。

1. ネナシカズラ属はどのように寄生するか？

アメリカネナシカズラという和名は，1963年に東京で見つかったネナシカズラの仲間の植物が，アメリカ合衆国に広く分布する *Cuscuta pentagona* と同一のものであることが確認されたことから生まれた。しかし，*Cuscuta pentagona* と *Cuscuta campestris* を形態的に区別するのが困難なことから，このふたつの種を同一と考える研究者もある。実際，日本で見られるものも，どちらの種ともいえないものが多く，ここではふたつの学名をもった植物をアメリカネナシカズラとしておく(橋本，1981)。

ネナシカズラの仲間(ネナシカズラ属 *Cuscuta*)はヒルガオ科に属する一年草の植物で，その名が示す通り根が退化している。根がないばかりか葉も鱗片状に退化しているので，体は茎のみで成り立っている。光合成能力をもっている種もあり，栄養が不足したときなどに一時的にその能力を発揮するが，自活できるほどのものはない。そのためほかの植物に寄生して，もっぱらその植物からの水と養分に頼って生きている。アメリカネナシカズラの種子が地中で発芽すると5日で茎の長さが5 cmぐらいに成長し，太陽光の下では口絵4Aのように茎を曲げて回旋運動を行う。回旋運動の方向は上から見て反時計周りで，1時間ぐらいで1周する。この運動は茎の伸長をともなって起きるので，近くに直立しているものがあれば，やがて先端がそれにふれることになる。ふれたものが運良く植物の茎であれば，それに巻きついて寄生を開始する(口絵4B)。宿主捜しのための回旋運動と巻きつきは光によって誘導されるので，口絵4Cのように寄生できないステンレス棒に対しても植物と同様の結果を引き起こす。

植物に巻きつくと，その部分に寄生根(吸器ともいう)が誘導され，2日もすればはっきりとそれが見えるようになる(口絵6の左側の白の矢印)。寄生根の形成は太陽からの光と圧力の加わった接触刺激によって誘導されるので，ステンレスの棒に巻きついたアメリカネナシカズラでも寄生根の誘導は起きる(口絵6の右側の白の矢印)。こうしたアメリカネナシカズラで見られる寄生に

対する挙動は，ネナシカズラやハマネナシカズラでも観察されるので，ネナシカズラ属に一般的なものと思われる．

宿主植物に巻きついたアメリカネナシカズラの寄生根の成長には，大量の水と養分が消費されるため芽生えの先端部の成長は止まり，寄生根が形成された所より下部の茎は枯れ上ってしまう(口絵6の黒の矢印)．そのためアメリカネナシカズラは発芽後10日もすれば土を離れて根なしとなり，その後一生，植物の上での生活を送ることになる．寄生が成功し水と養分が吸収できるようになると茎の先端が著しく太くなり伸長を始めるが(口絵6A)，20 cmも伸びると再び寄生を行う．この頻繁に寄生を繰り返して成長する生き方(ネナシカズラ属一般に見られる)が，ほかの寄生植物(ナンバンギセルなどのroot parasites)にはないたくましさをネナシカズラの仲間に与えている．Kujit (1969)の著書には，よく成長した1個体のネナシカズラ(たぶんアメリカネナシカズラと思われる)のすべての茎の長さを測りそれを合計したところ，800 mにもなったという話が書かれている．ネナシカズラの仲間は一年草なので，半年ぐらいの間に800 mも茎を伸ばしたということになり，この著しい成長力には驚かされる．著者も1990年ごろ，新潟県柏崎市の荒浜海岸の砂丘でアメリカネナシカズラの成長を観察したことがあるので，ここではそのときのことを少し紹介する．

今では失われてしまったが，1992年ごろまで荒浜海岸の砂丘には在来種のネナシカズラ *Cuscuta japonica* とアメリカネナシカズラの楽園があった．そこは日本海からの風によって吹き寄せられた砂が高く積もってできた砂丘の頂上と海岸にそって植えられた防風林の間の土地で，幅は20〜30 mしかなかったが長さは海岸にそって長く伸びていた．そこでは毎年ネナシカズラとアメリカネナシカズラの繁殖が繰り返されていた．

4月になると，砂丘のあちこちにはハマエンドウ，ハマヒルガオ，ウンラン，ハマニガナ，カワラヨモギ，コウボウムギなどの草が芽生え，砂のなかに大きな幹をもつハマゴウが砂のなかを横に這わせた枝からいっせいに新芽を出して緑色のラインを描く．所どころにはアキグミが集まって生え，かつて防風林のために植えられたニセアカシアも，わずかに生き残ったものが新

芽を出す．5月の連休のころまず目につくのは，芽を出してまもないカワラヨモギ（図1黒の矢印）やハマヒルガオ（図1白の矢印）にアメリカネナシカズラが巻きついている姿である．アメリカネナシカズラの種子は1粒1mgぐらいしかないので，発芽した芽生えの太さは0.2mmぐらいで黄色の糸のように見える．ほかにウンランやハマニガナの小さなものにも巻きついているのが見つかる．

　アメリカネナシカズラの芽生えがこうした植物に寄生して生き残るには，よほど運に恵まれていなければならない．芽生えの大きさから考えて，発芽した場所が寄生に適した小さな植物が半径5cm以内にある所でなければ生き残れない．それより離れた所で発芽した個体は，寄生できずすべて死ぬことになる．ネナシカズラも少し遅れて芽生え，いろいろな植物に寄生する．ネナシカズラの仲間はいったん寄生すると体の大きさが見違えるほど大きくなるので，小さなハマヒルガオに寄生すると，体の大きくなったネナシカズラはハマヒルガオの養分を急速に吸い取り弱らせてしまう．運良く寄生に成功したアメリカネナシカズラやネナシカズラは，すぐに，もっと大きな次の宿主を捜さなければならない．次の宿主としては，ハマエンドウやハマゴウの新芽が適している．図2は，カワラヨモギやハマヒルガオに寄生したアメリカネナシカズラがハマゴウに茎を伸ばしている姿をとらえている．2番目の宿主としてハマゴウに寄生できた個体は，驚くほどの速さで成長していく．7月の上旬には，宿主のハマゴウの枝はアメリカネナシカズラで覆われてしまい，一面が黄色の絨毯を敷き詰めたようになる（図3）．この姿は，アメリカの研究者がアメリカの草原でネナシカズラの仲間の調査をしたときに見たのと同じような姿ではないかと思われる．図3のようになると，寄生されている宿主のハマゴウの小枝が枯れ始める．宿主が枯れるとアメリカネナシカズラも枯れざるを得ないが，そのころにはアメリカネナシカズラは成熟した種子をたくさんつけている．荒浜の砂丘では，5月に芽生えたアメリカネナシカズラは7月の中旬から8月中旬までに種子をつくって枯れてしまう．5月より遅れて芽生えたものは，遅れて花をつけ，8月の下旬から9月に種子をつくるものもある．8月になってから成長を始めたものでも10月に種子

図1 カワラヨモギの芽生えとハマヒルガオに寄生したアメリカネナシカズラ。白っぽい緑色のカワラヨモギの芽生え(黒の矢印)とハマヒルガオ(白の矢印)にアメリカネナシカズラの芽生え(白い糸のように見える)が寄生している。

図2 ハマゴウに移り始めたアメリカネナシカズラ。図1の1週間後の姿。左側の黒の矢印の所でカワラヨモギからハマゴウへアメリカネナシカズラの茎(白い糸のように見える)が伸びている。右の矢印の所では、ハマヒルガオの方からハマゴウにアメリカネナシカズラの茎が何本も伸びている。

図3 ハマゴウの上で一面に広がったアメリカネナシカズラ。7月になるとアメリカネナシカズラ(白の紐のように見える)は，ハマゴウの小枝の上を一面に覆ってしまい，黄色の絨毯を敷いたようになる。

をつける。

2. アメリカネナシカズラの宿主の多様さ

　アメリカネナシカズラの種子は，特定の動物によって運ばれることもなく，発芽に特定の化学物質を必要とすることもない。そのため，発芽するとき，寄生するのに適した場所を選ぶことはできない。前にも述べたが，アメリカネナシカズラの種子は小さく，芽生えはきわめて虚弱である。その上，芽生えたときから正常な根がないので，地中から水分もほとんど吸収できない。そのため，芽生えは種子のときに吸収した水と空気中の湿気だけで生きていかなければならないので，寿命は10日ぐらいしかない。このような状況から，芽生えは相手を選ぶことなく，近くにあるどんな植物にでも寄生を試みる。4〜5月のころ，名古屋にある著者の家の庭では，アメリカネナシカズ

ラの芽生えがハコベ，オランダミミナグサ，タネツケバナ，コメツブウマゴヤシ，カラスノエンドウ，アメリカフウロ，ハハコグサ，チチコグサモドキなどの小型の野草に巻きついているのを見ることができる。巻きつくということは寄生を試みているということであるが，その後成長を開始できず寄生に失敗するものも多い。イネ科植物にも巻きつくものがあるが，寄生してその上で繁殖できることはない。いったん寄生に成功したものも，さらに成長するためにはもっと大きな植物に寄生しなければならない。それは同種の場合もあるが，たいていは異種であることが多い。そして活発に成長したくさんの種子をつけるには，さらに適した宿主に乗り換える必要がある。こうしたことができるのは，アメリカネナシカズラ（ほかのネナシカズラ属の植物も同様の性質はもっている）が宿主を一定の植物に限定することなく，多種の植物に寄生できる能力をもっているからである。この能力を強化したことが，コスモポリタン種になるために非常に重要であったと考えられる。

3. 宿主植物の抵抗

芽生えがどんな植物にでも巻きついている姿を見ると，アメリカネナシカズラはどんな植物にも寄生できるように思えるが，実際はそうはいかない。木化した硬い茎の植物には寄生根を侵入させることができないし，寄生根を侵入させても寄生できない場合もある。

サツマイモの仲間は，化学物質によってネナシカズラの寄生を防いでいる。鉢植えのヨモギに寄生しているネナシカズラをサツマイモに近づけると，すぐに巻きつき寄生したような状態になる。しかし，巻きついたネナシカズラの成長は長くつづかず，やがて元気がなくなり停止する。巻きついている部分を観察すると，挿入された寄生根が褐色になっている。寄生根が死んで水や養分を得ることができなくなったネナシカズラの茎は，やがて褐色になり枯れてしまう。しかし，アメリカネナシカズラはサツマイモに寄生することができ，枯れてしまうことはない。

トマトにネナシカズラが巻きついた場合も同様なことが起こる。この場合，

ネナシカズラの寄生根は，トマトの茎に挿入される前にトマトの茎から分泌されている化学物質の害を受けて枯れてしまう。ネナシカズラが寄生できないトマトにも，アメリカネナシカズラは寄生できることがよく知られている(Jayasinghe et al., 2004)。

オオアレチノギクや園芸植物のコダカラベンケイソウは，ネナシカズラに寄生されると，寄生根が挿入された周りの細胞の肥大や増殖が起きて茎の一部が太くなり，巻きついたネナシカズラの茎や寄生根を引きちぎろうとする。一度形成された寄生根は後から伸びることはできないので，無理やり引き伸ばされれば切れてしまうことになる。こうした方法で寄生植物を排除しようとする植物はほかにもあるが，この肥大成長は化学物質による抵抗に比べて反応が遅い。そのため，肥大が進む前にネナシカズラは水や養分を獲得し，次の寄生を行ってしまう。寄生根が小さいアメリカネナシカズラは，宿主の肥大成長を引き起こすことが少ない。さらに，寄生する速度が速く寄生頻度も高いので，ネナシカズラより宿主の肥大成長による排除の影響は少ない。このように，アメリカネナシカズラは，ほかのネナシカズラの仲間より宿主の抵抗をうまく避ける術を身につけている。

4. 生育地と成長パターンの特徴

ネナシカズラが林の端のクズなどがよく茂った場所や堤防などの傾斜地を好むのに対し，アメリカネナシカズラは背の高い植物が少ない日当たりの良い草地を好む傾向がある。この生育地の違いには，ふたつの植物の成長特性の違いが関係している。

ネナシカズラは頂芽優勢が強く，頂芽で寄生を繰り返すことが多い。頂芽の近くには数個の側芽が形成されているがその成長は寄生してもすぐには起こらず，2回目か3回目の寄生が成功した後で起こる。しかもそれは，新しく寄生した所より下部でしか起こらないため，頂芽は新しい寄生根が吸収する水や養分を独占して成長する。ネナシカズラは宿主の茎を上っていくことが多く，最後には宿主の頂上に到達する。頂上に寄生して茎をさらに伸ばす

が，ネナシカズラの茎は柔らかいので自分の重さで湾曲し，先端部は少し離れた所に下垂していく。そこに別の宿主や同じ宿主の枝があれば，新たな寄生が起きる。傾斜地の場合は，ひとつの宿主の頂上まで上りつめても上に別の宿主がいるので，それに寄生してさらに上へと成長していくことができる。傾斜地にネナシカズラが多いのは，こうした成長の特性によるものであろう。

一方，アメリカネナシカズラは，芽生えが寄生に成功すると，比較的早い時期から側芽が成長を始める。頂芽に近い側芽は，頂芽で新しい寄生が起こらなくても伸長を開始し，宿主に出会えば寄生する。頂芽の方はあまり寄生を行わずに水平方向に新しい側芽をつくりながら伸長をつづけることが多く，新しくできた側芽で次々と寄生する(図4)。栄養条件が良い場合には側芽の側芽が伸び出し，それで寄生が起きる場合もある。寄生に成功した側芽の先端は新たな頂芽となり，前に述べた頂芽と同じように成長する。宿主植物が十分ある草地では，アメリカネナシカズラはこうしたことを繰り返し，短時

図4 側芽で寄生しながら成長するアメリカネナシカズラ。頂芽を左の方に水平に伸ばしながら，白の矢印で示した所で側芽を用いてハマゴウの茎に寄生しようとしている。寄生している間も頂芽の伸長はつづくのでアメリカネナシカズラは急速に広がることができる。

間に二次元的な成長を行い，絨毯のような姿をつくり出してしまう(図3)。宿主の茎で最も栄養に富んだ所は先端部なので，アメリカネナシカズラは背の低い草が多い草地で生育した方が水や養分をよりうまく獲得でき，繁殖にも有利になる。日本において背の低い草に覆われている所は，貧栄養で草があまり大きく育たない所か，人による草刈がときどき行われる道路脇の草地などになるが，そんな所でアメリカネナシカズラを見かけるのも，彼らの成長特性に合っているからであろう。

　アメリカネナシカズラもネナシカズラも森のなかでは見られない。光合成によって生きているわけではない寄生植物が，太陽光は少ないが宿主になりそうな植物の多い森のなかをすみかとしないことは，一見，意外に思えるかもしれない。その理由は，宿主植物の光合成量の少ないことにあると思われる。太陽光の到達する量が少ない森の下草は，光合成量が低く成長も遅い。成長速度の速いアメリカネナシカズラやネナシカズラは，森の下草に寄生した場合，短期間に下草の養分を吸いつくしてしまって共倒れになり，子孫を残すことが困難になるのであろう。

5. ネナシカズラの仲間は寄生するのに光を利用する

　ハマウツボなどのように地中で宿主の根に寄生する植物(root parasites)は，宿主から分泌される誘導物質(ストリゴールなどが知られている)を頼りに寄生を行うといわれている。そのため，ネナシカズラの仲間も宿主植物から出される物質を手掛かりにして寄生を行っているのではないかと考えられたことがある。しかし，ネナシカズラの仲間は，空中で宿主の茎に寄生するため，物質による寄生の誘導は非常に困難になる。その上，アメリカネナシカズラのように多くの種の植物に寄生するものでは，その物質は多くの植物が排出しているものでなければならないが，自分だけは生産していないものでなければならない。こうした物質を見つけることはきわめて難しい。ところが，著者は1990年にネナシカズラをココヤシの実の胚乳液入りの寒天培地を用いてフラスコのなかで培養することに成功し，偶然の実験結果からネナシカズ

ラの寄生は特定の物質を介して行われるものではないことを知った。

　培養に成功したネナシカズラは，フラスコのなかで1か月ごとに茎の一部を切り取り，新しい培地に植えることによって何年も継代培養できた。その間，培養は白色蛍光灯の光(近赤外光をほとんど含んでいない)で照射されたインキュベーター中で行っていた。あるとき，花芽誘導の実験中フラスコを青色光の下においたところ，ネナシカズラどうしが互いに巻きつき，寄生が起きているのを見つけた(図5)。それまで白色蛍光灯の光の下では，そのようなことは一度も観察されていなかったので，照射された光の質の違いによって起きたことは明白であった。この培養されたネナシカズラの茎の間で起きる寄生は，青色光に近赤外光(far-red light)を加えた光条件にするとさらに促進された(Furuhashi et al., 1995)。

　最初，このようなネナシカズラの茎どうしで起きた寄生は，培養という特別な環境の下で起きる異常な現象ではないかと思った。しかし，野外でネナシカズラをよく観察してみると，自然界のネナシカズラの間でもしばしば起

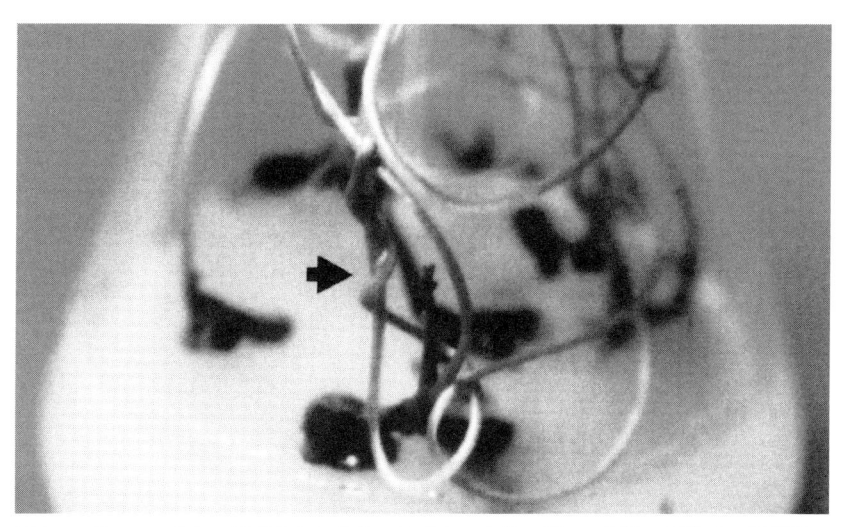

図5　フラスコのなかで培養されたネナシカズラの自分の茎への寄生。青色光の照射下で生じた自分の茎への寄生(矢印の所)。このような寄生は白色蛍光灯の下ではまったく起こらないが，青色光と近赤外光を同時照射された所では高い頻度で起きる。

きていることがわかった。その後，インキュベーターのなかにメドハギの鉢植えをおき，それにネナシカズラを寄生させる実験を行って寄生に近赤外光が重要な働きをしていること観察した。白色蛍光灯の照射下ではネナシカズラはメドハギに寄生できなかったが，白色蛍光灯に近赤外光用の蛍光灯を加えた光条件下では自然界のように寄生が起きた。

　アメリカネナシカズラの寄生にも光質が重要な影響をもっていることを確かめるために，湿ったバーミキュライトを入れたフラワーポットに細いアクリル棒を立て，そこにアメリカネナシカズラの種子を播き，光条件の異なるインキュベーター内において観察を行った。赤色光下におかれたアメリカネナシカズラの芽生えは，アクリル棒とは無関係に上方に伸びるだけで(一部にアクリル棒に軽く巻きつくものもあった)寄生するときに見られるピッチが狭く締めつけるような巻きつき方(口絵6)をしたものは1個体もなかった。しかし青色光と近赤外光を同時に照射されたものは，どの芽生えも口絵6のようなピッチが狭く締めつけるような巻きつき方でアクリル棒に巻きついた。暗所におかれたアメリカネナシカズラの芽生えは，アクリル棒はもとより植物に対しても巻きつくことはまったくなかった。このことは，アメリカネナシカズラもネナシカズラと同様に寄生が光によって誘導され，光質が重要な役割を果たしていることを示している。この発見により，アメリカネナシカズラが多様な宿主に寄生できることも容易に納得できるようになった。

6. ネナシカズラ属の寄生根誘導に対する光感受性を調べる実験系の開発

　ネナシカズラ属の植物の寄生誘導に光がどのように関わっているかを明らかにするためには，簡単でしかも短時間に多くの結果が得られる実験系を開発する必要がある。1993年ごろ新潟大学理学部の著者の研究室には，大学院生として多田欣史君がいた。そこで多田君といっしょに，寄生根の誘導に対する光の影響を調べる実験系の開発を手がけることにした。実験材料には，いつでも使用できる芽生えを用いることにした。ネナシカズラ属の植物は，

たくさんの種子をつけるので，生育地さえ見つければ大量の種子を手に入れることができる。その上，芽生えは小型なので，インキュベーターのなかでフラワーポットを用いて大量に生育させることができる。問題は，宿主との接触の影響をどうするかであった。

　実験結果の解釈を明快にするためには，多くの芽生えに，同時に，宿主に巻きついたときと同じような刺激を人工的に与える方法を見つけ出す必要があった。それは非常に難しいことのように思われたが，意外にも，アクリル板に芽生えの先端部(寄生根はこの部位に形成される)をテープで貼りつけるだけでそれが達成できることがわかった。この方法を改良して，フロッピーケースの内側に芽生えの先端部をサージカルテープで貼りつける方法を考え出した。フロッピーケースは5本くらいの芽生えを貼りつけるスペースがあり，芽生えの下部をうまく曲げてケースのなかに全体を閉じ込めてしまえば，芽生えを傷つけることもない。その上フロッピーケースは，貼りつけを行った後に外側から光照射ができ，照射後重ねて箱のなかに入れ，寄生根形成を待つために暗くしたインキュベーターのなかに放置することができる。2日後，外から実体顕微鏡で寄生根の形成状態を観察し，形成された寄生根を数えれば定量的な結果が出る。この方法で多田君と多くの実験を行うことができた(Tada et al., 1996)。そのなかには，基礎生物学研究所の大型スペクトログラフを用いて寄生根誘導とそれを阻害する光の作用スペクトルを調べて，光受容体を解析した実験もある(Furuhashi et al., 1997)。

7. 寄生根誘導に対する光感受性の差異

　アメリカネナシカズラとネナシカズラでは実験に用いる芽生えの生育状況が異なるので，アメリカネナシカズラでは発芽処理後暗所25℃で育てた4～5日目の芽生えを，ネナシカズラでは8～9日目の芽生えを使用しなければならないが，ほぼ同じ実験方法でフロッピーケースのなかで寄生根を誘導することができる。ただし，必要とされる光の質と照射時間にはいろいろな差がある。2種の芽生えは，フロッピーケースに貼りつけて暗所においた場

合は寄生根を形成しないが，貼りつけ後青色光と近赤外光を同時に照射しながら2日間待てば，すべての個体が寄生根を形成する．赤色光や近赤外光を単独で長時間照射しても寄生根は形成されない．しかし，青色光を24時間以上照射した場合には，一部の個体で寄生根が形成されることがある．

青色光と近赤外光は分離して照射しても有効であり，その場合，先に青色光を照射すれば，寄生根を誘導するための時間を大幅に短縮することができる．後で照射する近赤外光は，3分間という短時間でもよい．近赤外光の効果は，すぐ後に与えられた3分間の赤色光で打ち消され，さらにその後3分間近赤外光を照射すれば寄生根は形成される．この2種類の光の効果は何度でも打ち消し合うことができ，寄生根が誘導されるかどうかは最後に与えられた光の質で決まる．これは典型的なフィトクロームによって制御される生理現象の特徴を示しているが，レタス種子の光発芽(赤色光で発芽が誘導され近赤外光でそれが打ち消される)とは光質の効果が逆向きになっている．

図6は，アメリカネナシカズラとネナシカズラの芽生えに青色光を一定時間照射し，その後で近赤外光を5分間照射して暗所(25℃)に2日間おいた後寄生根を形成した個体を数え，その割合を示したものである．アメリカネナシカズラでは，1時間の青色光照射後に近赤外光を5分間照射して暗所に2日間おいても寄生根は形成されないが，2時間以上青色光を照射した後，近赤外光を5分間照射すれば一部の個体に寄生根が形成される．寄生根の形成率は青色光の照射時間とともに増加し，6〜8時間の照射でほぼすべての個体が寄生根を形成する．一方，ネナシカズラでは，4時間の青色光照射ではまったく寄生根は形成されないが，10時間以上照射してその後5分の近赤外光を与えればすべての個体に寄生根が形成される．このように，アメリカネナシカズラは，ネナシカズラに比べて短時間の青色光の照射で寄生根を形成することができる．

アメリカネナシカズラは，青色光の代わりに赤色光を用いても寄生根が形成される(図7)．一定時間の赤色光を照射した後，近赤外光を5分間照射し，2日間暗所において寄生根の形成を見ると，1時間30分以上の赤色光照射で寄生根を形成する個体が見られるようになり，4時間の照射ですべての個体

第4章 コスモポリタンな寄生植物アメリカネナシカズラの繁殖戦略　95

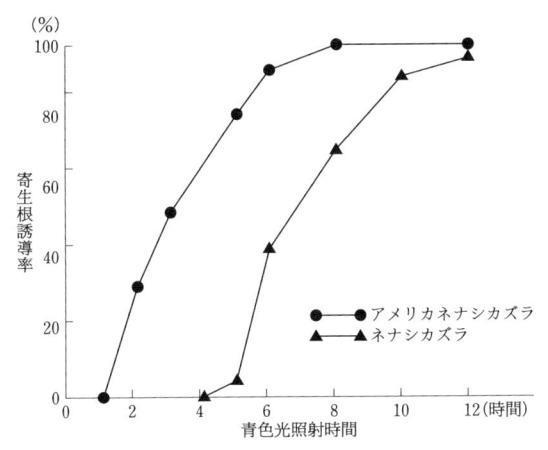

図6 アメリカネナシカズラとネナシカズラの寄生根誘導に対する青色光の効果。アメリカネナシカズラでは発芽後暗所25℃で5日間育てた芽生えに、ネナシカズラでは9日間育てた芽生えに、最初の光として青色光($3\ \mathrm{W/m^2}$)を照射した。それぞれの時間照射された芽生えをフロッピーケースの内側に貼りつけ、次いで近赤外光($1\ \mathrm{W/m^2}$)を5分間照射した。その後フッピーケースは25℃で暗所にしたインキュベーター内におき、2日後取り出して実体顕微鏡で観察しながら寄生根を形成した芽生えを数え、寄生根を形成した芽生えの割合を求めて寄生根の誘導率とした。

が寄生根を形成する。一方、ネナシカズラでは、10時間まではまったく寄生根が誘導されることはなく、それ以上照射時間を長くしても10～20%の個体しか寄生根が形成されなかった(図7)。このように赤色光を長時間照射しても寄生根が形成される割合が頭打ちになる現象は、日本の各地で採取したネナシカズラの種子からの芽生えで見られた。ただし、何%で頭打ちになるかは種子の産地によって異なっていた。愛知県豊田市で採取した種子からの芽生えでは、赤色光に反応したものは5～8%しかなかったが、熊本県の阿蘇山で採取したものではすべての個体が赤色光で寄生根を形成した。こうした産地による芽生えの性質の違いは、名古屋市でそれぞれの種子から子孫をとって調べても再現された。したがって、ネナシカズラの寄生根誘導に対する赤色光感受性は遺伝的に決まったものであり、それに関係する遺伝子に種内変異が起きているのであろう(Furuhashi et al., 2004)。

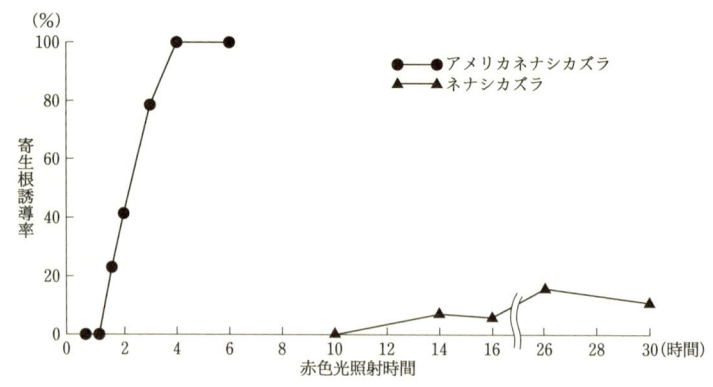

図7 アメリカネナシカズラとネナシカズラの寄生根誘導に対する赤色光の効果。図6と同様の条件で育てたアメリカネナシカズラまたはネナシカズラの芽生えに，最初の光として赤色光（4 W/m²）をそれぞれの時間照射した。その後，芽生えは図6と同様にフロッピーケースに貼りつけ，近赤外光を5分間照射した後2日間暗所におき，寄生根を形成した芽生えの割合を求めて寄生根の誘導率とした。

　ネナシカズラの芽生えに青色光を10時間照射してフロッピーケースに貼りつけ，すぐに近赤外光を照射して暗所に移し2日間おいて寄生根形成を行った場合と，青色光照射後5～6時間暗所にフロッピーケースを放置し，その後，近赤外光を照射して寄生根誘導を行った場合では形成率に差が見られた。青色光照射後暗所に長く放置したものほど寄生根の形成率は低下した。このことは，青色光によって形成される寄生根誘導に必要な初期物質の合成は照射を止めるとすぐに停止し，次のステップの近赤外光照射で形成される物質と反応しなければ急速に分解していくことを示唆している。一方，アメリカネナシカズラの芽生えに赤色光を1時間照射し，貼りつけてすぐに近赤外光を照射したものは寄生根を形成しなかったが（図7），1時間の赤色光を照射した後3～4時間暗所に放置してからフロッピーケースに貼りつけて近赤外光を照射すると，寄生根が形成されるようになる。寄生根の形成率は，12時間までは放置時間が長くなるほど高くなった。このことは，アメリカネナシカズラの赤色光によって形成される寄生根誘導に必要な物質の合成は照射を止めても継続して起こり，次のステップの近赤外光で形成される物質と反応しなくても分解されずに長く存在していることを示唆している。

以上のようにアメリカネナシカズラとネナシカズラでは，寄生根誘導に関する光感受性に多くの差異がある。それぞれの種の寄生根誘導に対する光感受性の特徴が，寄生効率にどのような影響を与えているかまだ十分には明らかでないが，アメリカネナシカズラの高い光感受性がこの種の寄生の速さに寄与していることは確かである。寄生根誘導に必要な初期物質の合成にネナシカズラが赤色光をあまり利用しないことは，赤色光の割合の多い直射日光下より植物によって陰になった所を寄生場所として選ぶことになり，大きな宿主植物に寄生するのに適合しているのかもしれない。一方，赤色光をよく利用できるアメリカネナシカズラは，日当たりの良い草地で寄生生活をするのに適合している。さらに，ネナシカズラで青色光によって形成される寄生根誘導物質が暗所で速やかに分解されてしまうことは，体が大きく手もちのエネルギー源の多いネナシカズラの芽生えにとっては，あまりにも暗い所（植物の茂みの奥や石などに囲まれた暗がり）で寄生することを途中で取りやめて，もっと良い所を捜すのに好都合なのかもしれない。しかし，手もちのエネルギー源の少ないアメリカネナシカズラでは，たとえ取りついた所が良い所でなくてもやり直しができないので，光に対する反応を速くしておいた方が個体群としての寄生効率には有利に働くのであろう。

8. 花芽誘導と種子形成の特徴

　ネナシカズラが短日植物で花芽の誘導される時期が明確に決められているのに対し，アメリカネナシカズラは栄養成長がある程度つづくと花芽の誘導が起こってしまう。柏崎市の荒浜では，ハマゴウの地中を這う枝から出た小枝の列の1か所にアメリカネナシカズラが寄生すると，アメリカネナシカズラがその列の上を広がっていくのを見ることができた。7月の初旬にそこを訪れたとき，アメリカネナシカズラが種子をつけている所と花を咲かせている所と盛んに栄養成長をしている所を，ひとつの列のなかに見ることができた。しばしば同じ所を訪れて観察すれば，最初に寄生が起こった所が種子をつけ，少し遅れて広がった所が花を咲かしており，最後に広がった所が盛ん

に栄養成長をしていることで生じた姿であることがわかる。こうした光景が見られたということは，アメリカネナシカズラの花芽誘導が日長に支配されていないことを示している。元気な宿主さえあれば，新しく広がった所は8月になっても9月になっても広がりつづけるし，広がってから時間を経た所は花が咲き種子が形成されていく。一定以上の気温さえあれば，アメリカネナシカズラはどの季節でも繁茂し，花を咲かせて種子を形成することができる。沖縄の海岸では，12月下旬にグンバイヒルガオの上でアメリカネナシカズラが盛んに繁茂しているのを見かけたことがある。

　アメリカネナシカズラの種子形成で重要なことは，開花時に子房がかなり大きく種子の成熟するまでの期間が短いことである。秋になって気温が低くならなければ，通常，1か月くらいで発芽可能な種子が形成される。ネナシカズラやハマネナシカズラ Cuscuta chinensis は，たくさんの花を咲かせても種子が成熟するまでに2か月ぐらいの時間がかかるので，種子が成熟する前に宿主が枯れてしまったり人に刈取られて成熟した種子を残せない場合が起きる。ネナシカズラの仲間は，栄養成長を行っているときは，人による刈取りが行われても一部が残っていれば，それが再び増殖して生育地を広げることができる。しかし，花芽が形成されると茎の寄生能力がなくなるので，一部が残っても再び生育地を広げることはできなくなる。したがって，開花後種子を速く成熟させることは，寄生植物の生き残りに重要なことになる。種子の成熟が速いということは，良い種子をつくることにもつながっており，アメリカネナシカズラの種子は小さいがきわめて発芽率が高く，芽生えの成長も良い。しかし，一般的には，ネナシカズラ属の植物は多くの種子をつくるが種子の質は不ぞろいで，発芽できないものや芽生えがうまく成長できないものが多く含まれている。

　もうひとつ注目されることは，アメリカネナシカズラの芽生えの寄生根の数は平均6～7個で，同じような小型の種子をつくるハマネナシカズラやヨーロッパのネナシカズラ Cuscuta europaea（クシロネナシカズラと同じ種）の芽生えが平均2～4個の寄生根しか形成しないのに比べて多い。寄生根の数の多さは，寄生を成功させるのに有利に働くと考えられるので，このことにも注

目する必要がある。ネナシカズラも平均6個ぐらいの寄生根をつくるが、種子の重さがアメリカネナシカズラの10倍もあるので当然のことであろう。芽生えの寄生根の数を多くすれば、宿主に出会ったときの寄生の成功率は上がると思われるが、ネナシカズラのようにひとつの種子に多くのエネルギーを注ぎ込んで芽生えの体を大きくして寄生率を上げようとしても、宿主に出会わなければ意味がなくなってしまう。種子を大きくして寄生能力を高くすることは、宿主植物が少ない所では必ずしも良い戦略とはいえない。ネナシカズラ属の植物の種子は、小型のものが多い。種子を小型化すれば、1個の種子に投入するエネルギーが少なくてすみ数を増やすことができる。そうすれば、個体群としては宿主に出会うチャンスを多くすることができる。これが、ネナシカズラ属の植物の生き残り戦略の主流になっているように思われる。アメリカネナシカズラは、基本的にはこの戦略をとりながら、エネルギーをうまく配分して芽生えの寄生能力も高めるような機能開発を行っているのであろう。

　ネナシカズラ属の植物で帰化種となったものには、古くはクシロネナシカズラの例がある。しかし、この種は釧路でも今見つけることが困難なほど希少な存在になっている。一方、アメリカネナシカズラは、日本各地でその繁殖地が確認されており(奥原, 1984；上野, 1991)、世界のほとんどの地域からその存在が報告されている(Nickrent and Musselman 2004)。アメリカネナシカズラの種子もクシロネナシカズラの種子も小粒で、貨物に付着したり農作物の種子に混入して国境を越え、遠くに運ばれやすい性質をそなえているが、ふたつの種の間には宿主植物の種の多さや芽生えてからの寄生能力に差がある。さらに、アメリカネナシカズラは、栄養成長と生殖成長が同じ個体のなかでも少し離れれば同時に進行し、気温さえ良ければどんな時期でもそれが進行する。種子形成に要する時間も短い。それらの差が、クシロネナシカズラとの今の状況の差となって現れていると思われる。これまで述べてきたアメリカネナシカズラの生理的特性や繁殖戦略は、一般の植物が帰化するために必要とされる条件によく適合している。アメリカネナシカズラの芽生えは

宿主になる植物種が多く，侵入した先で容易に生育地を見出すことができる。ほかのネナシカズラ属の植物との競争にも強い。生活史は短く，自家受粉が可能で1回の繁殖で大量の種子をつくることができる。

　清水(1984)の著書には，アメリカネナシカズラの作物被害に対する脅威が述べられている。確かに，アメリカネナシカズラは大繁殖をしてもおかしくないような優れた繁殖戦略をもっており，北海道ではジャガイモの栽培に大きな被害を与えたこともある。しかし20年以上過ぎた今日まで，日本全国での大繁殖の報告はない。これは幸いなことであるが，大繁殖に至らなかった理由は明らかでない。日本には放置された草地が少ないことが，大繁殖を防いでいるひとつの理由かもしれない。川原や町の空き地でときどきアメリカネナシカズラを見かけるが，しばらくして行ってみると，きれいに除草されてなくなっていることが多い。そして，次の年に出かけてみても，再びアメリカネナシカズラを見かけることは少ない。最近の日本の行き届いた除草は，寄生植物には一般の野草よりはるかに大きな痛手になるのであろう。セイタカアワダチソウなどと違って，アメリカネナシカズラが一般の植物相に大きな被害を与えることは，日本では今後もなさそうに思われる。しかし，アメリカネナシカズラと生活様式の類似しているマメダオシやハマネナシカズラのような寄生植物は，アメリカネナシカズラとの生存競争に敗れ，日本から姿を消す可能性は高い。

踏まれてもなお生き残る，オオバコとセイヨウオオバコの生活史戦略

第5章

松尾　和人

　人間活動の影響が及ぶ所や管理によって一定の環境が保たれる所をおもな生育地とする植物は，耕地に生える「雑草」だけではない。例えば「道」などに生える植物を，「人の息のかかったところには住めない野草」と「雑草をつなぐ第三のカテゴリー」として，沼田(1972)は「人里植物」と呼んだ。

　人里植物は，人間の活動の影響下でかえって好適な生育ができる植物群である。しかし人工的な生育地では，定期的あるいは不定期に加わる攪乱(草刈り，踏みつけなど)により，人里植物群落の構成種は常に生存と死亡のバランスによって維持されている。そして，このようなバランスのなかに在来の人里植物と類似した生活史を有する帰化植物が侵入・定着し，在来植物に置き換わる現象がタンポポ属，ヨモギ属，オナモミ属，タネツケバナ属などで広く知られている。ここでは，類似した現象としてオオバコ属の多年草2種，帰化種セイヨウオオバコ *Plantago major* と在来種オオバコ *P. asiatica* を取り上げる。生育地環境の違いと生活史特性を関連づけ，セイヨウオオバコが人里の攪乱環境でオオバコより優勢に生育する理由などについて考えてみよう。

1. オオバコとセイヨウオオバコの見分け方

　オオバコとセイヨウオオバコは分類学的にもきわめて近縁で同じグループ

Plantago 節(Wagenitz, 1975)に属し，外部形態のみで区別することは時として難しい。両種間において明らかに異なるのは染色体数の差異である。セイヨウオオバコは 2n=12 の二倍体であり，オオバコは 2n=24 の四倍体なのである。オオバコはヘテロな対合を含んでおり，セイヨウオオバコとは核型が異なるため単純な同質倍数体ではないと考えられる(Matsuo & Noguchi, 1989)。Ishikawa et al.(2009)は分子系統学的研究により，オオバコがセイヨウオオバコと未知の二倍体種の雑種起源であることを明らかにしている。

さく果当たりの種子数と種子の形態は 2 種を区別するための有効な形質であるが，変異が大きく，両種とも踏みつけなど攪乱の多い場所に生育するため標本の欠損も多く，この形質のみで両種を常に区別することは困難であった。しかし両種の種子を顕微鏡下で拡大してよく観察すると，種子の大きさと形状ばかりでなく種皮模様にも明らかな違いがあることに気づいた(図1)。

つまり，セイヨウオオバコのさく果当たりの種子数は通常 7〜14 個で，その範囲は時として 24 個まで広く変動する。セイヨウオオバコの種子はオオバコより小さく，形状は楕円形，丸いもの，角張ったものなどさまざまで，一定の形状のものは少ない。しかし種皮の模様は特徴的で，種子の腹部側の臍部分を中心に放射状の隆起線が見られる。一方，オオバコのさく果当たりの種子数や形は安定しており，通常 4〜6 個の長楕円形である。また，種皮は細かな網目状を示している(松尾, 1989)。種子の特徴と染色体数は一致するので(Matsuo & Noguchi, 1989)，これらの形質を組み合せると，野外からの標本や標本庫に収蔵されている標本などについて両種を区別しやすい。

2. 類似した生態的位置

オオバコもセイヨウオオバコも路上植物群落(踏み跡群落)の主要な構成種(Miyawaki, 1964)として非常に類似した生態的位置を占め，車や人の通行による踏みつけ，あるいは草刈りなどの管理作業による機械的な攪乱の非常に多い所(道，グラウンド，芝地など)をおもな生育地とする植物である。そのため，個体全体への強い抑圧や体の一部の欠損などの危険に常にさらされている。

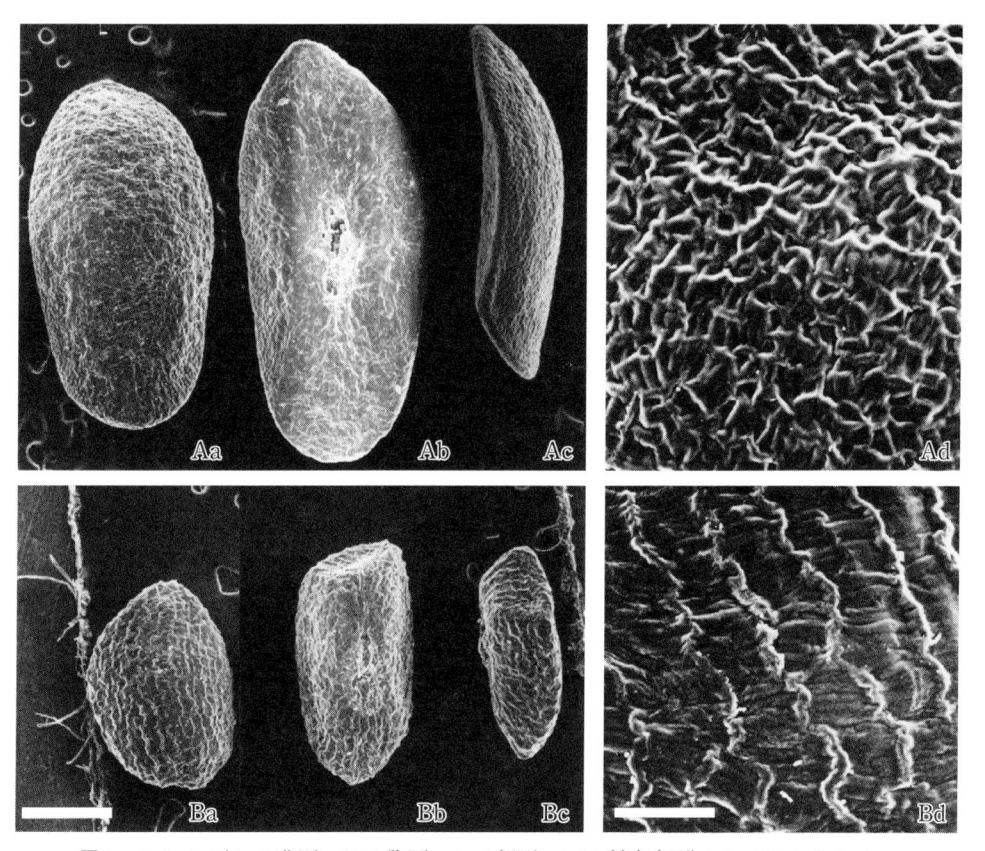

図1 オオバコ(Aa：背面，Ab：腹面，Ac：側面，Ad：種皮表面)とセイヨウオオバコ(Ba：背面，Bb：腹面，Bc：側面，Bd：種皮表面)の種子形態の比較(松尾，1989a)。図中のスケールは0.5 mm(Ba)と0.1 mm(Bd)

このような生育地の植物では，ハイミチヤナギに見られるほふく的な体制やスズメノカタビラに見られる株状の体制あるいは堅牢さ，または器官の欠損に対する回復力などが重要な生活史特性と考えられる。

　オオバコもセイヨウオオバコもロゼット型の生活形で芽の位置が低く，踏みつけなどの機械的な攪乱に対して本来耐性を有していると考えられる。田中ほか(1982)，鄭ほか(1990)はオオバコ属植物の一連の形態学的研究のなかで，両種の葉身と葉柄の解剖学的な比較を行い，両種を明瞭に分類できるよ

うな構造的差異は見出されないと報告している。特に葉柄では両種とも維管束鞘が葉の伸長方向に長い厚角細胞からなると同時に，上面と下面に多層の厚角細胞が存在する点が共通しており，このような構造は維管束の保護に有効であると考えられる。

3. 両種の分布特性

オオバコは東アジアを中心にヒマラヤからジャワにかけて広く分布する。日本においても全国に分布し(Horikawa, 1976)，山岳地域の開発により標高2,500m付近の高地にまで分布域を拡大している(Kawano & Matsuo, 1983)。一方セイヨウオオバコは，ヨーロッパを原産地とし，熱帯アフリカの低地を除き世界中に広汎に分布している(Good, 1964)。スイス，オーストリア，そしてイタリアでは標高2,100〜2,700m以上の山岳地帯までも分布している(Wagenitz, 1975)。日本では，藤原(1957)によって札幌市で初めて生育が知られ，現在では北海道内の主要な都市，函館，旭川，帯広そして釧路などの各市にも分布している。札幌市内では多くの場所に生育し，所によっては在来のオオバコより優勢に生育している(伊藤，1984)。また，本州では浅井によって神奈川県下での帰化が報告されている(長田，1976)。

これらの具体的な文献情報や標本庫に収蔵されている標本や現地調査に基づいて，わが国における両種の分布図を作成してみると，オオバコがほぼ日本全域にまんべんなく生育しているのに対し，セイヨウオオバコの分布情報は北海道に偏っていた(図2)。しかし，「セイヨウオオバコが北方にしか生育できないのか？」あるいは「まだ分布拡大の途中なのか？」などの疑問は解決されていない。

わが国にはすでにオオバコが分布しているので，帰化種であるセイヨウオオバコが侵入し占有するニッチがあるのかどうか，もしあるとしたらどのような環境に生育しうるのか，それはどのような生活史特性によるのか興味がわく点である。そこで両種の分布をより詳細に明らかにし，両種の分布特性の差異について調べてみた。

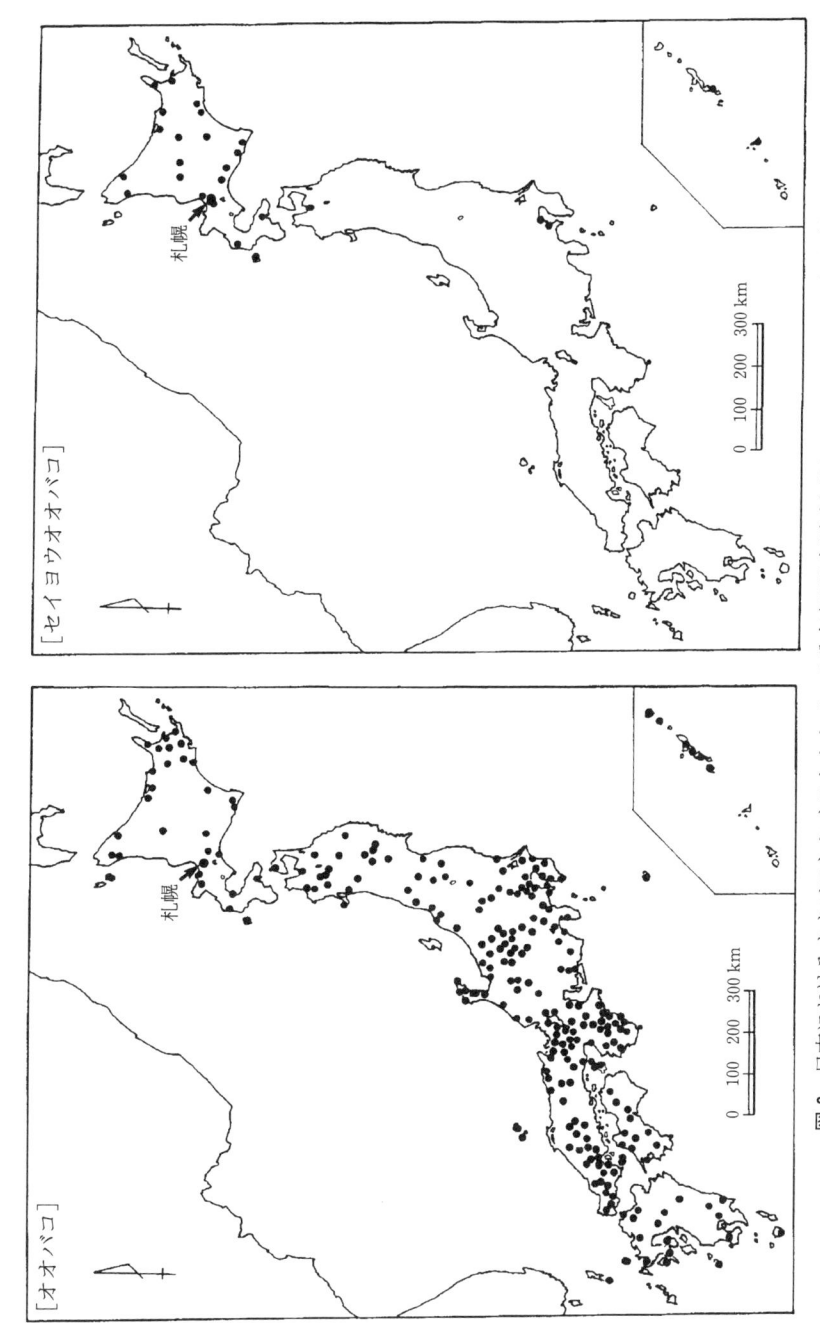

図2 日本におけるオオバコとセイヨウオオバコの分布 (1991年時点) (Matsuo, 1997より一部改変)

まず，両種の分布が重複する札幌市において，生育地に違いがあるかどうかを調査した。路上に生育するセイヨウオオバコとオオバコ個体群について，道路を横切るように帯状区を設置し個体の分布を見てみると，両種ともに路上の踏み跡に出現し，スズメノカタビラ，セイヨウタンポポ，シロツメクサなど路上群落に普通に見ることができる植物と混生している。道の両端は草丈の高いカモガヤ，ヒロハノウシノケグサやエゾヨモギなどが密に生育し厳しい競合環境であるが，そこには両種とも出現しない。路上の雑草群落における両者の生態的な位置は，ほとんど同じであるように思われる(Matsuo, 1989b)。

　それでは，札幌市の路上群落ではセイヨウオオバコとオオバコは混生し，生育地の差異はないのであろうか？　その疑問を明らかにするために，札幌市およびその近郊において両種の分布調査を行った。市の南西部には標高 1,024 m の手稲山，南側には標高 531 m の藻岩山があり森林地域が広がっている。北東部には市街地，農業地域が広がる。調査区を設け，オオバコとセイヨウオオバコの出現頻度を調査したが，特に手稲山では，北東の市街地に隣接する麓から頂上を経て反対側の麓までの道路と林道ぞいに連続して 20 km，31 か所の調査区を設けた。また，藻岩山においても同様に約 7.5 km，28 か所の地点で同様な調査を行った。その結果，143 調査地点のうち 62 地点はセイヨウオオバコ，26 地点はオオバコからなる個体群で，残りの 55 地点では両種が混生していた。市街地と農地の調査地点ではセイヨウオオバコが優占する傾向が見られるが，森林地域にある開放的な地点ではオオバコが独占的に出現する。また，両種が混生する所はおもに森林地域と市街地が接する林縁部の箇所であった(図3)。

　この分布パターンは，手稲山および藻岩山の道路沿いで行った調査でも同様であった(Matsuo, 1989b, 1995)。つまり，セイヨウオオバコは比較的開発の進んだ地区に多く分布し，オオバコは自然度の高い地域に優占して見られた(図4)。スキー場，遊園地などの娯楽施設やいくつかの中継地が手稲山の森林地域内に建設されているが，そのような所(図4の森林被覆率が低く建造物がある場所)では採集した標本の 22〜67％ がセイヨウオオバコで占められていた。

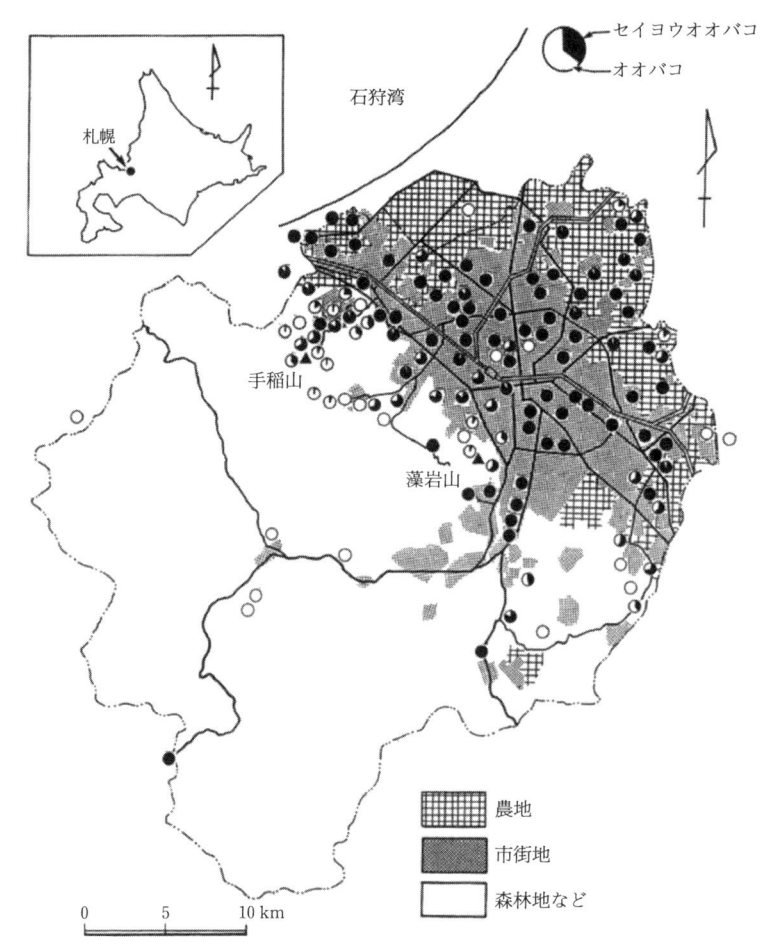

第5章 踏まれてもなお生き残る，オオバコとセイヨウオオバコの生活史戦略　107

図3　札幌市とその近郊におけるオオバコとセイヨウオオバコの分布状況(Matsuo, 1989b)

　このような現象は，本州で広く行われた在来タンポポと帰化タンポポの分布調査結果と一致する(第1章参照)。
　札幌市の開発は明治時代以降に行われ，広葉樹林を切り拓き農耕地として始まった。そのため，当初はオオバコが先に侵入し，人家周辺に生育していたものと思われる。セイヨウオオバコの北海道への侵入時期と経路は不明で

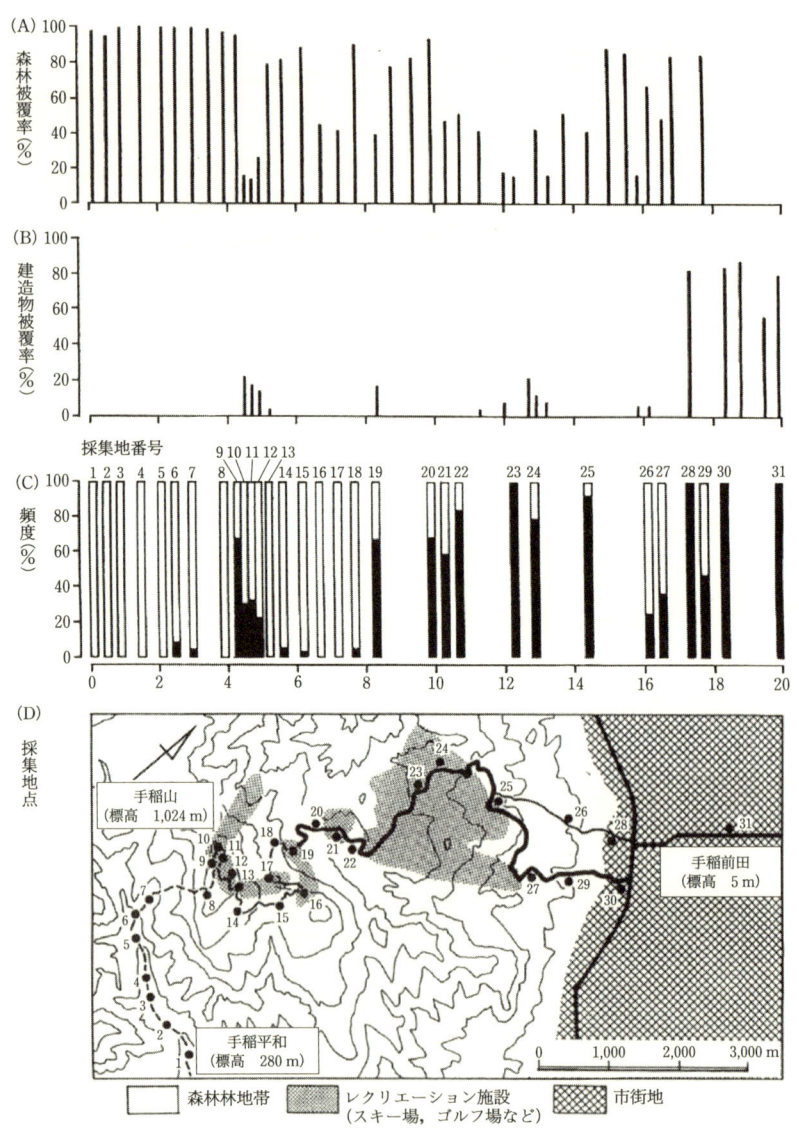

108　第Ⅱ部　帰化種と在来種の比較生態学

図4 手稲山(標高1,024m)とその山麓地域における各採集地点でのセイヨウオオバコ(■)とオオバコ(□)の出現頻度(C)(Matsuo, 1989bより作成)。A：森林被覆率，B：建造物被覆率，D：採集地点

あるが，本州に広く分布していないこと，札幌市近郊では農地に優占していることや北海道の帰化植物の侵入が最初から農業と結びついていたと考えられていることから(森田，1981)，主として北米から移入した牧草種子にセイヨウオオバコも紛れて，北海道に侵入してきたと考えられる。

4. 生育地環境の特色

　オオバコやセイヨウオオバコが生育する群落に混生する植物を調べてみると，オオバコはセイヨウタンポポやシロツメクサなどの帰化種と混生する頻度が高いものの，エゾヨモギやわずかではあるがキンミズヒキ，エゾタチカタバミ，ウマノミツバのように林縁に生育する在来種とも混生していた。一方セイヨウオオバコは，ノゲシ，アキタブキ，エゾヨモギなど陽地に生育する比較的生態分布の広い在来種と混生することもあるが，明らかに帰化種と混生することが多い。また，両種が混生する群落では出現種数が極端に減少する傾向が見られた。それぞれの生育地における帰化率(出現種数に占める帰化種数の割合)は，生育地の攪乱の程度を反映していると思われるが，オオバコ個体群(39.4%)，混生群落(55.6%)，セイヨウオオバコ個体群(63.3%)の順に増加する傾向が見られた。これは，両種の生態的特性は類似しているものの，セイヨウオオバコの方がより攪乱の強い場所にも生育可能であることを示唆しているものと考えられる。

　また，生育地環境の特色を群落の植被率や高さなどの生態的条件，相対照度や土壌の固まり具合を示す貫入抵抗値などの物理的測定値により比較すると(表1)，セイヨウオオバコ個体群の生育地は，オオバコ個体群の生育地と比べ，土壌が硬く植物の生育がまばらで草丈がより低い裸地的な群落であることがわかる(Matsuo, 1989b)。

表1 調査を行ったセイヨウオオバコ，オオバコ個体群および混生群落生育地の環境条件[*1]

環境要因	セイヨウオオバコ個体群	混生群落	オオバコ個体群
群落植被率(%)	45.8±29.8[*2] (39)[*3]	88.8±17.6 (34)	75.1±27.1 (24)
群落高(cm)	5.4±7.5 (39)	10.7±6.2 (34)	17.4±10.2 (24)
相対照度(%)[*4]	78.6±10.3 (39)	72.3±14.4 (34)	57.1±26.0 (24)
貫入抵抗値 (kg/cm³)	24.1±31.6 (39)	12.2±5.0 (27)	10.9±18.8 (21)

[*1]調査区の大きさは1m×1m，[*2]平均値±標準偏差，[*3]調査区数，[*4]葉上1mの高さでの測定値

5. 生活史特性の比較

発芽特性

　セイヨウオオバコがよく見られる裸地とオオバコの方がよく見られる林縁の群落での地温を比較すると，両者の生育地の温度環境の違いがよくわかる。最低地温では差異は観察されないが，平均地温，最高地温そして日格差では明らかに裸地の方が高い傾向が見られた(松尾ほか, 2001)。

　そこで，両種の実生や幼植物が観察される5月中旬に，種子を入れたシャーレを裸地と林縁に置き発芽のようすを見ると，興味深い発芽経過を見ることができた(図5)。平均地温が高く日格差の大きい裸地では，セイヨウオオバコの発芽開始が明らかに早い傾向が見られた。札幌市内のセイヨウオオバコの生育地では4月上旬から中下旬にかけて実生が多く見られるが，オオバコの実生の出現はそれより遅れ4月中旬から5月中旬であることと一致している。一方，林縁では両種の発芽曲線は類似していた。セイヨウオオバコでは，裸地に置かれた種子と林縁に置かれた種子の発芽開始は大きく異なり，裸地での発芽開始が早く，両生育地間ではおよそ2週間の差異が見られた。このことから，セイヨウオオバコとオオバコの発芽の特性は，温度に

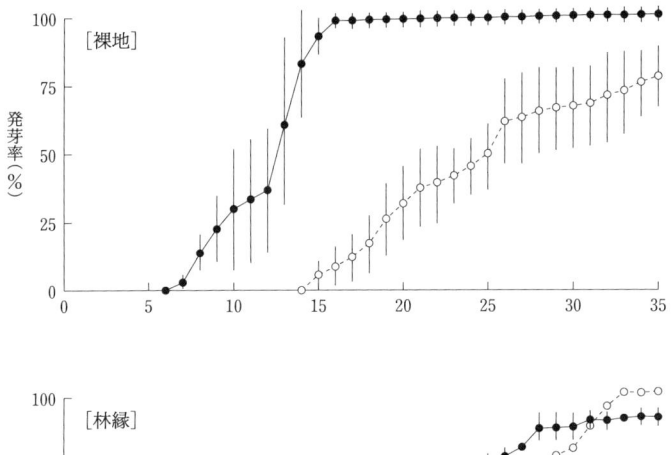

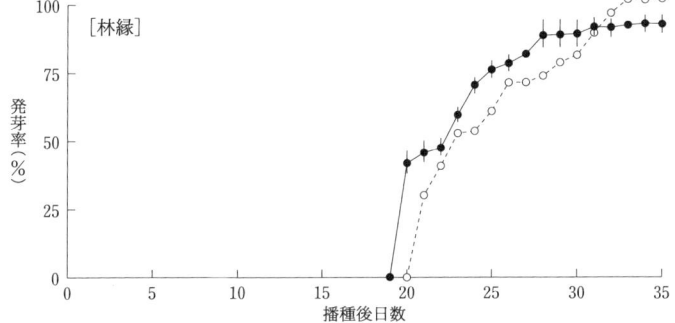

図5 野外の裸地（上図）と林縁（下図）におけるセイヨウオオバコ（●）とオオバコ（○）の発芽曲線の比較（松尾・佐々木，1996）

よって大きく影響を受けることが示唆された。

そこで，室内のインキュベータを用いてさまざまな温度環境を設定し，種子発芽の違いを確かめた（図6）。裸地では最低温度が林縁と大差なく平均地温が高く日格差が大きいことに注目し，恒温条件は18℃から4℃おきに34℃までの5段階とした。変温条件は夜間の12時間を最低温度15℃とし，日中12時間の最高温度を20～45℃まで5℃おきに6段階の条件を設定した。恒温条件下において両種の種子発芽率が最も高くなる温度範囲は，セイヨウオオバコのほうが高い（セイヨウオオバコでは26～28℃，オオバコでは23～25℃）。特に興味深いのは発芽が可能な恒温での温度範囲である。セイヨウオオバコの種子は実験で設定した最低温度18℃ではまったく発芽せず，最高設定温

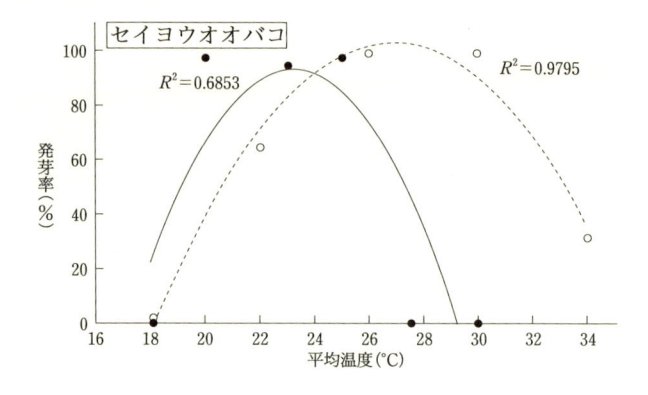

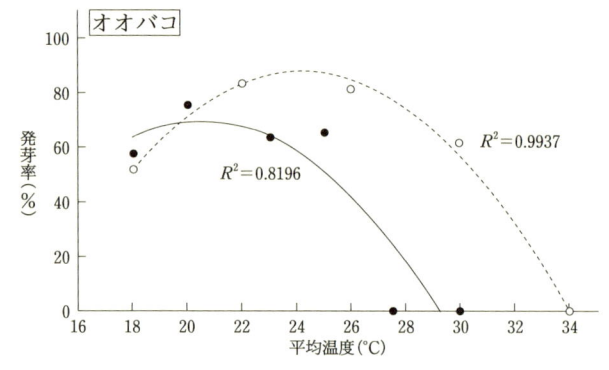

図6 恒温(○)および変温(●)条件下における平均温度とセイヨウオオバコおよびオオバコの発芽率の比較(松尾ほか，2001より作成)。図中の平均温度は18℃(20/15℃)，20℃(25/15℃)，22.5℃(30/15℃)，25℃(35/15℃)，27.5℃(40/15℃)，30℃(45/15℃)である。

度34℃では発芽が見られる。対照的にオオバコの種子は，18℃では発芽するが34℃ではまったく発芽することはなかった。次に，恒温条件と変温条件の違いが発芽に及ぼす影響を平均温度で比較すると，セイヨウオオバコは平均温度20〜23℃では変温によって発芽率が高まる傾向が見られるが，オオバコではその効果が見られない。特に，裸地の平均地温に近い22℃前後の温度の下では，セイヨウオオバコの種子は恒温下よりも変温下(30/15℃)での方が明らかに高い発芽率を示している(図6)。このような発芽特性から見

て，セイヨウオオバコは裸地特有の温度環境，つまり平均地温が高く温度格差が大きい条件下ではオオバコに比べ高い発芽能力を有していることがわかった(松尾・佐々木，1996；松尾ほか，2001)。

成長と乾物分配

両種の生育の仕方に差異があるのかどうかを明らかにするために，種子から育成した幼植物(本葉数：2～3枚)を環境の安定した温室内で栽培した。ビニールポットに移植し，その成長のようすを観察するとともに，生育段階ごとに個体の葉数，花茎数を記録し，個体重に基づく成長曲線を描いた(図7)。するとおもしろいことに，発芽後120日までの個体重の変化と最終的な個体の重さは類似しているにもかかわらず，花茎を伸長し始める時期は大きく異なっていた。セイヨウオオバコでは発芽後30～35日，オオバコでは53～61日で，セイヨウオオバコの方が平均して25日ほど早かったのである。そのときの個体の平均的な重さはセイヨウオオバコでは141 mg，オオバコでは

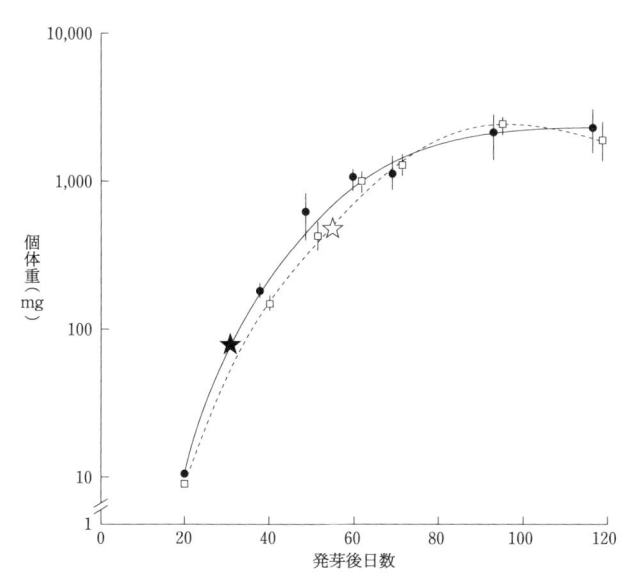

図7　セイヨウオオバコ(●)とオオバコ(○)との成長曲線の比較(Matsuo, 1997より作成)。星印は，初めて花茎を確認した日

716 mg であった。セイヨウオオバコの方がより早くそしてより小さい個体が花茎を伸長し始めることがわかる。このような生殖成長開始時期のずれは，野外集団においても観察することができた。

両種とも短縮した茎に葉をロゼット状につけ，栽培期間中には9枚前後の葉を連続的に展開した。抽台(ちゅうだい)の後，セイヨウオオバコは連続して花茎を伸長し，栽培実験終了までに個体当たり平均して5本の花茎をつけたがオオバコでは個体当たり花茎数はおよそ3本であった。

個体の種子生産に大きな影響を及ぼす収量構成要素(yield componets)ごとに，種子生産の比較を行ったのが表2である。さく果当たりの種子数，花穂当たりのさく果数，個体当たりの花穂数など，いずれにおいてもセイヨウオオバコの方が2倍ほど多く，その結果，個体当たりの種子生産数はセイヨウオオバコで1,080〜2,700個，オオバコでは130〜520個と大きな差となって現れた。しかも興味深いことに，種子の重さ(100粒)はセイヨウオオバコの方が明らかに小さい。

光環境の変化への反応

両種の分布を調べるために路傍を歩いていると，林縁や群落のなかなど光環境の良くない場所ではオオバコの方が優勢に生育していることに気づく。隣接する駐車場では，セイヨウオオバコが優勢に生育していても，駐車場の端の木陰や雑草群落のなかには，オオバコの方がよく生育している。それはどうしてだろうか？ その疑問を明らかにするために，光環境を変えて両者を栽培しその生育のようすを比較した。

表2 セイヨウオオバコとオオバコの収量構成要素と種子重の比較

種 名	種子数/さく果 (Sn)	さく果数/花穂 (Cn)	花穂数/個体 (In)	種子数/個体 (Pn)	平均種子重 (mg/100粒)
セイヨウオオバコ	10.5±1.7[*1] (8〜13)[*2]	51.5±15.7 (37〜70)	5.0±1.1 (3〜6)	1080〜2700	22.6
オオバコ	5.2±1.3 (3〜7)	25.0±9.8 (16〜34)	2.8±1.0 (2〜5)	130〜520	43.4

[*1]平均値±標準偏差，[*2]範囲

光環境の設定は野外において行い，日陰ができない場所を相対照度100%区とした。また遮光区として，寒冷紗を重ね，相対照度を46，30，14%に調整した。培養土をつめた素焼きポットに幼植物(本葉数1〜2枚)を移植して，6月上旬から約4か月間栽培し，収穫の後，個体重，各器官への乾物分配率および葉の形態，生育型を両種間で比較した(図8,9)。すると，不良な光環境の下でも生育し種子を残そうとする両種の生活史戦略の違いが少しずつ見えてくる。

乾物分配率を100%区で比較すると，セイヨウオオバコの花茎・さく果・種子を含む繁殖器官全体はオオバコの約1.5倍多く(図8)，セイヨウオオバコが繁殖器官に多くのエネルギーを分配していることが改めて確認できる。

両種とも本来陽地に生育する植物であるため，光環境が悪くなるにつれ個体重は急激に減少する(図8の縦棒)。セイヨウオオバコでは繁殖器官全体への乾物分配率を大きく減少させ，同化器官である葉への分配率を増す傾向が見られるが，地下器官への分配率は，いずれの光環境下でも20%以下で変化が少ない。一方，オオバコでも繁殖器官への乾物分配率は徐々に減少するものの，葉への分配率はいずれの光環境下でも40〜50%の値を示し，遮光による明瞭な影響は見られない。そして，セイヨウオオバコとは対照的に地下器官への分配率が少しずつ増してゆく傾向が見られた。セイヨウオオバコの地下器官への分配率は，オオバコの値に比べ1/2〜2/3ほどであり好適な光環境でも不良な光環境下でも地下器官への同化産物の分配は少ない(図8)。

相対照度の低下にともない個体当たりの種子生産数は減少するが，セイヨウオオバコの減少傾向はオオバコより大きく，セイヨウオオバコが多量の種子を生産するのは光環境が良好な条件下に限られることがわかる。

生育型と葉形

日々，両種の成長のようすを観察していると，さらにおもしろい特性を見つけることができる。それは葉の形と生育型の変化である。

光条件の違いによる葉形の変化を図9に示す。光環境が良好のときにはセイヨウオオバコはオオバコに比べ葉長は短く，葉に占める葉柄長の割合は少

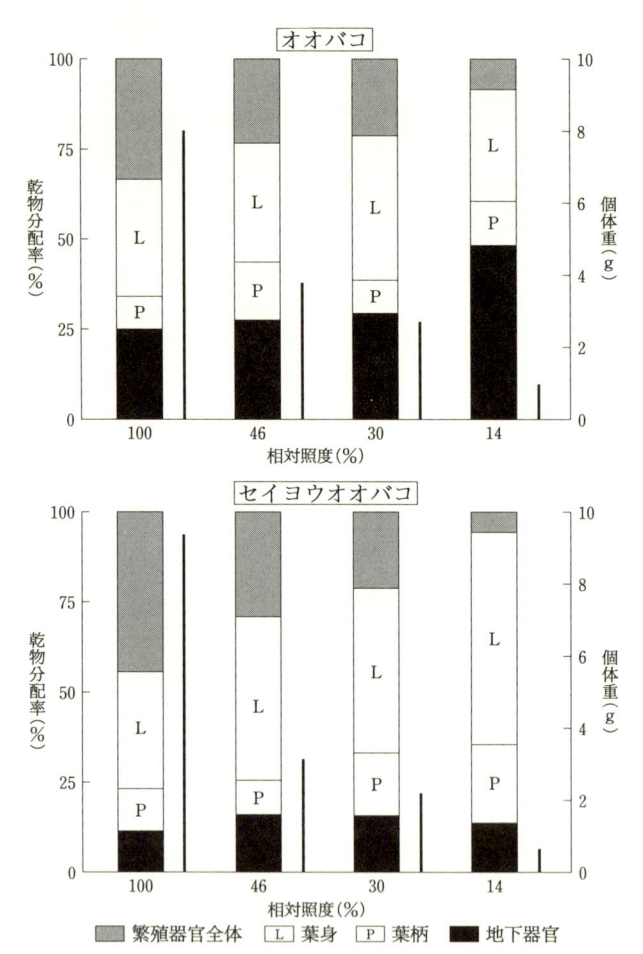

116 第II部 帰化種と在来種の比較生態学

図8 異なる光環境下で栽培したオオバコとセイヨウオオバコの個体重(縦棒の長さで表示)と繁殖器官全体(種子+花+さく果+花茎),葉(葉身+葉柄),地下器官(根茎+根)への乾物分配率の比較(Matsuo, 1997より作成)

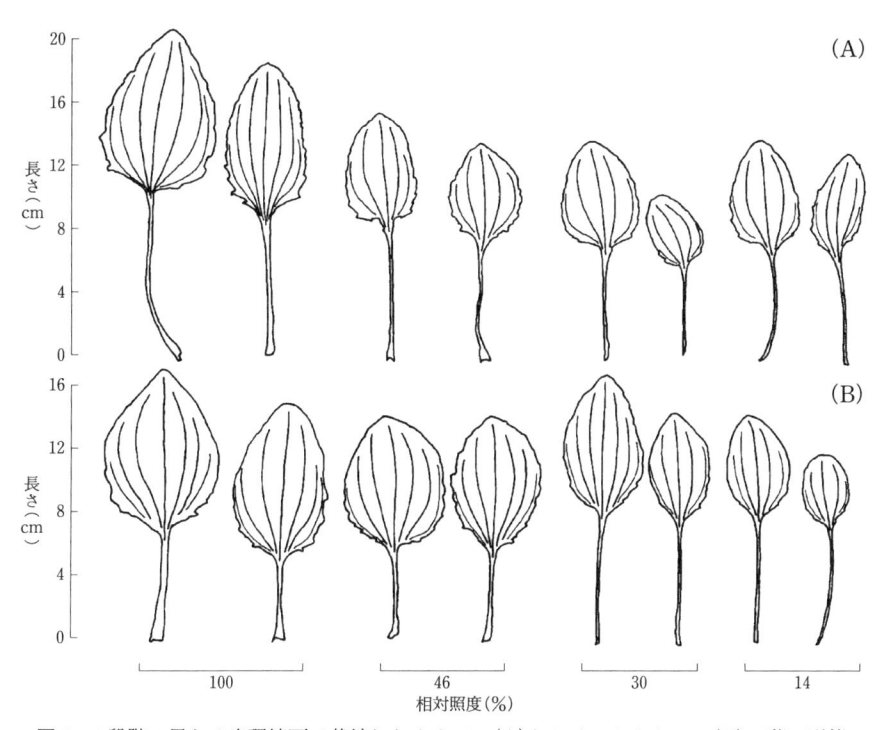

第5章 踏まれてもなお生き残る，オオバコとセイヨウオオバコの生活史戦略　117

図9 4段階の異なる光環境下で栽培したオオバコ(A)とセイヨウオオバコ(B)の葉の形態

ない形態をしているが，光環境が悪くなると(遮光率30，14%)，その形態はオオバコに類似してくる。一方，オオバコはいずれの光環境下でも葉柄が長く，葉長に占めるその割合は大きい傾向が見られ，ときには葉柄を葉全体の5割以上までも伸長させる。

　生育型の違いを葉の立ち上がりのようす(地表面と葉とがなす角度)で見ると，オオバコでは生育期間を通じて常に50度以上の立ち上がりを保ち続けるのに対し，セイヨウオオバコの角度は成長するにつれ明らかに減少し，開花結実期にはほぼ地表に伏すような生育型となった(図10)。一般に草刈りや踏みつけなど物理的攪乱の多い場所では，オオバコのように葉が立ち上がる生育型よりセイヨウオオバコのように葉が伏すような生育型の方が，攪乱による器官の欠損や損傷が軽微であると考えられる(Warwick & Briggs, 1980)。一方，

図10 オオバコ(左)とセイヨウオオバコ(右)の生育型の比較。スケールは30 cm

　他草種と混生する群落では，光をめぐる競合が生じるため，オオバコのように葉柄を伸長して葉身をできるだけ群落上方に押し上げるような葉形と生育型がより有利と考えられる(Matsuo, 1997)。

6. 森林地域にオオバコが多くセイヨウオオバコが少ない理由

　セイヨウオオバコが草丈の高い群落や森林内へ侵入・定着できないことは既に知られているが(Hawthorn, 1974; Grime et al, 1988)，この点についての解析的な研究は少なく，その理由も十分には解明されているとはいえない。札幌市の調査でも森林の林床には両種とも生育することはないが，光環境のあまり良くない林縁の群落や林道の路上群落にはセイヨウオオバコが出現する率は低く，オオバコの方が圧倒的に多く出現している。その理由を考えてみよう。
　オオバコが生育している林内の歩道際の相対照度は，5月上旬には約60％あったが，木々が葉を展開するにしたがい5月下旬では約40％と減少し，6

調節」が認められることを報告している。つまりセイヨウオオバコは播種密度にかかわらず，高い発芽率により高密度の実生個体群を形成する。そして，実生個体群密度が高いほど死亡率が高まる傾向は，セイヨウオオバコでは特に顕著であった。しかし，生き残った個体の大半が一年生雑草のように「いかなる代償をはらっても」種子生産を行うため，個体群としては高い種子生産量を確保することができるのである。

　個体の成長と季節消長の違いからも，"colonizer"としてのセイヨウオオバコの特徴を説明することができる。オオバコと比較した成長解析の結果からわかるように，発芽から花茎を伸長し始めるまでの期間(前繁殖期間；河野，1986)が両種は明らかに異なっている。特に興味深いのは，個体の相対成長率(RGR)と生殖成長を開始する時期(花茎を生産し始めるとき)との関係である。つまり，両種とも生育初期には高い相対成長率を示し，しだいに減少してゆく傾向は同じである。しかし，セイヨウオオバコでは生育初期の相対成長率が高い時期に花茎を生産し始め生殖成長を行うのに対し，オオバコは相対成長率の下降期にようやく花茎の生産を始める。そのため，セイヨウオオバコの成長初期の高い成長率は主として葉および花茎や花芽の生産によるものであり，同時期のオオバコでは葉や根茎，根などの地下器官の生産によるものであると考えられる。これらの事実は，セイヨウオオバコでは同化産物の多くを成長の初期および生育期間の早い時期に繁殖活動に投資すること，つまり早熟性を示すものである。また前に述べたように，セイヨウオオバコの地下器官への分配率はわずか十数％であったが，その値は一年生雑草の分配率に相当する(Kawano & Miyake, 1983)。まさに「一年生雑草に似た」("like a weedy annual"; Palmblad, 1968)生活史を有していることを示している。

　Sawada et al.(1982)は，草刈りによる人為的干渉下における在来種タンポポと帰化種タンポポの物質生産過程を比較した結果，帰化種のセイヨウタンポポは次のような点で在来種のエゾタンポポと異なる特徴を有していることを明らかにした。①繁殖器官への乾物分配率では帰化種のセイヨウタンポポでは50％以上もの値を示し，在来種のエゾタンポポの約2倍であったこと，②草刈り後の葉量の回復が早く，より多くの同化産物を光合成器官である葉

に分配していること，そして③根への分配については，在来種のエゾタンポポでは生育期間の最初のころ(4～8月にかけて)から同化産物の多く(36～56%)を根に分配するのに対し，帰化種のセイヨウタンポポでは限られた時期(5月末～7月初めと10月以降)にエゾタンポポに比べ少ない量(32～36%)を根に分配していることを明らかにした。これらの特徴のうち，繁殖器官と地下器官への乾物分配量に在来種と帰化種間に差異が認められることは，オオバコ2種間の関係と一致する。

　セイヨウオオバコが優占しているような攪乱の強くはたらく所では，群落高は低く植被率も比較的小さく，その結果，光環境が良好である。一方では，踏みつけなどにより地表面は硬く，帰化植物の侵入率も高い。そのため生育可能な植物も限定され，植物個体の死亡率の高い生育地と考えられる。このような所では，セイヨウオオバコに見られるような多数の種子数と早い生殖成長への切り替えが重要な生活史特性と考えられる。すばやく生殖成長へ切り替えて多数の種子を生産する特性は，一般に強い攪乱にさらされる生態的空白状態にある場(open habitat)をすばやく占拠し，個体群が定着するのに有利であると考えられる(河野，1986)。

　セイヨウオオバコとオオバコの生活史の比較研究を進めてきて，興味と疑問が深まったことがふたつある。ひとつは，セイヨウオオバコは既に本州に侵入し広く分布しているのだろうかということである。ここで紹介したセイヨウオオバコの分布は1991年度までに行った調査をまとめたものである。その後，北海道から南西諸島までの広い範囲で分布が報告されているが，本州の都市でセイヨウオオバコが広がり市街地や農地付近で在来種のオオバコより優勢な分布をしているようなことは聞かれない。しかし多くの分類学者がセイヨウオオバコの変種として扱うトウオオバコ *P. major* var. *japonica* という二倍体在来種がある。トウオオバコは岩石海岸に生育し，葉長25 cm，花茎は80 cmにもなる大形の植物であるが，貧弱な個体はセイヨウオオバコとの区別が難しい場合がある。この点も含め，本州におけるセイヨウオオバコの現在の分布状況については，詳細な調査が必要であろう。

　もうひとつの疑問点。セイヨウオオバコが優勢な環境は，本州ではオオバ

コもよく生育する所である。にもかかわらず，札幌市の市街地や農地にオオバコが少ないのはなぜだろうかと不思議に思う。

　セイヨウオオバコやオオバコは私たちの周囲に普通に見られる馴染みのある植物である。私たちは，そのような普通の雑草を足下に見て通り過ぎて行くが，そこには生き抜くためのしたたかな生活史戦略が隠されている…彼らは踏まれることにただ耐えているだけではないようだ。

第III部

攪乱の生態学

ミチタネツケバナの分布拡大過程をたどる

第6章

工藤　洋

　ミチタネツケバナ *Cardamine hirsuta* L. はヨーロッパ原産の帰化植物である（図1）。本州ではごく普通に見られるようになった。路傍の植え込みや芝地に生育し，春先に気をつけて街を歩けば目にすることができる。こんな所にと思うほど，駅前や繁華街の小さな植え込みで目にすることもある。都会ばかりに見られる植物かというとそうでもなく，農村部に行けば，田畑の畦に群生しているのを見かける。こういった場所では，在来のタネツケバナ *Cardamine flexuosa* With.* と混生していることも多いが，ミチタネツケバナの方が多い所もある。山間部にも急速に広がっている。早くに帰化した地域では，アマゴ釣りをするような渓流のそばにも生育している。そうした地域で観察していると，ミチタネツケバナが帰化植物であることが信じられないくらいである。ところが，このミチタネツケバナの帰化と分布拡大は比較的最近に起こった。

　帰化植物が拡大する過程を知るのは難しい。特に短期間で一挙に分布を拡大した場合，気がついたときには日本中に広がっていたということになる。日本におけるミチタネツケバナの分布拡大は 1990 年代に急速に進行し，現在もその拡大がつづいている。帰化植物のなかには，人為の影響を強く受け

---

*日本在来のタネツケバナには従来この学名が用いられてきた。しかし，最近の研究の結果，タネツケバナと *Cardamine flexuosa* With. とは別々の種であることが判明した。正式な学名がまだ定められていないので，ここでは従来の学名を挙げておく。

128　第Ⅲ部　攪乱の生態学

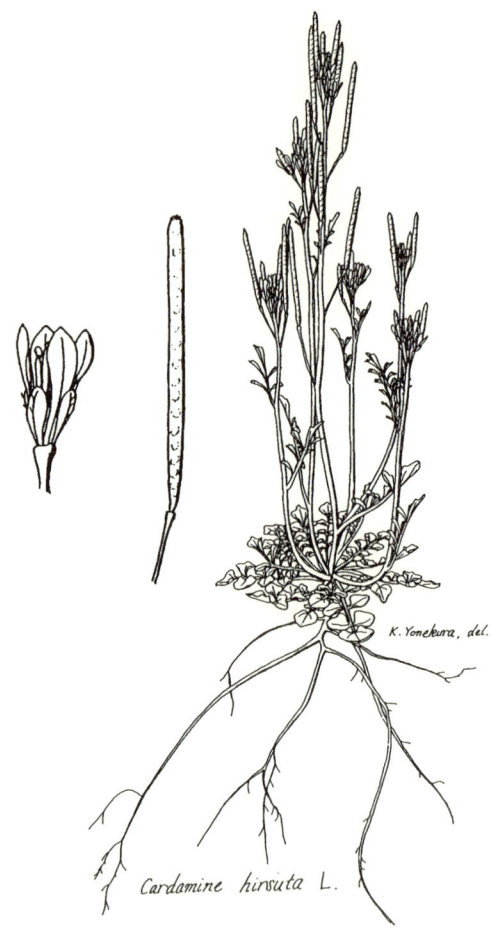

図1　ミチタネツケバナ *Cardamine hirsuta* L.(東北大学の米倉浩司氏原図)

る場所に限って見られ，自然度の高い生育地には侵入しないものも多い．しかし，ミチタネツケバナはそうではない．ミチタネツケバナの帰化も人為の影響が強い所から起こるが，やがては自然度の高い場所にも侵入する．新しく侵入した地域では，ミチタネツケバナはいかにも帰化植物らしく，人工的な攪乱を受ける場所に点在して分布するが，やがては帰化植物であるとは思

えないほどの広がり方を示すようになる。おそらく，あと10年も経てば，至る所で見られる最も普通な帰化植物のひとつになるであろう。

1. ミチタネツケバナの生活環

　ミチタネツケバナはアブラナ科の一年草である。早春に花を咲かせる。早い所では2月に開花が始まり，4月中旬までに開花を終えてしまう。花は白色で，花弁の長さは2～3 mm程度と小さいが，花の少ない時期に咲くので，群生していると目につく。植物が生まれてから，次世代の子孫を残して枯れるまでの一生のことを生活環という。ミチタネツケバナは，一年草なのでその生活環は1年間で完結する(Yatsu et al., 2003)。ここでは，ミチタネツケバナの典型的な生活環を追うことで，その生態を説明しよう。

　植物の生活環は種子で始まる。ミチタネツケバナの種子は，長さ1 mm程度で，扁平な四角ばった楕円形をしている。3月末から4月中ごろにかけて熟した果実から種子が弾き飛ばされる。地面に落ちた種子はすぐに発芽するわけではなく，そのまま種子の状態で夏を過ごす。夏には多くの場所が植物に覆われて，地表面近くまで光が届かない。種子が大きい植物や地下に貯蔵物資をもつ多年生の植物に比べると，ミチタネツケバナの初期の成長速度は遅い。これは小さな種子のなかには，初期成長のための資源が少ししか入っていないためである。そのため，ミチタネツケバナは発芽直後から光を受けて自ら光合成によって得た資源で成長する必要がある。ほかの植物との競争が厳しい夏を避けるために，散布直後のミチタネツケバナの種子は休眠状態にあり，発芽に適した温度や水分のもとでも発芽しない。これを種子休眠と呼んでいる。ミチタネツケバナの散布直後の種子休眠には，アブシジン酸という植物ホルモンが関わっている。実験的にアブシジン酸の合成を阻害してやると，種子が発芽する(Kudoh et al., 2007)。

　秋になると，ミチタネツケバナの種子が発芽し始める。これは種子が時間の経過とともに徐々に休眠から覚めるためである。さらに，昼と夜の温度の日較差が大きい条件で休眠からより早く覚める。気温の日較差が大きいこと

は秋の特徴のひとつである。寒くなるにつれて，地上を覆っていたほかの植物は枯れ始め，秋に発芽したミチタネツケバナが成長するのに十分な光が得られるようになる。

　発芽したミチタネツケバナは，葉群が円を形づくるように1枚1枚の葉を配置していき，冬までにロゼットを形づくる。ロゼットとは，中心から放射状に出た葉が地面に張りつくように円形に並んだようすのことをいい，アブラナ科やキク科などの多くの草本がロゼットをつくって越冬する(図2)。葉の並び方をバラの花びらの配列にたとえた呼び名である。冬にも葉をつける草本の多くがロゼットで越冬し，そのような植物をひとまとめにしてロゼット植物と呼ぶ。秋から春にかけての季節は，ほかの植物との光をめぐる競合を避けることができる反面，寒すぎて光合成ができない場合が多い。直射日光が当たると地温がいち早く上昇するために，ときに地温が気温よりも高くなる。秋から春にかけては地表面近くで，光と温度の両面で光合成に適した

図2　ロゼットで越冬し，春先に抽だいを開始したミチタネツケバナ

環境がそろうことが多い。そのため，多くの植物がロゼットをつくると考えられている。

　ミチタネツケバナを2月中ごろに観察すると，ロゼットの中心部に小さなつぼみができている。やがてつぼみがふくらみ，最初の花が咲く。開花の始まりである。このころのロゼットは，緑というより赤黒い色をしていて，そのために白い花がよく目立つ。ミチタネツケバナは，外界から受ける環境のシグナルによって春が近いことを知り，冬の終わりに花芽をつける。植物が季節を知るために利用するのが，温度と日長である。アブラナ科の植物は秋の夜の長さを感知して，ロゼットの中心に位置している頂端分裂組織が葉をつくりつづける。やがて冬になり低温を一定期間以上経験すると，頂端分裂組織の性質が変わり，花芽をつくるようになる。この花芽分化は夜の長さが短くなることによっても促される。この仕組みがあるために，ミチタネツケバナは秋にはどんなに大きくなっても花を咲かせず，逆に春先にはどんなに小さな株でも花をつける。

　花が咲くのと前後して，花芽をつけた頂芽や側芽の茎が伸長成長を始める。伸びた茎を花茎といい，ロゼット植物がロゼット成長を終えて茎を伸長させ始めることを抽だいと呼ぶ(図2)。抽だいの時期には草型が大きく変化する。それぞれの茎の先端に3〜20花がつき，この花の集まりが花序である。花序のなかでは下部の花から先端の花に向かって順次開花してゆく。開花の進行とともに，花と花の間の茎も伸長していき，どんどんと姿が変わっていく。

　ミチタネツケバナが咲くころは気温が低いので，花を訪れる昆虫を見ることはほとんどない。日本に生育するアブラナ科植物のなかでは，最も早く咲く。花は小さいが，白く目立つので，昆虫が活動できる条件があれば訪花される可能性もある。ミチタネツケバナの花では，雌しべの柱頭と雄しべの葯がほぼ同じ高さに位置しており，葯が裂開すると，花粉が自動的に柱頭に付着する。そのため，ほとんどの花でこの自動受粉を介して，自殖によって種子がつくられる。自殖によって種子をつくることができるということは，ミチタネツケバナの生育に適した場所であるなら，1個体からでもその数が増えることを意味している。自殖性は帰化植物によく見られる性質である。

柱頭が受粉すると，雌しべ下部の子房が伸長し始める。子房はそのまま伸長し，長さ2cm前後の果実になる。アブラナ科植物にしばしば見られる細長く伸長した果実のことを長角果と呼ぶ。ミチタネツケバナの長角果は中心に隔壁がありその両側に種子が縦に1列に並んでいる。さらにその外側にそれぞれ1枚ずつ，計2枚の果皮が果実を包んでいる。果実は成熟に近づくとだんだんと色が変わり，黄褐色となると種子散布の準備が整った印である。

成熟したミチタネツケバナの果実は激しく弾けて種子を飛び散らせる。成熟した果実にふれると，一瞬にして外側の果皮が下部より巻き上がり，果皮自身と種子が弾け散る。小さな植物であるが，1m以上は種子を飛ばすことができる。弾けた種子は付着しやすく，特に水にぬれるとひっつきやすい。果実が弾ける仕組みは，種子を機械的に弾き飛ばすだけでなく，ヒトを含めて通過する動物に種子を付着させる効果ももっている。

2. ミチタネツケバナの発見

私がミチタネツケバナの存在に気がついたのは，爆発的な分布拡大が始まる直前の1990年ごろであった。当時，大学院生であった私は水田に普通に見られるアブラナ科の一年草，タネツケバナの生態的分化の研究をしていた。生態的分化とは同じ種の植物が違う環境に生育しているときに，それぞれの場所に適したような遺伝的性質をもつようになることをいう(工藤，2007)。生態的分化は適応的進化の過程そのものであるので，大学院で進化の研究がしたいと思っていた私にはうってつけの研究テーマであった。

タネツケバナは水田だけでなく，周辺の畔や畑地・果樹園などに生育することもあり，生育地や季節による形態の変異が大きい。そのため，タネツケバナの仲間は同定と分類が難しいことで知られている。こうした変異のなかには，きっと生態的分化の例があるに違いないと思って，変わったタネツケバナを探し歩いていた。

水田というのは，興味深い環境である。植物の生育地という観点で見ると，春から夏に突如湿原が現れるようなものだからである。このような環境に生

育するためには特殊な適応が必要であろう。しかも，そのような環境が畑や畦といった，年中水につかることのない場所と隣接して存在している。実際，スズメノテッポウ，カモジグサ，スズメノカタビラといった水田周辺に生える植物で水田型・畑地型という生態的分化の例が報告されている(工藤，2007)。このような例は，ごく最近に起こった進化であり，現時点の自然選択でその差異が維持されている可能性が高い。この現在進行形の進化であるということが，とても興味深かった。そこで私は水田内に生える典型的なタネツケバナと比べて少し変わったタネツケバナが畦や畑に生じているような場所を探していた。

　ちょうどそのころ，大学院で指導を受けていた河野昭一先生から「富山に変なタネツケバナが生えているぞ」といわれた。さっそく出かけた私は，富山平野の農道に群生するその植物を見たのである。このとき，1989年の春が，ミチタネツケバナを初めて見たときであった。しかし，当時の私はこれを帰化植物だとは思わず，ついにタネツケバナの生態的分化の例を見つけることができたと思った。富山の「道のタネツケバナ」は，水田内のタネツケバナと比べて花が小さく，草型も異なり，開花フェノロジーも少し違い，間違いなく遺伝的に分化していると思った。私が所属していた研究室があった京都市では，当時ミチタネツケバナはまったく見られなかった。タネツケバナの生態的分化は富山で調べるしかないと思った私は，いったん大学に戻って準備をし，ユースホステルに長期滞在して富山平野を広く調べた。

　「道のタネツケバナ」は，富山平野に広く分布していた。畦だけでなく，浜黒崎海岸の砂浜，常願寺川の土手，市街地の公園やグラウンドの隅などに生育していることがわかった(Kudoh et al., 1992)。一方で，水田内にはまったくといっていいほど見つからず，そこには典型的なタネツケバナが生育していた。見事な生態的分化だと思った。形態を測定するための標本を多量に持ち帰って来る私を見かねて，ユースホステルでは空いた布団部屋を個室代わりに使わせてくれた。

　調査をつづけながら，持ち帰った植物の花弁を測ったり，葉の形を測定するための標本をつくったりしているうちに，「あまりに違いすぎる」と思う

ようになった。タネツケバナの種内変異なら，たとえ生態的分化があるにしても広く調べれば中間的な個体が見つかるはずである。しかし，「道のタネツケバナ」と典型的なタネツケバナの間で判別できない株はひとつもなかった。しかも，花弁を測っているうちに，「道のタネツケバナ」では，多くの花で雄しべが4本しかないことに気がついた(図3)。アブラナ科は一般的に6本の雄しべをもつ。そのうち4本は長く，2本は短く，そのため四強雄蕊と呼ばれている。「道のタネツケバナ」では短い2本の雄しべが欠けている花が多かった。一方，タネツケバナではそのような花は見つからなかった。

　ここまで違うと決定的である。富山の「道のタネツケバナ」は日本では未報告の種に違いないと思って大学に帰ってきた。名前がないと不便なので，ミチタネツケバナと呼ぶことにした。大学の標本庫でタネツケバナ属の標本を見ると，*Cardamine hirsuta* L. と同定されているヨーロッパや北米産の植物のなかに，ミチタネツケバナに似ているものがあった。ただ，タネツケバ

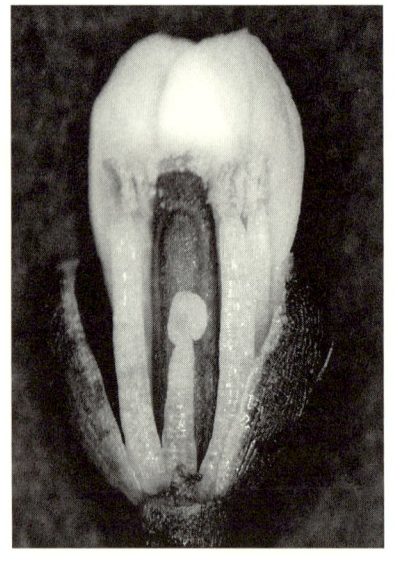

図3 ミチタネツケバナの花。左の写真は雄しべが4本の花で，右の写真は雄しべが6本の花である(左の写真は松橋彩衣子氏撮影)。ミチタネツケバナでは雄しべが4本の花が多く見つかる。

ナ属の標本は誤同定の割合が多く，*C. hirsuta* とされている標本にはいろいろなものが含まれていた。確信がもてないので海外の文献を調べると，ヨーロッパの図鑑類に載っている *C. hirsuta* の図や，雄しべが 4 本であるといった記載を見て，ミチタネツケバナが *C. hirsuta* という植物であると考えるようになった。この考えは，その後ヨーロッパ産の多くの *C. hirsuta* の標本を見ることで確信に変わった。

3. 帰化植物か？

　富山平野にこれまで日本では報告されていなかった植物であるミチタネツケバナが分布していることがわかった。ところでミチタネツケバナは最近日本に入ってきた帰化植物なのであろうか？　それとも，もともと日本に分布していたのだが，誰も気づかなかっただけなのであろうか。海外の文献を調べてみると，ミチタネツケバナはユーラシア大陸の各地から報告があるようだし，特に中国全域を対象に生育する植物を記載した『中国植物誌』(Cheo, 1987) や中国の各省の植物誌でも *C. hirsuta* (ミチタネツケバナ) が分布していることになっている (後に誤同定であることがわかった)。中国に広く分布しているのなら，日本にもともと分布していてもおかしくない。

　そこで，日本産タネツケバナ属の標本を丹念に調べてみることにした。野生植物の研究者のなかには，自分が研究している植物だけでなく，できるだけ多くの種類の植物標本を採集して大学や博物館の標本庫に収蔵する人がたくさんいる。そのため，標本庫には，日本各地でさまざまな時期に採集された標本が蓄積されている。古くは 1800 年代末に採集された標本もある。ミチタネツケバナがもともと日本にいたのなら，古くにとられた標本が見つかる可能性がある。

　いくら違うといっても，ミチタネツケバナとタネツケバナはとても似ている。たとえこれまでミチタネツケバナが報告されていなくても，タネツケバナの標本として収蔵されている可能性がある。京都大学の標本庫を調べたところ，果たしてあった。近縁種の標本に混じっているミチタネツケバナの標

本が見つかったのである。ところが，どれも比較的新しい標本であった。最も古い標本が，1974年4月14日に鳥取県鳥取市末恒の白兎神社で田中昭彦氏により採集されたものであった。その後，日本各地の主要な植物標本庫を調べたが，この標本が最も早くに採集されたものであることに変わりはなかった。

ミチタネツケバナの最初の記録は1970年代であった。これは，ほかのタネツケバナ属植物の標本がずっと以前から採集されていることと比べるとかなり新しい。ミチタネツケバナが帰化植物であることを示す状況証拠のひとつである。

帰化植物であることを確信するために，さらに，その時点(1990年)での分布状況を調べてみる必要があった。最近の帰化で人間活動によって広がりつつあるなら，ある街では広がっているが，隣の街では広がっていないといったモザイク状の分布が観察されるかもしれないと考えたからである。

1990年の春，もう一人の指導教官であった東北大学の石栗義雄先生とともに調査旅行に出かけた。仙台を出発して，太平洋側にそって南下し，京都を経由して今度は日本海側にそって北上して戻るというコースをとった。太平洋側は宮城から大阪まで，日本海側は福井から山形までの間で，ほぼ同じような間隔で22の調査地点(水田地帯)を選び，ミチタネツケバナを探索してその有無を記録した(図4上)。

ミチタネツケバナが見つかったのは，宮城県仙台市，富山市，新潟県新発田市，山形県酒田市の4地点で残りの18地点では見つからなかった(図4上)。見つかった場所では，たくさんの株があって簡単に見つけられ，その周辺に広がっているようすであった。また，見つかった場所と見つからなかった場所の間で，明瞭な環境の違いがあるようには思えなかった。調査の結果わかったのは，ミチタネツケバナが広がっている地域が複数あるが，分布は不連続で，それを説明できる環境要因が見当たらないということであった。この分布パターンは，ミチタネツケバナが比較的最近に帰化して分布を拡大している途上にあるためであると考えた。

そこで，ミチタネツケバナを新帰化植物として，「植物地理・分類研究」

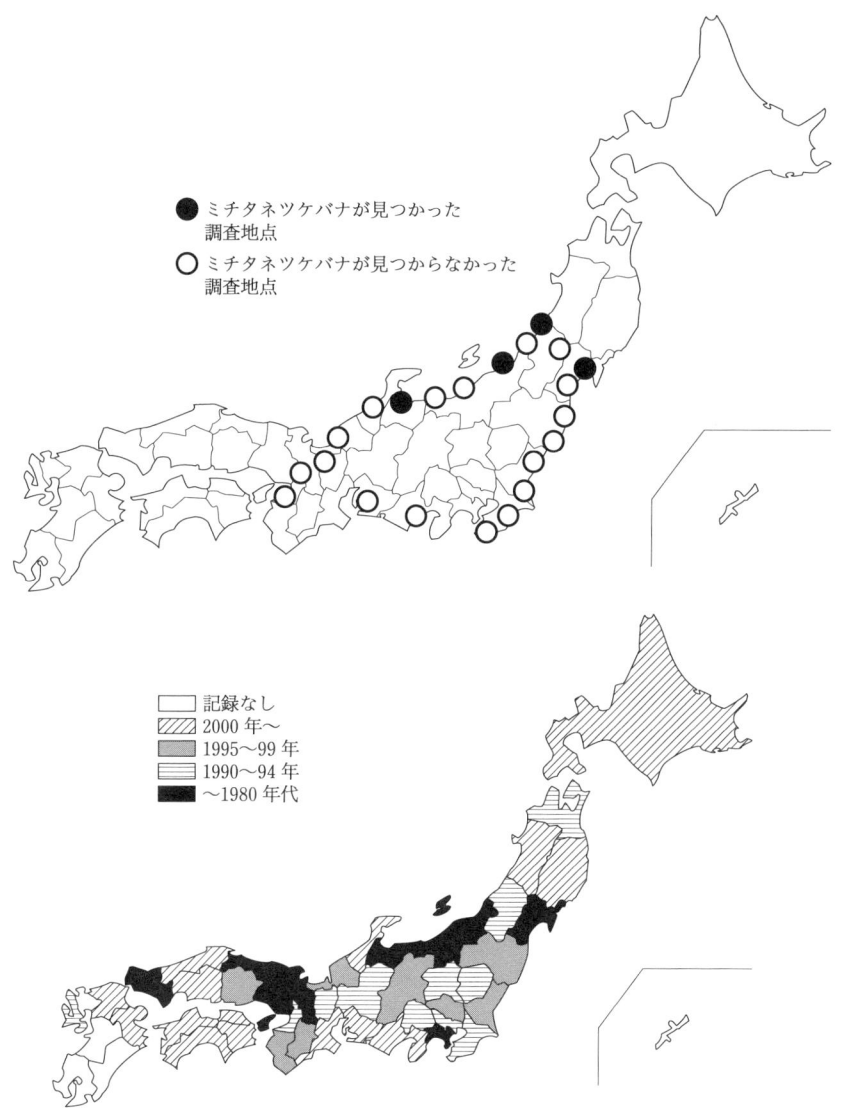

図 4　1990 年の調査における 22 の調査地点でのミチタネツケバナの有無(上図)と都道府県別のミチタネツケバナの初記録年代(下図)を示す地図

という学術雑誌に報告した(Kudoh et al., 1992)。

4. 分布の拡大

ミチタネツケバナの帰化を論文に報告したすぐ後に，各地で植物を研究している方からご連絡をいただいた。山口県植物研究会の真崎博氏(真崎，1993)，岐阜県植物研究会の須賀瑛文氏(須賀，1993)，兵庫県神戸市頌栄短期大学の黒崎史平先生(黒崎，1994)といった方々がミチタネツケバナの標本や分布情報を送ってくださった。私たちが調べた以上に既にミチタネツケバナの分布が拡大しているようであった。さらに，各地から新産の報告が相次いだ。神奈川県・東京都(小崎，1994)，茨城県(森田，1996)，和歌山県(村瀬，1996)，岡山県(狩山ほか，1997)，千葉県(大場，1998)という具合である。これは，論文の発表をきっかけに各地でミチタネツケバナの存在が気づかれるようになったという面もあろうが，ミチタネツケバナの分布拡大の過程も反映していると思う。その後，発行された帰化植物図鑑(太刀掛，1998；清水ほか，2001；中井，2003)や各地方の植物誌(宮城植物の会・宮城県植物誌編集委員会，2001；福岡ほか，2001；神奈川県植物誌調査会，2001；栃木県自然環境調査研究会植物部会，2003；渡辺，2003；合田，2004)においてもミチタネツケバナが掲載されるようになり，神奈川県では1980年代に侵入していたことが判明した。

最近までに各地の標本庫に収蔵され，私が確認することができた日本産ミチタネツケバナの標本は約500点で，その内訳を採集年代別に見ると，1970年代2点，1980年代39点，1990年代前半124点，1990年代後半160点，2000年代前半147点で，90年代以降に全国に急速な広がりを見せたことをうかがい知ることができる。約200の市町村区からミチタネツケバナが採集されており，この数は今後も増えつづけると思われる。これらの標本と文献情報とを使って，県別に最初にミチタネツケバナが採集・報告された年代を塗り分けたのが図4の下図である。もちろん，初記録よりもずっと以前にミチタネツケバナが侵入していたことを否定することはできない。しかし，全般的な傾向は分布図に表れており，80年代後半に拡大が始まり，90年代に

一気に本州中に分布が拡大したようだ。

　1990年の調査でミチタネツケバナが見つからなかった地点でも，現在(2007年)までに普通に見られるようになった所が多い。また，分布も当時に比べると連続的になっている。これほどまでの急速な分布拡大を示すとは当時は予想していなかったが，現在もなお分布は拡大中である。最近(2003～2006年)に各地を訪れたときの観察では，九州南部(宮崎県・熊本県以南)や四国南部(高知県)，北海道ではまだミチタネツケバナが広がっていなかった。しかし，北海道では2000年に札幌市でミチタネツケバナの標本が採集されているし，高知県でも廣瀬恭祐さんが2006年に2か所で標本を採集している。これらの地域でも，今後，分布の拡大が見られるであろう。

5. 自然分布

　帰化の発表当初から疑問であったのは，ミチタネツケバナがユーラシア大陸に広く分布する植物であるとされていた点である。前述したように，中国にも広く分布することになっている。ミチタネツケバナのように一度侵入すると急速に広がる性質をもった植物が，隣国に広く分布していながら，なぜ1970年代に至るまで日本には侵入してこなかったのだろうか。

　1997年に昆明，1998年に北京の植物標本庫を訪れる機会を得て，この疑問を解くことができた。これらの標本庫には中国全土で採集された膨大な数の標本が収蔵されている。特に北京の標本庫では，タネツケバナ属の標本すべてに目を通すのに1週間の滞在が必要であった。そして，そこでわかったのが，中国にはミチタネツケバナは分布していないということであった。*Cardamine hirsuta*(ミチタネツケバナの学名)と同定されていた標本は多数収蔵されていたが，それらはどれもミチタネツケバナではなかった(工藤ほか，2006)。

　その後，ヨーロッパで標本を見る機会があり，1900年代初頭以前の古い標本がとられている地域から推定して，ミチタネツケバナのもともとの分布域はヨーロッパ周辺であることがわかった(図5)。ヨーロッパ内の分布のど

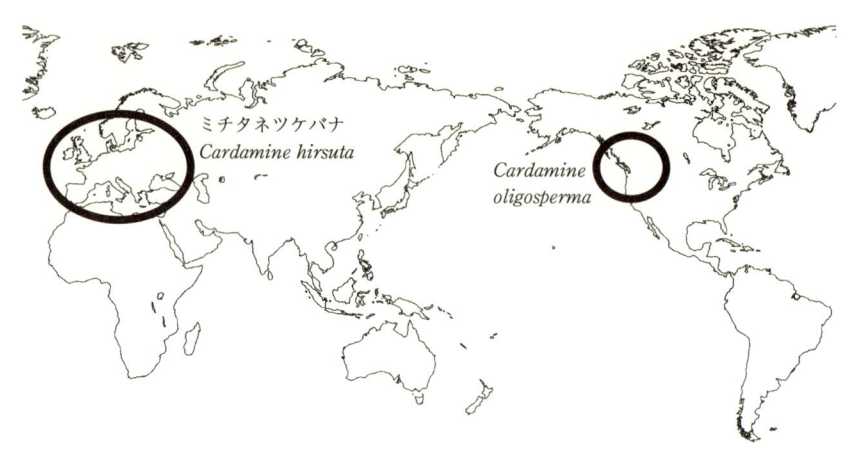

図5 ミチタネツケバナ *Cardamine hirsuta* L. とそれに最も近縁な種 *C. oligosperma* のおおよその自然分布域を示す地図

の程度が自然分布であり，どの程度が古い帰化の歴史を反映しているのかについては，標本情報からはわからない。ミチタネツケバナは日本だけでなく北米・北アフリカ・オーストラリア・ニュージーランドにも帰化している。日本での分布拡大のようすから考えると，韓国，中国にも既に帰化しているか，今後帰化してもおかしくない。

　アメリカ北西部に分布する *Cardamine oligosperma* Nutt. という植物は，標本を見る限りはミチタネツケバナにそっくりである(図5)。しかし，標本がとられている年代が古く，標本のラベルを見ると落葉樹林に生育しているようである。この種類がミチタネツケバナに最も近縁な種であると考えられる。この種とミチタネツケバナが共通の祖先から分かれて，今やヨーロッパとアメリカに離れて分布するようになったのである。おそらく数百万年単位の時間をかけて，自然分散でこれだけの距離を移動したのであろう。それと比して，ミチタネツケバナが見せた数十年間での人為による拡大は対照的である。

6. どのように広がったのか

　おもしろいのは，1990年の調査でミチタネツケバナが見つかった地点が，富山市，新発田市，酒田市といった大きな港に近かったということである（図4上）。これは推測の域を出ないのではあるが，こういった港での物資の積み下ろしとミチタネツケバナの初期の移入との間に何か関係があるかもしれない。さらに興味深い事例としては，神奈川県下の最初の標本は1986年に相模原市の淵野辺米軍キャンプで採集されており，その後2000年ごろまでに県下全域に広がったことが報告されている（神奈川県植物誌調査会，2001）。ミチタネツケバナは北米東部にも広く帰化しているので，北米経由の移入の可能性も考えられる。日本への侵入が複数回あったと考えてもおかしくない状況である。

　また，毎年同じ場所で観察をしていると，ミチタネツケバナが広がっていくようすを実感することができた。たとえば，帰化を報告した1990年ごろは京都市周辺では，少し北の亀岡市や船井郡南部（現南丹市）まで行かないとミチタネツケバナを見ることはできなかった。しかし現在では，市内の各所で見ることができる。また，神奈川県での分布拡大も短期間で起こったことは上に記した通りである。また，山口県でも同様に最初の記録後，分布の拡大が進行したことをお知らせいただいている（山口県植物研究会，真崎博氏私信）。

　私がこれまで観察したいくつかの例では，ある地域への最初の侵入は，公園や道路の整備などで新たに芝地をつくったような場所から始まった。国内での比較的長距離の分散は，おもに土砂や芝生の移動にともなって起こった場合が多くあったと考えられる。そのため，こういった活動が頻繁な都市部からの分布の拡大を見る場合が多かったが，山間部や農村部においても，外部からの土砂などの移入にともなって侵入が起きている例を観察している。

　地域内での広がりにおいては，土砂などの移動だけでなく，車やヒトに付着しての散布も重要な役割を果たしている。私の実家の周辺でも，最初の侵入はバス停から始まり，今では至る所に生えている。1997年に八王子市に

ある東京都立大学(現,首都大学東京)周辺で,当時私の所属する研究室で卒業研究をしていた谷津佳紀さんがミチタネツケバナの分布を詳細に調査した(Yatsu et al., 2003)。この辺りは,東京都でも比較的早くにミチタネツケバナの分布が報告されていた地域である(小崎, 1994)。ミチタネツケバナは建物や道路周辺の植え込みに多く見られたのであるが,興味深いのは学生が駅からの近道に利用する歩道ぞいによく見られたことである(図6)。ミチタネツケバナの種子が靴底などに付着して散布されることを示している。

こういった分布拡大の過程は,今後10年ほどの間は各地で観察すること

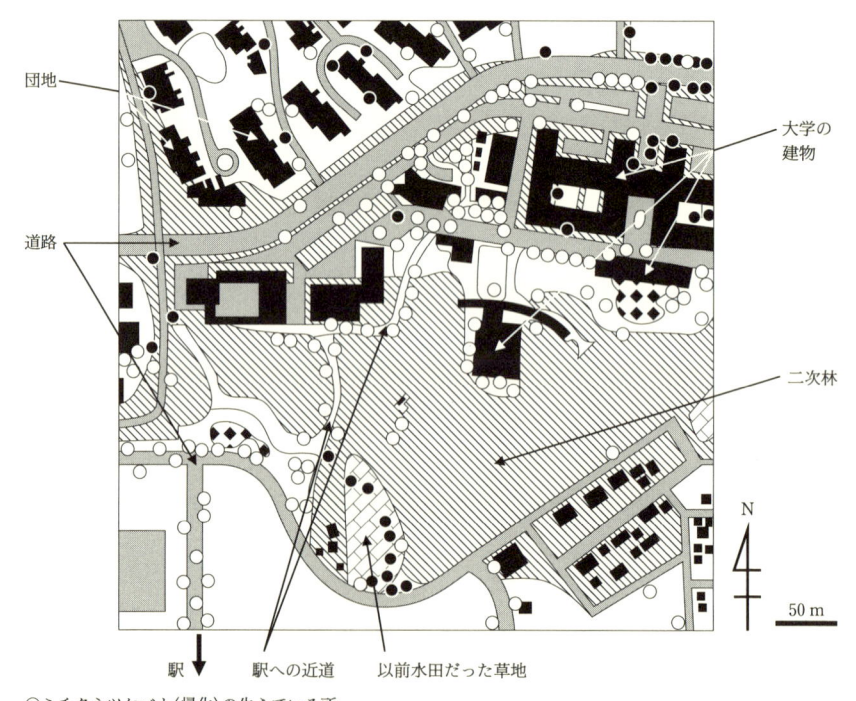

○ミチタネツケバナ(帰化)の生えている所
●タネツケバナ(在来)の生えている所

図6 東京都立大学周辺(東京都八王子市)におけるミチタネツケバナ(帰化)とタネツケバナ(在来)の分布(1997年に調査)(Yatsu et al., 2003を改変)。ミチタネツケバナは建物周囲の舗装道路ぞいと駅への近道ぞいに多く見られた。以前水田であった草地には,タネツケバナが見られた。

表1 帰化植物ミチタネツケバナと在来近縁種タネツケバナの形態的な区別点

	ミチタネツケバナ	タネツケバナ
花の大きさ	花弁長2〜3 mm	花弁長3〜4 mm
雄しべの本数	4〜6本，4本のものが多い	6本
果実の生える方向	直立する(花茎にそうように上方にまっすぐ伸びる)	斜上する(花茎から斜め上方向に伸びる)
茎の毛	ほとんど無毛(ただし，葉柄の縁に短く立つ毛が数本見られる)	有毛，特に基部近くの毛が多い(日陰の個体は毛が薄くなる場合が多い)
茎葉(茎につく葉)の形	小葉が細い(線形に近い)	小葉は細くなる場合とならない場合とがある
茎葉の枚数	2〜4枚	6〜12枚(夏から秋に開花する場合はこの数が増える)
花茎の節(葉がつく部分)の数	2〜4	6〜12
花茎の屈曲	節(葉がつく部分)で緩く屈曲するが，節が少ないために花茎全体として屈曲が少なく伸長している	節(葉がつく部分)で緩く屈曲し，節が多いために浅くジグザグと屈曲しながら花茎が伸長している
ロゼット葉の枯れ方	開花・結実の進行にともない基部に近い側の葉から順に枯れるが，花期遅くまでロゼット葉が残る	開花・結実の進行にともない基部に近い側の葉から順に枯れるが，花期の後半ではロゼット葉が枯れて茎葉のみとなる(夏から秋に開花するときにはロゼット葉が残る場合が多い)

ができると思う．拡大が始まったばかりの地域に住まれていて，ミチタネツケバナに気づかれた方は，ぜひ記録をとって観察していただきたい．その際，重要となるのがよく似た在来種との区別である．ミチタネツケバナに最もよく似ていて，しばしばいっしょに生えている在来種がタネツケバナである．表1に挙げた識別点に注目して同定すれば，両者を区別するのはさほど難しくない．

7. ミチタネツケバナとタネツケバナの生態的な違い

ミチタネツケバナと在来種タネツケバナの間には，形態の違いだけでなく，

その生態に違いがある。まず，開花が始まる時期がミチタネツケバナの方が1〜2週間早い。しかし，開花の時期は重なるので，春先には両種が同時に咲いているのを見かける場合もある。また，ミチタネツケバナの花が咲くのは春だけであるが，タネツケバナには夏〜初冬にかけても開花する個体がある。

タネツケバナ属の植物は多くの種類が水辺に生育し，どちらかというと湿った場所を好む。そのなかにあって，ミチタネツケバナは水はけの良い場所を好む。そのため，タネツケバナと比べるとミチタネツケバナの方がより乾いた場所に生育する。これはあくまで同じ属の植物と比較した場合の話であり，やはりそれなりの湿り気が必要なようで，乾燥しすぎる場所には生育しない。

この性質が，本州の日本海側と太平洋側でミチタネツケバナの広がり具合に差を生み出している。日本海側と太平洋側の気象の大きな違いのひとつは，冬の間の降水量である。ミチタネツケバナの生育期間である秋から冬にかけて，日本海側ではよく雨が降る。畦，農道や林道，都市道路の植え込み，公園やグランド，芝地といった所の多くが適度に湿った水はけの良い場所となり，ミチタネツケバナの生育に適した場所となる。そのため，日本海側ではミチタネツケバナの広がり方には目を見張るものがあり，至る所に生えているという印象を受ける。一方，太平洋側では乾きすぎる場所が多いようで，ミチタネツケバナの生育場所は日本海側に比べると散在している。

もう1点，ミチタネツケバナを発見した当初から不思議に思っていたことがある。それは，ミチタネツケバナが水田のなかには一切見られないことである。休閑期の水田は明るくて適度の水分もあり，タネツケバナ属の植物には絶好の生育場所である。実際，水田のなかは，在来種のタネツケバナが最もよく見られる場所でもある。一方，ミチタネツケバナが水田の周囲の畦に群生しているのはよく見かける光景であり，その種子は間違いなく水田のなかにまで飛んでいるはずである。しかし，ミチタネツケバナを水田内で見ることはまずない。

このすみわけの鍵は夏の水田にあった。夏の間，水田には水が張られてい

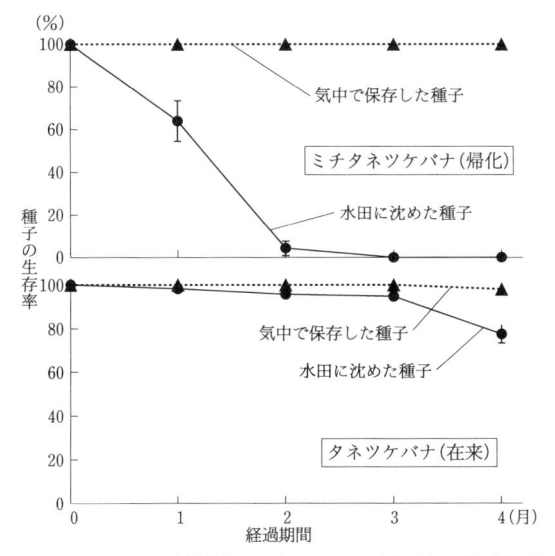

図7 ミチタネツケバナ（帰化）とタネツケバナ（在来）の種子を水田に沈めた後の生存率の時間変化。ミチタネツケバナは3か月の沈水ですべての種子が死亡するのに対して、タネツケバナの種子は沈水下でも長く生存できる。対照実験として、水田に沈めずに気中で保存した場合には、両種の種子は4か月間はほとんど死なないことを示した。

て、タネツケバナの種子はこの時期を水中の泥のなかで過ごしている。そうして、秋の落水後に種子が発芽するのである。私たちは、実験圃場に水田をつくり、水を張ってそのなかにメッシュ袋に入れたミチタネツケバナとタネツケバナの種子を沈めてみた(Yatsu et al., 2003)。そうして、1か月ごとに袋を取り出しては、種子の生存と休眠状態を調べた(図7)。タネツケバナの種子は3か月後でも種子のほとんどが生きている。さらに、水のなかで過ごすことにより種子が休眠から覚め、泥のなかから取り出すといっせいに発芽することがわかった。一方、ミチタネツケバナの種子は1か月後には4割の種子が死んでおり、3か月後にはすべての種子が死ぬことがわかった。ミチタネツケバナが水田のなかに見られないのは、種子が稲作期間中の湛水条件に耐えることができないためであった。

8. 日本のミチタネツケバナ

　ミチタネツケバナは，ヨーロッパ原産の帰化植物である。ところで，日本で分布を拡大したミチタネツケバナはヨーロッパに分布するものと同じものなのであろうか。矛盾した疑問のようであるが，日本に分布を拡大したミチタネツケバナがヨーロッパのものを代表するとは限らない。ごく限られた系統が日本の環境に適合して広がっている可能性もある。また，最近の研究では，帰化植物の性質が侵入先で新たな自然選択を受けて進化する例も報告されている。

　そこで，ヨーロッパと日本の各地よりミチタネツケバナの系統を集めた。手始めに散布直後の種子の性質を比べることにした。神戸大学の卒業研究生であった中山真理子さんが，各地の系統を温室で栽培してほぼ同じ条件下で種子を採集し，休眠の深さと複数の温度条件での発芽のしやすさを調べた (Kudoh et al., 2007)。

　日本の各系統には共通して見られる性質があった。それは，休眠が深くて散布直後すぐに発芽しにくいことと，高温(30℃前後)で発芽が阻害されることである(図8)。これはどちらも春に散布された種子が夏を越して秋に発芽するための性質と見ることができる。ところが，ヨーロッパから集められた系統の種子の性質はさまざまであった(図8)。日本の系統に似た性質の種子をもつものもあったが，休眠が浅くてすぐに発芽する系統や，低温(10℃前後)で発芽が阻害される系統もあった。

　特定の種子発芽の性質をもった系統が日本に広がっているようである。このことは，ミチタネツケバナの日本における分布の拡大が最近に起こった理由を説明するかもしれない。つまり，日本の気候に適した系統が侵入するまでは分布の拡大が起こらず，そうした系統が日本に侵入するまでに時間がかかったということであるのかもしれない。この仮説は，分子遺伝学的な手法を用いてミチタネツケバナの侵入の歴史を明らかにすることで検証することができるであろう。

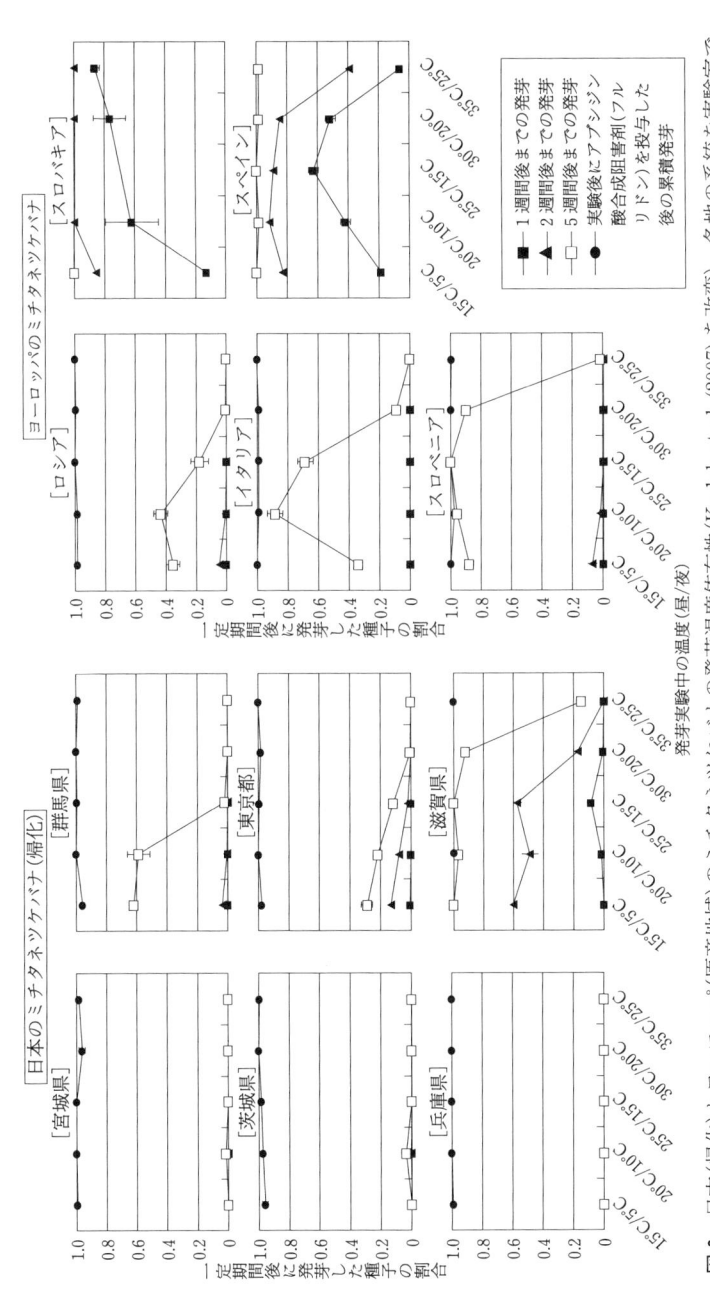

図 8 日本(帰化)とヨーロッパ(原産地域)のミチタネツケバナの発芽温度依存性(Kudoh et al. (2007) を改変)。各地の系統を実験室で栽培し、採取直後の種子を5つの温度条件下(昼夜温は10度差)におき、一定期間後に発芽した種子の割合を調べた。日本の系統では休眠性の強い種子が多く、発芽する系統でも高温域での発芽が阻害された。一方、ヨーロッパで発芽が阻害されないスロバキアの系統があった。日本のものに似たロシアの系統や、スペインの系統、高温で発芽が阻害されるスロバキアの系統などが見られた。実験後にアブシジン酸の合成阻害剤を用いて、種子の生理的休眠を打破すると、ほとんどすべての種子が発芽した。

9. 新たな研究材料としての可能性

　ミチタネツケバナは，帰化植物の研究材料としての新たな可能性をもっている。その理由は，植物の分子発生遺伝学のモデル植物であるシロイヌナズナに近縁なことである。モデル植物では，多くの研究者がさまざまな研究手法を開発している。さらに，遺伝情報のもととなるゲノム暗号の全配列が明らかにされるとともに，植物のさまざまな性質の違いを決定している多くの遺伝子が同定されている。これらの研究手法や遺伝子の情報は，比較的容易に近縁植物で利用することができるのである。

　ミチタネツケバナでは，形質転換という手法が使えるようになっている。これは，特定の遺伝子を導入して，その遺伝子の効果を見る方法である。この方法を用いてタネツケバナ属が複葉状の葉を形成する上での遺伝子の働きが調べられている (Hay and Tsiantis, 2006)。さらに，ミチタネツケバナは，二倍体 ($2n=16$) でゲノム量が少なく，栽培の容易な一年草であり，自殖性であるといった分子発生遺伝学の実験に使いやすい性質をそなえている。そのために，全ゲノム配列を近々に決定することが計画されている。

　近い将来，ミチタネツケバナの帰化と侵入の歴史を詳細に追跡するための遺伝マーカーを見つけることはそれほど難しいことではなくなるであろう。そのときには，各地に保存されているミチタネツケバナの標本が貴重な資料として再び活かされることになる。そういったときのためにも，分布を拡大する過程を通した帰化植物標本の蓄積が重要なのである。植物を研究するための技術は日進月歩している。さまざまな帰化植物で同様の研究ができるようになることを想像するのはそれほど難しくない。しかし，過去に遡って植物資料を集めることはできない。各地の植物研究家の日々の観察と，大学・博物館における標本の蓄積と保存こそがこれからの帰化植物の研究を支えることを，ミチタネツケバナの研究は示している。

全世界の耕地で最近問題化してきた ヒメムカシヨモギ

第7章

伊藤　一幸

　阪急六甲から私の勤める神戸大学までの通学路に空き地ができた。5月ごろ建物を取り払い裸地となった。ほとんど植物がなかったが，ヒメムカシヨモギ，ワルナスビ，オヒシバ，チチコグサモドキなどがぱらぱらと生えてきた。ヒメムカシヨモギの開花が早いものでは8月ごろに，遅いものではクリスマス過ぎまでにと，不定期に開花した。開花個体はどれも草高が1.5m程度であった。確か，ヒメムカシヨモギには強い日長感応性があり，短日条件でいっせいに開花する特性があると思っていたが，都会の個体群ではこのように発芽時期が遅れると開花時期がサイズに依存して日長感応性が鈍くなっている集団もあるのだと思った。結実した種子はすぐに発芽し，12月末には多数のロゼットが見られた(図1, 2)。ここは今，マンションが建っている。建物を壊してから新しく建てるまでに1年間は更地にしなければならないルールがあるようだ。こんな短い期間でも落下傘部隊は有効に活用している。

　ヒメムカシヨモギは明治期に日本各地に増殖した古い帰化植物である。世界中どこにも生えるコスモポリタンの特性を示す種には共通した性質がある。それは種内変異が大きく，暑さにも寒さにも，乾いても湿っても，日照時間が長くても短くても，1個体でも多数でも，裸地さえあればどんな環境にも適応できるたくましさをそなえていることであろうか(牧野, 1936)。

150　第Ⅲ部　攪乱の生態学

図1　住宅造成地に生えたヒメムカシヨモギ(2008年3月下旬，神戸市)。ここは建物を壊し，掘り起こしてちょうど1年が経過した所である。綿毛をもった種子を多数つけるためこうした裸地にいち早く生えることができることがキク科植物の特権であろう。

　1977年にハワイで出版された"World's Worst Weeds"という本がある(Holm et al., 1977)。たいていの強害雑草はこの本に載っているのに，どうしたわけかヒメムカシヨモギもヒメジョオンもハルジオンの記載もない。2001年にカナダでヒメムカシヨモギに関する総説がS. E. Wearerによって著された(Wearer, 2001)。また，最近のアメリカ合衆国やヨーロッパの雑草学関係の雑誌に本種の登場しない号がないのに，古い時代はどうして雑草ではなかったのだろうか？　本種はきっと，ごく最近になってその威力を人間に示してきたのではなかろうかと，私は考えている。

1. どんな小さな穴にも生える植物

　びっちり生えそろった芝生のなかから芽を出せる植物にはどんなものがあ

図2 ヒメムカシヨモギ2態。土のある所ならどんな所にも生える。下はコンクリートの割れ目に生えた小さなロゼット，上はコンクリートとフェンスの間に生えた大きなロゼット。

るだろうか？　ワルナスビのように根茎の断片が芝を張ったときに混ざっていて，芝生の間から発生するものを除けば，ほとんどがキク科のヒメムカシヨモギやヒメジョオン，オオアレチノギクである。イネ科植物ではスズメノカタビラやメヒシバなどである。

　ヒメムカシヨモギは二倍体で染色体数は 2n＝18 と単純である。学名を *Conyza canadensis* または *Erigeron canadensis* という。*Conyza*(イズハハコ属)も *Erigeron*(ムカシヨモギ属)もとてもよく似ていて，違いは舌状花が目立つかどうか，熱帯種か温帯種かといったもので，これらの違いは現在，あまり明瞭とはいえない。それでどちらでもいいようなものであるが，花弁が大きくはっきりしているハルジオンやヒメジョオンに *Erigeron* を使うのでそ

れと分けるために，花の小さなものは *Conyza* を多く使っているように思える。日本では一般に *Erigeron canadensis* が使われているが雑草学関係の国際会議ではほとんど *Conyza* というようになってきた。なお，榎本敬らはアレチノギク，オオアレチノギク，ヒメムカシヨモギ，ケナシヒメムカシヨモギにイズハハコ属ヒメムカシヨモギ節(sect. *Coenotus*)を属名に提唱しているが，あまり使われていない。

学名の混乱以上にわかりにくいのは本種と熱帯性のオオアレチノギク *Conyza sumatrensis* との違いであろう。同じような所に生えていて，いろいろな時期に共存する。慣れないうちは両者を並べて比較しないと違いがわからないくらいよく似ている。現在ではいろいろなホームページにきれいな写真が載っているので細かな違いはそれらを参照していただきたい。どこが違うかここでは詳しく述べないが，ロゼットの形とか，花弁が明瞭かどうかとか，毛の長さとか植物体をよく観察すればこの２種を間違えることはない。図3にヒメムカシヨモギの花序と頭花を示しておく。

図3　ヒメムカシヨモギの花

2. どんな農耕地に生えるのか

　日本ではヒメムカシヨモギは都市の空き地のほか，果樹や緑茶などの樹園地や河川敷に生える。日本の畑はロータリで耕耘されることが多いので，本種が生えている場所は路傍や放棄地という印象が強い。これに対して，欧米では最近，不耕起栽培が盛んになって，トウモロコシや大豆，ワタ畑，採草地などで本種が大暴れしている。一般に耕起畑ではシロザとかヒユ類などの広葉一年生雑草が発生し，不耕起畑ではメヒシバやイヌビエなどイネ科一年生雑草やヒメムカシヨモギ，オオアレチノギク，ヒメジョオンなどが多くなる。キク科の種子もそうであるが，不耕起条件で発生が多い種類は種子の寿命が短命なものが多い。特に，ヒメムカシヨモギやハルジオンの種子では完熟後，3か月程度で発芽しなくなって枯死してしまう。ヒメムカシヨモギは20～24°Cの変温で光がある条件で発芽しやすい。暗黒下でも多少は発芽する。したがって，本種の発生消長を見ると，年2回，春(4～6月)と秋(9月)に出芽のピークが見られている(Nandula et al., 2006)。不耕起条件で作物の残渣を地面に敷き詰めてマルチするとトウモロコシ，大豆，ワタ，作物なしの順にヒメムカシヨモギの発生は増加した。これは作物の地上部残渣がどれだけ土面を覆ったかと関係していた。また，ヒメムカシヨモギは多少の塩類集積土壌でも生育できる。不耕起条件の所は地下からの塩類が集積することが多い。こうした点がヒメムカシヨモギの不耕起栽培の畑に強いところでもある(Main et al., 2006)。

　吉岡らは東北地方での観察から，ヒメムカシヨモギの種子が冬の寒さを畑のなかで感じて春に発芽したものがいっせいに開花することがオオアレチノギクにない特徴だと述べている。この特徴がヒメムカシヨモギしか北国の農耕地に進出できなかった要因であるとしている(吉岡ほか，1996)。きわめておもしろい発見である。

3. 日本で見つかったパラコート抵抗性生物型

同一の除草剤を繰り返し使うことによって雑草が変異して，除草剤抵抗性生物型が出現する。最初，アメリカ合衆国でトリアジン系の除草剤でその抵抗性生物型(resistant biotype)が顕在化した。著者らが1980年に埼玉県の荒川河川敷の桑園でパラコート抵抗性ハルジオンを見つけたころに(伊藤，2003)，加藤彰宏らにより大阪府のブドウ園でパラコート抵抗性ヒメムカシヨモギが見つけられた。パラコートを年に数回連続して散布していたら，除草剤の効果のない生物型が突然変異で進化し，増殖し始めた(加藤・奥田，1983)。もう30年近くも前のことであり，これが世界で初めてのヒメムカシヨモギの除草剤抵抗性生物型の発見である。そしてまもなく，埼玉県下の桑園におけるパラコート抵抗性ヒメムカシヨモギが各所で見つかり(埴岡，1991)，ハルジオンなどとともに全国の樹園地や路傍に拡大した。

その後は表1に示すように各国で，いろいろな除草剤に抵抗性を示すものが出現してきている。詳しくはHeapらの除草剤抵抗性に関するホームページを調べてみればわかるが，ヒメムカシヨモギには現在，パラコート(ビピリ

表1 ヒメムカシヨモギが獲得した除草剤抵抗性

確認年	国	作用性の種類	その後の獲得など
1980	日本	ビピリディウム系	1994年アメリカ合衆国など
1982	スイス	光合成系II	1989年ベルギーなど
1993	イスラエル	ALS阻害	2000年ポーランドなど
2002	アメリカ合衆国	尿素系またはアミド系	フランスなど
2003	アメリカ合衆国	グリシン系	2005年ブラジルなど多数

(注1) Heap(2010)には5種の抵抗性，13か国，40件の報告がある。
(注2) ヒメムカシヨモギの除草剤複合抵抗性生物型については下記の5件が報告されている。①1990年ごろ，ハンガリー，光合成系IIとビピリディウム系。②1993年，イスラエル，光合成系IIとALS阻害。③2002年，アメリカ合衆国ミシガン州，光合成系IIと尿素系またはアミド系。④2003年，アメリカ合衆国オハイオ州，ALS阻害とグリシン系。⑤2007年，アメリカ合衆国ミシシッピー州，ビピリディウム系とグリシン系。
(注3) 複合抵抗性(Multiple resistance)は多剤抵抗性ともいう。

ディウム系)，トリアジン系(光合成系Ⅱ)，ジウロン(尿素系またはアミド系)，スルホニルウレア剤などのALS阻害系，ラウンドアップで有名なグリホサート(グリシン系)と，まったく除草剤の作用性の異なった5種類の抵抗性生物型が報告されている．そしてこれらの組み合さった4種の除草剤複合抵抗性をもつものが見つかってきている．パラコートとトリアジン系の複合抵抗性は私がまだパラコート抵抗性ハルジオンを研究していた1990年ごろに，ハンガリーのブドウ園で見つかった．1993年にはイスラエルの工業団地でクロロスルフロン(SU剤)とトリアジン系のアトラジンの複合抵抗性が見つかった．2002年にはアメリカ合衆国ミシガン州のブルーベリー園でトリアジン系のアトラジン，シマジンとジウロンの複合抵抗性が出てきた．そして，いよいよアメリカ合衆国オハイオ州の大豆畑では2003年にALS阻害(クロリムロンエチル，クロランスラムメチル)とグリホサート(ラウンドアップ)の複合抵抗性の出現が確認された．このようにヒメムカシヨモギは最も恐れられる除草剤抵抗性雑草の10指に入るようになってきた(Heap, 2010)．

　ここで，除草剤がどのように作用するのか簡単にふれてみたい．ビピリディウム系とは光合成の初期段階の過酸化物生成反応を阻害する除草剤のことである．パラコートやダイコート(ジクワット)はこの作用を示し，光のない所では反応が起こらない．ここが阻害されると植物体内にオゾンO_3が溜まり，組織が壊死する．光合成におけるふたつの光化学系のうち，光合成系Ⅱに作用するのがシマジン，アトラジンなどのトリアジン系の除草剤である．これは古い除草剤であり，1970年代に抵抗性研究が頻繁に行われたが，いまだに畑の除草剤として使われている．また，リニュロンなどウレア系の除草剤も光合成のヒル反応阻害剤であり，トリアジン系の作用に類似している．

　ALS(アセト乳酸合成酵素)阻害剤はバリン，ロイシン，イソロイシンといった側鎖アミノ酸の合成阻害をする除草剤である．このなかにはいろいろな除草剤が含まれ，スルホニルウレア(SU)系，イミダゾリノン系，PC系などがある．詳しくは拙著『雑草の逆襲，除草剤のもとで生き抜く雑草の話』(伊藤，2003)を参照していただきたい．最後のグリホサートは植物特有のカルビンサイクルからシキミ酸経路を経て，環構造をもつフェニルアラニン合成を阻

害する系に働く。この作用はすべての高等植物に非選択的に働く。このように除草剤は動物には影響が少なく，植物にしかない光合成系や必須アミノ酸合成系などに影響を与える化合物群である。植物側にとってはまったく異なるメカニズムによって作用しているにも関わらず，それらに次々と抵抗性を示す生物型が出現することは脅威である。まして，複合抵抗性を示すものも出現する事態はそれぞれの抵抗性の進化が独立に起こっていることを疑わせないであろう。こうした細胞レベル，遺伝子レベルの現象を，「手取り除草」に負けないように地下部を増やす方向に進化した雑草の進化と同列にあつかい，人間の働きかけへの植物の適応と一口にいってしまってはいけないのかもしれないが，私にはどちらの現象も同列に見える。

4. アメリカ合衆国におけるグリホサート抵抗性生物型の出現

ラウンドアップ(グリホサート)はモンサント社が30数年前から販売している除草剤で，土壌と混ざると二酸化炭素と水に分解してしまい，薬液が当たった植物にしか効果のないきわめて環境にも人畜にも安全性の高い除草剤である。除草剤本体の特許は既に切れ，ジェネリック剤も販売されている。もともと農薬開発企業であったモンサント社は最近では除草剤の開発を止めて，この除草剤に耐性の畑作物を遺伝子組換え技術でつくることによって，農家で使う作物種子を企業の販売物資として種子産業に特化してきている。モンサント社の技術で最も普及しているのが除草剤耐性トウモロコシ，大豆，綿花，ナタネで，これらの品種群の種子には「ラウンドアップレディー」と名づけられている。これらの品種群は作物の生育期にラウンドアップを散布することによって，作物には影響がなくて雑草だけを枯らすことができるようになっている。

国際アグリバイオ事業団(ISAAA)の推計では2010年に世界の遺伝子組換え作物の栽培面積が1億4,800万ha，栽培国は29か国，生産者は1,540万人を超えたとしている。全世界の組換え体作物の生産量は，特にインドや中国で増えている。ISAAAは，遺伝子組換え作物に関する情報を国際社会で

共有するための活動を行っている国際的非営利団体で，収入の多くを発展途上国の農業生産者に対して，バイオテクノロジーの利用により飢餓と貧困を解決すべく活動をしている．同事業団は2015年には栽培面積は2億ha，栽培国は40か国，生産者数は2,000万人になるだろうと予測している(ISAAA, 2011)．すでに，トウモロコシ，大豆，綿花，ナタネなどの作物の生産量の半量以上は組換え体作物であり，多くはモンサント社のものが利用されている．こうなると遺伝子組換え体そのものが危ないというより，この技術により作物品種の寡占化が起き，世界的にマイナーな品種の消滅により，人類の食料の脆弱性が危惧されている．

ミシシッピー川流域の広大な遺伝子組換え大豆圃場に生えているグリホサート抵抗性ヒメムカシヨモギについて，最近の文献から述べてみよう．

これまで述べてきたように，グリホサートはモンサント社の開発したラウンドアップ類として全世界で使われている非選択性除草剤である．植物体内での移行性が高く，葉に1滴の原液を垂らしただけで，根や地下茎を含めてその植物全体を枯らしてしまう力がある．

除草剤耐性を示す作物ではなく，これまでに自然界でグリホサート抵抗性生物型が見つかった雑草は6種類あった．オーストラリア，アメリカ合衆国，南アフリカで見つかったボウムギ，マレーシアのオヒシバ，ブラジルとチリのイタリアンライグラス，南アフリカのオオバコとアレチノギク，それにこのヒメムカシヨモギである．近年，グリホサート抵抗性生物型は急に増え，オオホナガアオゲイトウなど21種を数えるに至った(Heap, 2010)．

ヒメムカシヨモギのグリホサート抵抗性生物型は2000年にアメリカ合衆国のデラウエア州の大豆畑で初めて見つかった．21世紀に入り，テネシー州，ケンタッキー州(以上，2001年確認)，オハイオ州，インディアナ州，メリーランド州，ニュージャージー州，ミズーリ州(以上，2002年確認)，アーカンサス州，ミシシッピー州，ノースカロライナ州，ペンシルベニア州(以上，2003年確認)，カリフォルニア州，イリノイ州，カンザス州(以上，2005年確認)，ネブラスカ州(2006年確認)，ミシガン州(2007年確認)，オクラホマ州(2009年確認)などアメリカ合衆国全土に広がった．現在，大西洋側のデラウエア州，

158　第Ⅲ部　攪乱の生態学

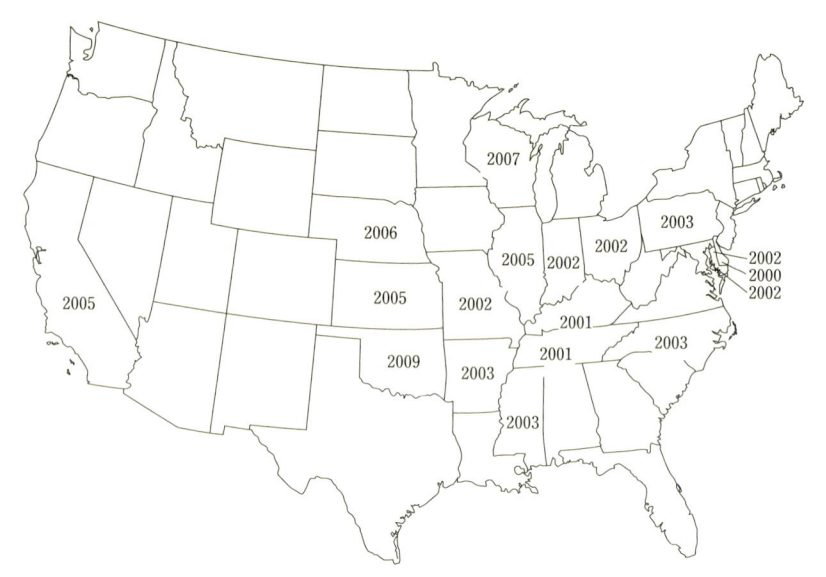

図4　アメリカ合衆国の農耕地におけるグリホサート抵抗性ヒメムカシヨモギの拡大
　　　（数字はアメリカ雑草学会のHPでの発見年を示す）

　メリーランド州，ニュージャージー州，ノースカロライナ州の東部4州とミシシッピー川流域のテネシー，ミシシッピー，ケンタッキー，インディアナ，オハイオ，アーカンサスの6州の大穀倉地帯に蔓延している。これらの抵抗性雑草の発生が見られる農耕地は全米で10万haを超えるに至っている（図4）。

　さらに，グリホサート抵抗性ヒメムカシヨモギは2005年にはブラジルのサンパウロ州で，2006年にはスペインと中国浙江省寧波で，2007年にはチェコでと，世界各地に出現するようになってしまった。これらの国でもラウンドアップを活用した遺伝子組換え作物が栽培されるようになるとともに，抵抗性生物型が出現したのである。詳細については最近出版された「グリホサート抵抗性の作物と雑草」(Nandula, 2010)に記載されている。

5. コスモポリタン植物の生存戦略

　ヒメムカシヨモギの種子は長さが約 1 mm と小さい上に非常に軽く，加えて長さ 2.5 mm ほどの冠毛をもつため，風に乗ってより遠くに飛散することができる。アメリカの Shields らはデラウエア州でヒメムカシヨモギの種子散布期である 9 月中旬にラジコンのセスナ機を飛ばして，上空の雑草種子を回収することによって飛散距離を算出した。ヒメムカシヨモギ群落の上空 41〜140 m の高さの空中で種子が回収された。ヒメムカシヨモギの種子は上昇気流に乗ればかなりの上空まで巻き上がることがわかった。そして，秒速 20 m の風に乗れば 500 km 程度の長距離飛散が可能であると計算している (Shields et al., 2006)。日本中に拡散するのに数年で十分という計算になる。1 株当たりの種子生産数が，10〜20 万粒ときわめて多いことも，本種の旺盛な繁殖力の一因といえるだろう。

　著者はよく登山をする。早池峰山麓，秋田駒ケ岳山麓などの明るい登山道の脇にはシロツメクサ，スズメノカタビラ，オーチャードグラスなどに混じってヒメムカシヨモギが生えている。奥入瀬渓谷の帰化植物では，一部の観光客や写真愛好家らが写真撮影や渓流を眺めるため，国道脇の仮遊歩道のロープ柵を越えて侵入し，彼らの靴底についてきたであろうハルザキヤマガラシやブタナ，ヒメムカシヨモギなど渓流内には見られなかった外来植物も確認されている。

　インターネットでヒメムカシヨモギを検索していたら，1998 年当時の信州大学の伊藤風香の卒業論文「南アルプス戸台川中・下流域における植物相及び植生解析――特に帰化植物の影響について」に当たった。彼女の論文の結論は「帰化植物のフサフジウツギやヒメムカシヨモギと絶滅危惧種のカワラニガナ，トダイアカバナ等のハビタットが重複することが示唆された。下流では堰堤が設置された谷に土砂が溜まり，小さな攪乱が常に起こる砂礫地が存在するため，河原植物種群もハビタットを得られるが，同時に帰化植物のハビタットにもなっている。また，堰堤の緑化工事が帰化植物定着を促し

ていた。今後は上流に新しく設置された堰堤により河床の状態が変化し，より上流に帰化植物の侵入，定着する可能性が高い」と記されている(伊藤ほか,2001)。人間の手が奥山にまで入ればそれにともなってヒメムカシヨモギも山登りや川登りをして，分布を拡大することが示唆されている。

　ちょっとした土壌表面を見つけて落下傘が降下し，世界中をさまようヒメムカシヨモギは種子の分散力はきわめて大きいが，種子寿命は短く，耕耘されるような農耕地ではうまく生活できないことがわかった。人口増加にともない，森林が減少し，路傍や建物の周辺など不定期に土地が攪乱される明るい場所は増え続けている。そうした所に種々の除草剤をいろいろな時期に散布することにより，さまざまな除草剤抵抗性生物型が出現し，近年は目立った雑草に成り上がった。極めつけは大豆などの遺伝子組換え体作物を不耕起条件で栽培する農耕地でグリホサート抵抗性生物型が出現し，アメリカ合衆国の穀倉地帯で大きな問題となってきたことである。ヒメムカシヨモギは人間の自由気ままな地球改変にピッタリとついてきている。このように，さまざまなバイオタイプに変異して，ヒメムカシヨモギはますます人臭く進化しつづけているのである。

第8章 セイタカアワダチソウは悪者か

榎本　敬

　帰化植物という言葉を知っている人に「日本で最も有名な帰化植物はなんですか？」と聞けば，おそらくかなりの人が「セイタカアワダチソウ」と答えるであろう。ヒメジョオンもシロツメクサも日本中に広がっている帰化植物であるが，なぜセイタカアワダチソウがこのように有名になってしまったのだろうか？　その一番大きな原因は花粉症の原因植物としてマスコミに大きく取り上げられたことであろう。都市近郊で晩秋に黄色く目立つ花をたくさんつけることと，水田の減反政策にともなう休耕田の増加で農村部でもセイタカアワダチソウが目立つようになったことで，多くの人の目にふれることになった。他感作用（アレロパシー作用）があるという研究結果も注目された。

1. 類似種との区別点

　セイタカアワダチソウ *Solidago altissima* はキク科アキノキリンソウ属に属する北米原産の多年生の帰化植物である（Gleason, 1963）。セイタカアワダチソウという和名と *Solidago altissima* という学名をはっきりさせたのは原（1951）による。それ以前はカナダアキノキリンソウやセイタカアキノキリンソウと呼ばれていたり，学名も *Solidago canadennsis* やそのほかが使われていた。原（1951）の論文によりセイタカアワダチソウとオオアワダチソウ *S. serotina*，カナダアキノキリンソウ *S. canadensis* が別種であることが整理さ

れた。

　もっともよく似た植物にオオアワダチソウがある。本種は花期が8月なので，11月以降に咲くセイタカアワダチソウとは花期が重ならない。オオアワダチソウの葉はうすく両面とも無毛で，両面ともざらつくセイタカアワダチソウとは葉をさわれば区別できる。東北や北海道に多いのはオオアワダチソウの方で花期もかなり近づく。もう1種カナダアキノキリンソウという類似種がある。本種は総苞がセイタカアワダチソウより小さいことで区別でき花期も少し早い。日本での記録は非常に少なく，古い文献でカナダアキノキリンソウとされているものはセイタカアワダチソウの誤認が多い。近年，中国の上海近郊で猛烈に広がっているのが本種で，中国にはカナダアキノキリンソウ，日本にはセイタカアワダチソウが広がっているのは不思議なことである。染色体数はセイタカアワダチソウが六倍体($2n=54$)，カナダアキノキリンソウは二倍体($2n=18$)，オオアワダチソウは四倍体($2n=36$)である(Sample et al., 1981)。3種の形態の比較表を表1にまとめた。

2. いつ来てどのように広がったのか

　セイタカアワダチソウは第二次世界大戦後に日本に侵入して，急速に広まったと報道されていた。1969年11月9日の朝日新聞には「猛威　黄色い悪草　セイタカアワダチソウ終戦時に"進駐"し大繁殖　花粉で鼻炎の心配も」との記事が載っている。しかしながら，国内の主要標本庫の標本と文献を調査したところ，戦前にすでに日本に侵入していたことが明らかになった。1920年に京都で採集された標本があり，私が確認した限りではこの標本が国内では最も古い。美しいので観賞用に栽培したのが，逃れて広がったといわれている。

　倉敷市立自然史博物館には1929年に神戸で採集された標本があり(倉敷市立自然史博物館, 1983), 1930年代に京都や大阪で採られた標本も京都大学や大阪市立自然史博物館には数枚残っていた。岡山大学資源植物科学研究所には笠原安夫によって1933年に倉敷市で採集された標本が残っている(榎本,

表1 外来の *Solidago* 属3種の形態比較(榎本，2005)

	セイタカアワダチソウ	カナダアキノキリンソウ	オオアワダチソウ
総包の高さ	3.5〜4.5 mm	2.5 mm	4〜5 mm
舌状花の舌片	筒状花の裂片より長い 倒皮針状線形	筒状花の裂片とほとんど同じ長さ	筒状花の裂片より長い 幅が広い
雄ずい	花の筒部より高く抜け出す	花の筒部よりわずかに抜け出す	花の筒部より高く抜け出す
筒状花の形	長楕円形で偏平	こん棒状	長卵形
花期	晩秋 10.13(美唄市) 10.20(那覇市　天久) 10.28(倉敷市) 11. 4(岡山市) 11.27(松山市)	夏 9. 5(福知山市)？	7〜8月 7. 5(香川県　宇多津) 7.10(倉敷市) 8. 3(岐阜県　高山市) 8. 5(北海道　共和村) 8.29(北海道　千歳)
茎の高さ	100〜250 cm	40〜120 cm	50〜150 cm
茎の色	紫黒色	灰緑色	淡緑色　やや粉白を帯る
茎の毛	多い	枝先に近い部分にだけ微毛	やや多い
葉の毛	上面は微凸起状の短毛 下面は開出した短毛	上面ははとんど無毛 下面は葉脈上に開出した短毛がある	無毛
葉の質	やや厚い ざらつく	うすい それほどざらつかない	うすい ざらつかない
鋸歯	小数の低い鋸歯 花序に近い葉ではほんど全縁	小数が明瞭	上半部に明らか
葉の両へり	下面に向かい曲がる傾向がある	下面にそり返らない	下面にそり返らない
葉の基部	ほとんど無柄 鋭形	鈍形	短い葉柄がある
染色体数	2n＝54(六倍体)	2n＝18(二倍体)	2n＝36(四倍体)

2005)。

　戦後，戦災によって破壊された焼け野原や空き地にセイタカアワダチソウが急速に広がったようである。原因はアメリカ軍の物資について来たのだろうといわれたが，証拠はない。戦前からあったセイタカアワダチソウが空き地などに広がっていった可能性があり，新しくアメリカから持ち込まれたこともあったと考えられる。北九州などでは閉山した炭坑跡に大きな群落が出

現し，閉山草と呼ばれていた。

　私が大阪にいた1970年ごろは休耕田などにすでに大きな群落ができていた。倉敷に来てセイタカアワダチソウの研究を始めようとした1972年には市内をずいぶん探したが，2か所にしか生えていなかった。今から考えれば，このときから分布拡大の記録を残しておけばよかったと思えるが，記録は残っていない。減反政策による休耕田の増加と宅地造成や道路工事によってセイタカアワダチソウは急速に広まった。セイタカアワダチソウはほかの花が少ない11月ごろに咲くためミツバチの蜜源として重宝がられたようだ。全国的な分布の拡大に養蜂業者による種子散布活動があったようである(浅井，1970)。量的には多くはないが，小笠原諸島や沖縄県の西表島から北海道まで生育しているのを自分の目で確かめている。分布の拡大を裏づけるために国内の主要標本庫の3種の標本を調べたが，初期のころはオオアワダチソウとセイタカアワダチソウが混同されていた。文献も初期のころは過ちが多く見受けられ，標本で確認しない限り，分布図は描けず，いまだに完成できていない。

3. なぜ急速に分布を拡大しえたのか

生育地

　セイタカアワダチソウは，乾きすぎず湿りすぎもしない土壌を好む。異なる含水率の土壌で育てた実験によると(榎本，1993；図1)，対乾土比で12〜60%まで成長できているが，中間の土壌水分38%で最大値が得られている。部分重，全重とも含水率との関係は二次関数で近似できた。ヨシ，オギが河川敷などのしばしば水につかるような場所に生育し，ススキが土手の上部や岩山のように乾燥した場所にも生育しているのに比べて，セイタカアワダチソウはその中間域に生育している。非同化部(茎・根)と同化部(葉)の現存量の比(C/F)は中間のレベルで最大を示している。土壌の水分が少ない，あるいは多すぎる場所では最適な生活は送れず，茎や地下部の成長を犠牲にして光合成で稼がねばならないため葉の量が相対的に大きくなっていると考えら

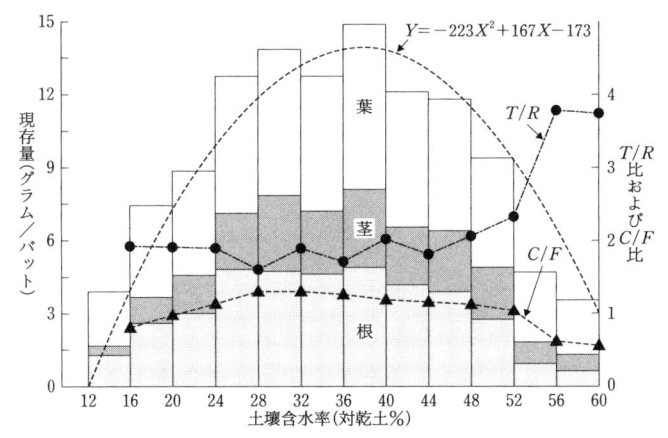

図1 含水率の異なる土壌におけるセイタカアワダチソウの部分別現存量(榎本, 1993)。T/R：地上部(T)と地下部(R)の現存量比，C/F：非同化器官(C)と同化器官(F)の現存量比，点線：土壌含水率(X)と全現存量(Y)の回帰曲線

れる。地上部と地下部の現存量比(T/R)は，ほぼ一定であるが，含水率の高いところではかなり高くなった。これは土壌の含水率の高すぎるところでは根や地下茎の発達が悪くなるためと考えられる。

多くの植物にとって好適な生育地に，セイタカアワダチソウは増殖しているのである。

風散布種子による侵入

セイタカアワダチソウの花粉は昆虫によって運ばれる虫媒花で，比較的重い。自家受粉するかどうかは試していないので不明であるが，結実率の高さと頭花全体が不稔であるものを見たことがないことを考え合わせると，自家不和合ではなく，自家受粉もしていると考えられる。

新しい土地へのセイタカアワダチソウの侵入は種子(痩果)によって行われる。冠毛を持つ痩果が風によって運ばれるため，定着の確率は高くないが，種子生産量が多いため，群落の周辺には急速に広がる。

種子は温度条件が整えば，結実後すぐにでも発芽する。しかしながら，日

本では12月ごろ結実するため，気温が低すぎて発芽することはない。3月ごろから発芽を始め7月くらいまで発芽が見られる。多くの雑草がそうであるようにセイタカアワダチソウも光が当たっている条件でよく発芽する。変温も発芽を促進する(榎本，1989；榎本・小畠，1996；図2)。種子の寿命は短く常温での保存では寿命は1年もない。野外でもそうだと考えられるので，埋土種子集団の寿命が長いほかの多くの雑草のように，前年以前の種子が発芽することはない。

　3月以降に発芽した個体がその年に開花結実するかどうかはおもにその土地の水分条件によって決まる。休耕田のように水分が豊富で養分も豊富な場所に飛来したセイタカアワダチソウは，ほかの植物に被覆されることなく成長，開花結実し，実験的に確かめた個体では110万粒の種子が1個体で生産された(榎本・中川，1977)。造成地など貧栄養な環境に飛来して発芽したセイタカアワダチソウはほかの植物に被覆されてしまう可能性が休耕田などより低くなるが，水分，養分ともに不足なため，1年目には開花に至らないこと

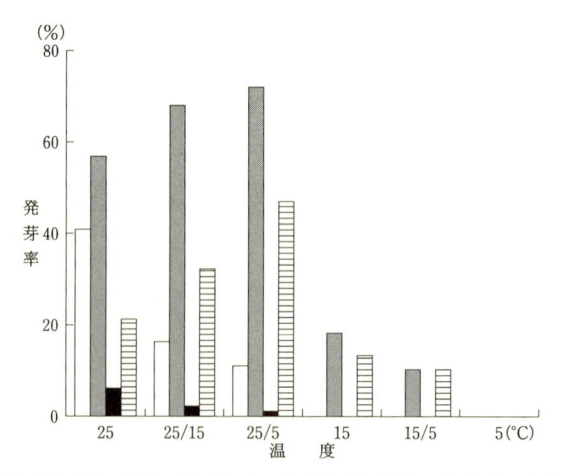

図2 定温(25℃，15℃，5℃)および変温(25/15℃，25/5℃，15/5℃)条件下での発芽率(榎本，1989)。白色：明条件下での3日後の発芽率，灰色：明条件下での6日後の発芽率，黒色：暗条件下での3日後の発芽率，横線：暗条件下での6日後の発芽率

が多い。私が調査したところでは地上部の乾燥重量が3.35 g，草丈で78 cm，地際の茎の直径で3.3 mm以下では開花せず，地下茎と茎頂部に数枚の葉をつけたロゼットで越冬した(榎本，1979；図3)。このように種子で侵入した個体が開花結実するまでには1〜3年かかる。

地下茎による株の拡大と栄養繁殖

セイタカアワダチソウの競争力と繁殖力を特徴づけるものは地下茎である。地下茎の寿命は約2年で，3年生きることもある。セイタカアワダチソウが土地に侵入して何年経ったかは地下茎を掘り上げれば，3年以内かどうかは推定できる。図4に播種3年後に掘り上げたセイタカアワダチソウの地下部とロゼットのようすを示した。中央部の1年目の地上茎から地下茎が伸長し，

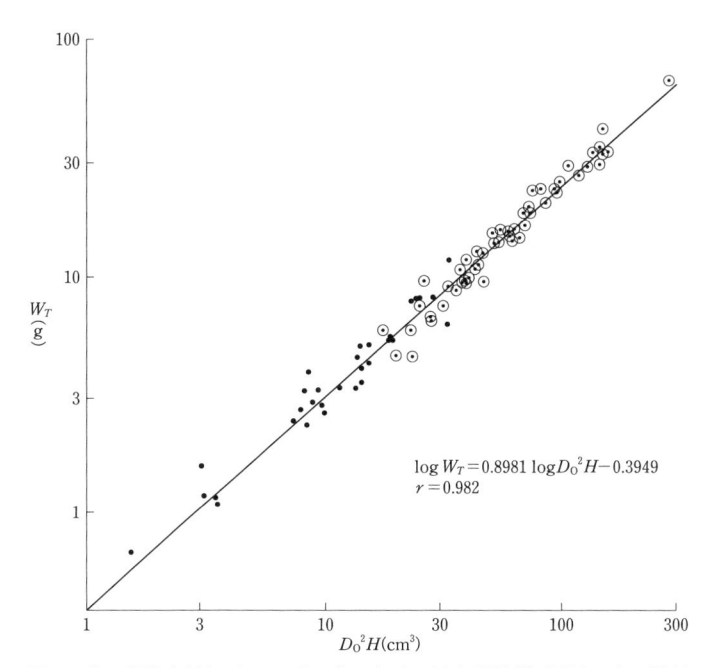

$\log W_T = 0.8981 \log D_0^2 H - 0.3949$
$r = 0.982$

図3 茎の地際直径(D_0)の2乗×高さ(H)と地上部乾燥重量(W_T)の関係(榎本，1979)。○：種子を形成した個体，黒点：種子を形成しなかった個体

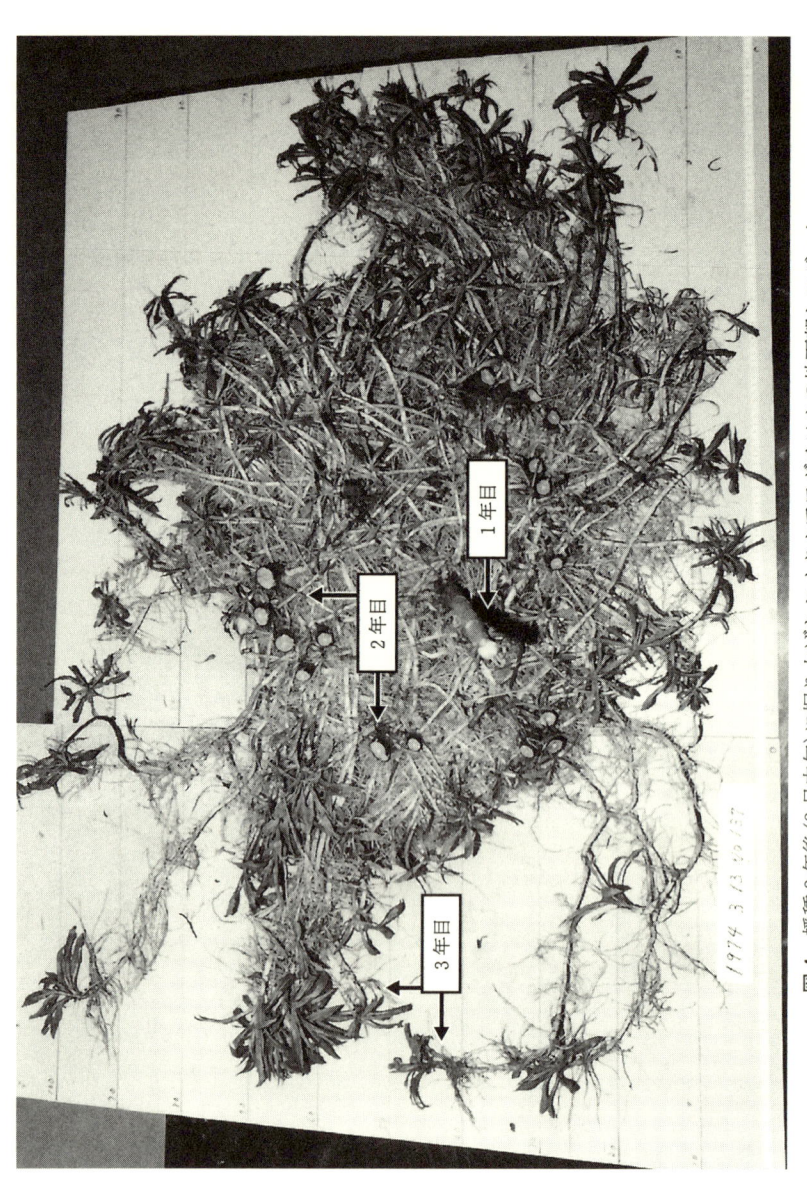

図4 播種3年後(3月中旬)に掘り上げたセイタカアワダチソウの地下部とロゼット

その先に2年目の地上茎が形成され，そこから2年目の地下茎が伸長し，その先に3年目のロゼットが形成されているようすがわかる。地下茎が枯れると，ロゼットは独立の株となり，栄養繁殖が行われるのである。

セイタカアワダチソウを種子から2年あまり，個体間競争が起きない広い空間で育て，成長の過程を調べた（榎本・中川，1977）。茎の高さ，地下茎の広がり（1年目の地上茎からロゼットまでの距離の最大値）およびロゼット数の変化を示したのが図5である。7月から地下茎を伸ばし，その先にロゼット葉を形成する。ロゼットは10月に地上に現れ，その数は冬の間も増加したが，春になって急激に減少した。ロゼットの減少は草丈の低いものに集中していることも判明した。同種の個体間の競争による個体数の調節は「自己間引き」と呼ばれ，セイタカアワダチソウのロゼット数の減少には，「自己間引き」に類似した面もある。しかしロゼットは地下茎でつながった一種の枝（シュート）である。樹木は被陰された枝を枯らし，光条件のよい枝を伸ばす調節を行うが，ロゼットの減少は同じような光をめぐる調節作用と見なすことができるだろう。生き残ったロゼットは2年目が約40個，3年目が約90個で

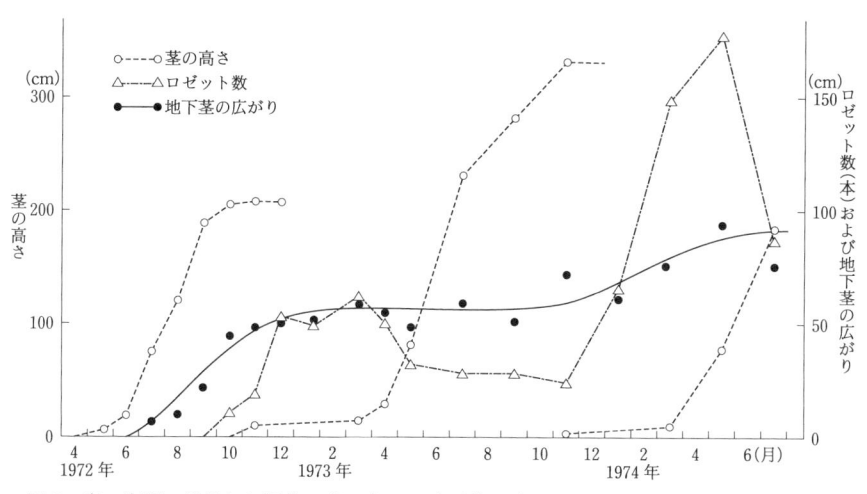

図5 広い空間で栽培した個体の茎の高さ，地下茎の広がりおよびロゼット数の経時変化（榎本・中川，1977）

170　第Ⅲ部　攪乱の生態学

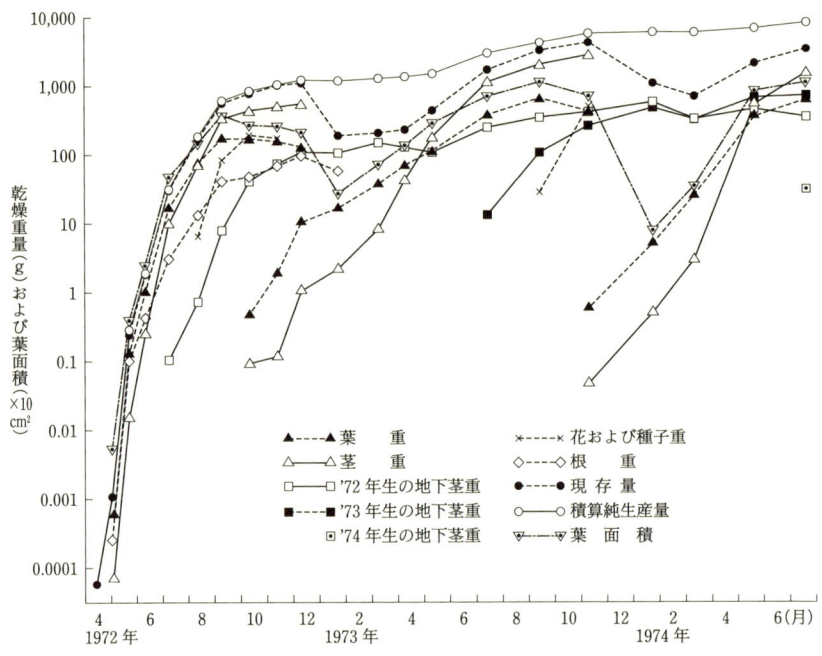

図6　器官別乾燥重量と葉面積および積算純生産量の経時変化(榎本・中川, 1977)

あった。大きい個体では地下茎は1年で60cmくらい外側に広がることがある。茎の高さの最大値は1年目が205cm, 2年目が357cmであった。こうして, 地下茎による株の拡大と高い草丈により空間を占拠してしまう。

　それぞれの時期に得られた器官別乾燥重量や現存量, 積算純生産量, 葉面積の変化を図6に示した(榎本・中川, 1977)。セイタカアワダチソウの葉は枯死してもすぐには落葉しないため, 1か月ごとのサンプリング時に得られる茎についている枯れ葉の量を枯死量とし, 現存量に加えて積算純生産量とした。葉重と葉面積はともに8～9月にかけて極大となり, 茎重が11～12月にかけて極大となったのに比べて3か月ほど早くなっていた。地下茎は7月初旬から伸長し始め, 夏, 秋を通じてその重量が増加し続け, 冬の間も増加したが, 春先には減少した。花芽は9月から肉眼で見え始め, 11月に開花, 結実した。種子の飛散は12月下旬に始まり, 1月下旬にはほとんど終了し

たが，一部は春まで続いた．個体当たりの種子生産数は1年目が110万粒，2年目が300万粒と推定された．驚異的な種子生産量である．

地下茎の養分による急速な成長

各サンプリング期間中の純生産が，どのような形で諸器官に振り分けられたかを知るために，図7に純生産の分配率の変化を示した(榎本・中川，1977)．冬季，セイタカアワダチソウはロゼット葉を展開したまま越冬するが，純生産が負になる期間があり，その間は分配率が計算できないため，その前後の値を点線でつないだ．種子から成長を始めた個体はまず葉と根の成長にエネルギーを投資し，2年目以降，地下茎から成長を始める個体は春先に茎の成長にエネルギーを投資して，早く高く成長し，次に葉や地下茎にエネルギーを投資する(榎本・中川，1977)．2年目の春先の葉と茎への分配率の合計が100％を上回っているのは，地下茎からの養分の転流によるものと考えられる．これは，地下茎の養分を用いて急速に地上部を完成させる多年生草本に

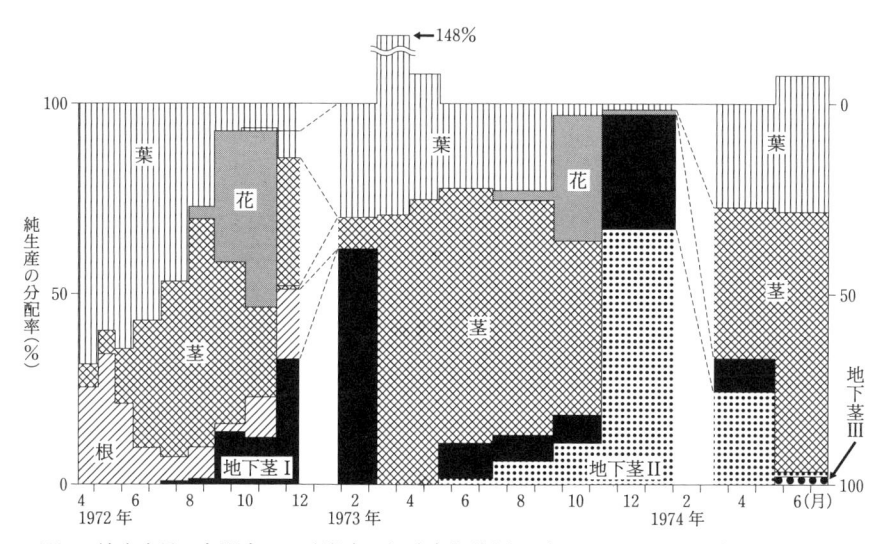

図7 純生産量の各器官への分配率の経時変化(榎本・中川，1977)．1972年，'73年，'74年に形成された地下茎をそれぞれ地下茎Ⅰ，Ⅱ，Ⅲとした．

多いパターンであるが、この性質がセイタカアワダチソウに強力な競争力を与えている。秋には純生産のかなり大きな割合が花および種子の成長に振り向けられており、季節的な変化が明瞭である。ロゼットは10月に地表に現れ、冬にも成長をつづけて春先には急速に茎を伸ばし、ほかの植物に覆われてしまうことなく開花、結実するのである。

4. 他感作用と自家中毒

セイタカアワダチソウが広がった原因のひとつに、地下茎から分泌される物質がほかの植物の成長を抑制する他感作用(アレロパシー)があるからだといわれてきた。物質が単離され、その物質がブタクサの発芽作用を抑制することなどが明らかになった(小林ほか、1974)。セイタカアワダチソウの地下茎の水抽出液をさまざまな植物に与えて育ててみたところ、発芽が抑えられる植物と、それほど大きくない植物があった(榎本、1992；図8)。最も影響が大きかったのはセイタカアワダチソウ自身に対してであった。ヒナタイノコヅチ、ホソアオゲイトウ、アメリカイヌホオズキの発芽率も大きく減少した。これに対して、シロザ、ススキ、キンエノコロ、メヒシバ、オギなどの発芽

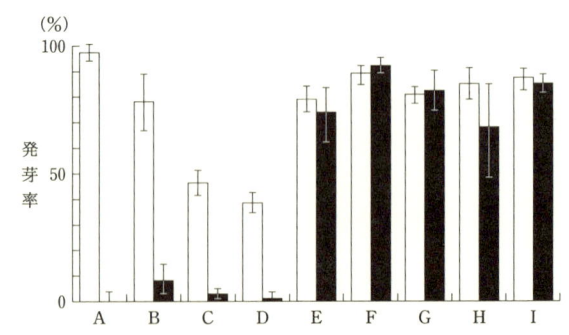

図8 セイタカアワダチソウの地下茎の水抽出液が発芽に及ぼす影響(榎本、1992)。白色は対照区、黒色は処理区、縦棒は標準偏差を表す。A：セイタカアワダチソウ、B：ヒナタイノコヅチ、C：ホソアオゲイトウ、D：アメリカイヌホオズキ、E：シロザ、F：ススキ、G：キンエノコロ、H：メヒシバ、I：オギ

率の減少には有意差が見られなかった。セイタカアワダチソウの種子からの発芽が群落内で見られないのは，このせいかもしれない。セイタカアワダチソウ群落の外ではセイタカアワダチソウの種子からの発芽がよく見られる。群落のなかで発芽してもロゼットから成長を始めた高い茎に覆われるため，光が足りなくて生き延びることはできないので，群落内での発芽はもとから無駄なことかもしれない。親元を離れた個体だけが発芽するのは意味のあることかと思える。

7種類の植物を実生から育て，途中からセイタカアワダチソウの地下茎の水抽出液を与えたところ，ほとんどの植物で現存量の低下傾向は見られたものの有意差はなかった(榎本，1992；図9)。有意差を持って減少したのはセイタカアワダチソウだけであった。自分自身の成長も抑制する理由はよくわからない。

東京付近で一時大繁殖したセイタカアワダチソウがその後少なくなったといわれ，その原因として自家中毒説なるものが提案されたことがあった。自分自身が出す物質が土中に蓄積し，自家中毒を起こし，セイタカアワダチソ

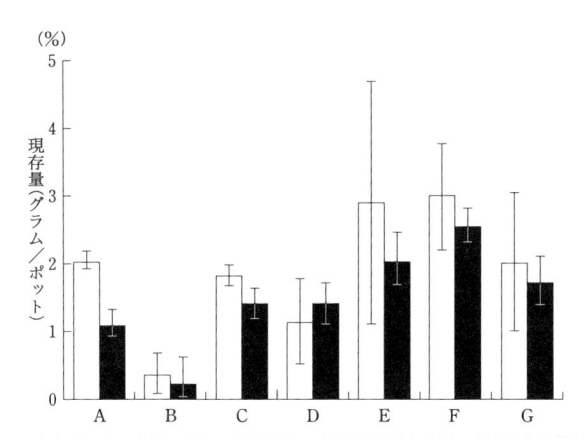

図9 セイタカアワダチソウの地下茎の水抽出液が成長に及ぼす影響(榎本，1992)。白色は対照区，黒色は処理区，縦棒は標準偏差を表す。A：セイタカアワダチソウ，B：ヒナタイノコヅチ，C：シロザ，D：ススキ，E：キンエノコロ，F：メヒシバ，G：ホウキギク

ウが減ってきたのだという説であった。私は15年間同じ場所でセイタカアワダチソウを観察したが，群落が消滅することはなかった。したがって，自家中毒はデータの裏づけのある説ではなく推測にすぎなかったと思っている。セイタカアワダチソウが東京近辺で少なくなったのは放置されているような土地が少なくなり，生える場所が少なくなっただけで，河川敷などでは今も旺盛に生育している。

5. 打つ手はあるか

　私はセイタカアワダチソウの防除に関する研究を行ったことはない。昆虫による生物学的防除の研究が行われたこともあったが，日本では成功しなかった（内藤，1973）。蛾の幼虫によって葉が食べられ丸坊主にされたセイタカアワダチソウを見たことはあるが，旺盛な成長の終わった夏以降に葉を食べられても，大きな影響はないようで，防除には結びつかない。1999年にアワダチソウグンバイという中南米原産の昆虫が日本で見つかり，セイタカアワダチソウにも害を与えていることが判明したが，キクやヒマワリ，ナス，サツマイモなどにも害を及ぼすようで，害虫として駆除の対象になっている（井村，2005）。

　セイタカアワダチソウの地下茎は地下10 cmくらいまでに分布しており，根はもっと深くまで入っている。耕耘にはきわめて弱く，冬に一度耕耘するだけで，再生することは少ない。ほかの季節に耕耘されても再生力は弱く，畑には種子が次々飛来し，発芽するが，耕耘されるとすぐに死んでしまうため，作物を栽培している畑でセイタカアワダチソウが問題になることはない。休耕田とはすぐに復田できる田んぼのことを呼ぶということを最近知ったが，セイタカアワダチソウに覆われた休耕田は簡単に復田できる。耕耘機で一度耕すだけでセイタカアワダチソウは絶滅するので，ヨシやススキに覆われた休耕田よりずっと簡単に元に戻る。セイタカアワダチソウと共存できる植物は少なく，季節的なすみわけができる越年生の植物に限られるため，種多様性の保持のためにはセイタカアワダチソウ群落は望ましくないが，復田を考

慮に入れた休耕田管理だけを考えるとセイタカアワダチソウ群落で休耕田を管理するのが一番楽かもしれない。

　地上部の刈り取りによる防除の試みはたびたび行われた（原山・玉泉，1983；中島ほか，2000）。結論からいえば，種子を形成させない刈り取りは可能だが，刈り取りによる群落の防除には成功していない。

　セイタカアワダチソウは花粉症の原因植物とマスコミで報道されたこともあるが，スギなどのように花粉を風で飛ばす風媒花と違って，昆虫に花粉を運んでもらう虫媒花である。杉野・芦田（1974）によると花粉は重く，飛んでも大部分はすぐ近くに落ちるようである。もし11月ごろに花粉症の症状が現れれば，ほかの植物を疑う方がいいと思っている。花粉症はまったくないと言い切れないようだが，少なくとも家のなかのほこりを吸っているよりは影響が小さそうである。同じような考え方は「公害植物」擁護論でも述べられている（金井，1978）。

　セイタカアワダチソウほど悪者扱いされた帰化植物はかつてなかったであろう。その最も大きな原因はマスコミ報道にあると思うが，学者と呼ばれる方々にも相当な責任があったように思える。これまで述べてきたように，繁殖力と競争力にはすさまじいものがある。今のように広がってしまったセイタカアワダチソウは手がつけられなく，天敵でも現れるのを待つしかないような気持ちである。しかしながら，セイタカアワダチソウは人間が自然を破壊した後にその場所に入る植物で，在来の植生の残っている森林などには入り込めない（吉良，1976）。セイタカアワダチソウの大群落は，人間の手による自然破壊の爪痕を示しているともいえるのである。帰化植物のなかにはシロツメクサやヒメジョオンのようにすっかり日本にとけ込んでしまっている感じのものもある。セイタカアワダチソウが晩秋の日本の風景と思える子供たちが増えてゆくかもしれない。

　本章は，榎本（2005）を改訂して再掲した。再掲を快く許可して下さった「植調」誌（日本植物調節剤研究会）に感謝します。

第9章 観賞用水草ミズヒマワリの恐るべき増殖力

須山　知香

　ミズヒマワリ *Gymnocoronis spilanthoides* DC. は，河川や湖沼の水辺に生育する草本植物である。この植物は熱帯魚の水槽に植えて観賞する水草として日本に導入されたが，各地の野外で定着してしまった。同じような環境に生育するほかの動植物の存在を脅かす危険性があることから，2004年に農林水産省および環境省が制定した外来生物法による特定外来生物指定を受けている。

　現代人の活動に深く関係するこの植物が野外で発見された経緯，国内での逸出繁茂の状況，そしてなぜ駆除が困難になるほど増殖できるのかを紹介するとともに，私たちはどのようにしてこの植物とつきあってゆくべきなのかを考えてみたい。

1. 水槽から飛び出したミズヒマワリ

　1995年の秋，愛知県豊橋市内で河原の土手道を歩きながら辺りを観察していたときに，見慣れない植物の茂みを見つけた。それは川と土手の間の草むらで，ほかの雑草を押しのけるようにして生えており，遠くからでもよく目立っていた（図1左上）。近寄って見ると，つやのある深緑色の葉はしなやかで大きく，油炒めにでもしたら美味しそうな風情である。高さは20〜30 cmあった。「これは何？」と考えても，在来種で思い当たるものはない。

図1 ミズヒマワリの生態写真。左上：ミズヒマワリ初発見の場所(豊橋市梅田川河川敷)。点線でコロニーを示す。右上：開花のようす。左下：水上葉(植田邦彦氏撮影)。右下：水中葉

　私の知っている植物では「加賀野菜」の金時草(キク科サンシチソウ属の葉菜類で，標準和名はスイゼンジナ(水前寺菜)。東南アジア原産)に近いとの印象を感じながらも，種の同定を行う気にはならなかった。詳細に調べるのに必要な花が咲いてはいなかったからである。

　発見地が民家にも近かったことから，「園芸植物か何かが逃げ出したもので，きっと冬は越せないであろう」と思った。ところが，翌年の夏に同じ場所を訪ねると，その植物が真っ白な花をこぼれんばかりに咲かせていた(図1右上)。仰天した私は，あわてて名前を調べ始めた。

　'謎の植物'の花は多数の筒状の小花のみからなる頭状花序であり，雌しべ

や雄しべの細部構造からキク科のヒヨドリバナ連の一員だと推測できた(図2)。しかし，日本産の野生植物をあつかった図鑑で検索してもピタリと当てはまるものはなく，また近隣地域の植生や植物誌に関する出版物，帰化植物や園芸植物の図鑑を見ても，該当するものはなかった。

　もっとも近いと思われるのはヌマダイコン属であったため，とりあえずこの'謎の植物'を「ヌマダイコン属？の新たな帰化植物」と銘打って，地域の生物について情報交換を行っている同好会に報告し(須山，1997)，地方版の新聞記事としても掲載してもらった。その甲斐あって，すぐに幾人かの方から目撃情報をいただいたが，それは私が確認した場所と同じであり，種名も不明のままであった。

　種子植物としては最大のグループであるキク科は世界に約2万種，そのなかのヒヨドリバナ連には約170属2,400種が認められている。同定の手掛かりを得るために，帰化植物やこの地域の植物に詳しい方々へ問い合わせもしたが，その植物がほかの地域でも見つかっているかどうかもわからないまま

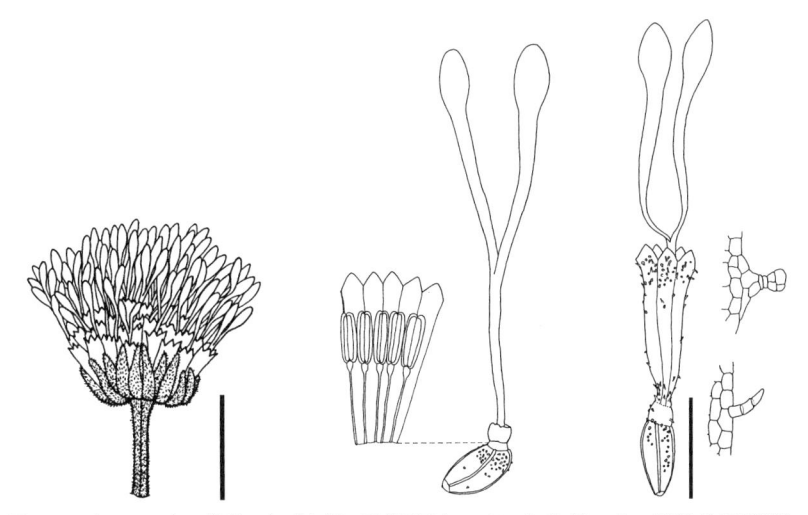

図2 ミズヒマワリの花序および小花の形態(須山，1997を改変)。左：頭状花序(頭花)。スケールバーは5 mm。中：小花の雌しべと花冠内部。花冠の内側に5本の雄しべ(集約雄ずい)がある。右：小花と小突起。スケールバーは2 mm

時間が過ぎていった。

　'謎の植物'と出会ってから数年後，最初の発見地から1kmほど離れた場所で，ふとのぞき込んだ用水路の流れにたなびく，見慣れない若草色の水草を見つけた。植物全体の感じから，「例のヤツだ」と思い，用水路にかかる橋の上からしげしげとのぞき込んでいると，ご近所の方から，「この草は何というものか？」という質問をされた。「数年前から現れたのだが，名前がわからない。こうやって流れのなかに生えているし，きれいだから試しに水槽に入れてみたら結構長く生きている。まるで水草みたいだ」，とのことであった。

　この会話でひらめき，勤め帰りに近所の熱帯魚屋に駆け込んだ。すると数年来頭を悩ませたこの植物には「ミズヒマワリ」の名札がついており，5本1束数百円で売られていた。さっそく，観賞用の水草の図書類を調べたところ，水槽のなかで美しく栽培された「ミズヒマワリ」の写真が掲載されていた。花や水中葉は少しもヒマワリには似ていない。それでも，大きく育った個体が水上につける葉は，葉脈のパターンや鋸歯の具合などが確かにヒマワリの葉のようだと納得する(図1下)。

　図鑑類で形態を詳しく検討した結果，豊橋で確認したこの水草はミズヒマワリ *Gymnocoronis spilanthoides* であることを確認した(須山・藤原，2000；須山，2001)。*Gymnocoronis* 属は世界に5種が知られている。ミズヒマワリは中南米原産で，熱帯魚とともに飼育する観賞用の水草として，当時国内外で広く販売されていたものであった。こうして，数年来正体のわからなかった帰化植物の名前が判明した。観賞用水草とは盲点であった。

　とにかく，名前が判明して一段落と思った。しかし，当時国内ではさまざまな観賞用水草が野外で大量繁茂してしまう問題が指摘されており(角野，2001，2004)，身近に観察して目の当たりにしたミズヒマワリの「とんでもない」繁殖ぶりに，しだいに危機感を覚えたのであった。

2. 脅威的な増殖力

　ミズヒマワリは，比較的流れが穏やかな水辺の環境を好む。春から秋にかけて分枝を繰り返し，大きく成長する(図3)。茎はストローのように中空で柔らかいため，長く伸びると自立できずに倒れてしまうが，そのまま這うように成長する。葉は対生し，葉腋から数多くの側枝を伸ばして，晩秋に至る

図3　ミズヒマワリの生態写真。左上：大きく育った個体(須山，2007 より)。右上：河川敷に発達したコロニー。豊橋市大岩町 2006 年 10 月観察(植田邦彦氏撮影)。左下：越冬写真(須山・藤原，2003 より)。右下：地上部に見られる細かい根(植田邦彦氏撮影)

まで成長しつづける。植物体の成長はとても速く，条件が良ければ短期間で，ほんの数本の茎からこんもりと茂るひとつの塊のような状態になってしまう(図3右上：以下，このまとまりを「コロニー」と呼ぶ)。

野外では，晩秋から冬季には気温の低下とともに植物体が枯死してゆくが，比較的暖かい地方では太い茎は枯れずに残る(図3左下)。翌年，この茎から新たな側枝が伸びて，さらに大きなコロニーへと成長し，数年のうちに50mを超す密生コロニーになった例もある(中山，2004)。ため池のような場所では，さらに成長速度が速い。

例として，2006年10月に愛知県豊橋市大岩町で観察した生育地のようすを挙げる。この場所では，ミズヒマワリは，カナムグラ・ミゾソバ・セイタカアワダチソウ・アメリカセンダングサ・イノコヅチ・オシロイバナなどの'決して弱くはない'雑草をおしのけて，約6m×2mにわたって密生していた。さらに，比較的流れのある川の上へ張り出すように伸びていた(図3右上)。

水中に没した，あるいは地面へ倒れた茎からは盛んに新たな枝や根が出るが，それらは少しの力が加わっただけでも，ちぎれやすい。このことから，野外で生育している集団どうしは，見た目には別々のように見えても，元は同じ個体であった場合も多いのではないかと推測している。

ミズヒマワリは，オーストラリア，ニュージーランド，台湾に既に帰化している。有害植物の管理体制が進んでいるオーストラリアとニュージーランドでは，本植物は「とても有害な植物」に指定され，本格的な駆除の対象となっている。この植物は短期間に大量に増殖して在来種を脅かすとともに，増えすぎた植物体がいっせいに枯れて分解される際，急激な酸欠や水質悪化などを引き起こし，水辺の生物を危機にさらすからである。

ミズヒマワリの花は蜜を吸う昆虫に大変好まれ，多種多様な昆虫が集まる(藤原，2006)。特にアサギマダラ(マダラチョウ科)の雄は，成熟するために必要な性フェロモンのもととなる物質をこの植物の蜜から摂取するために，強く惹かれることが知られている。

ミズヒマワリのある水辺にたくさんのチョウが乱舞する光景は，一見，と

ても楽しい。しかしそれは，地域のさまざまな植物の受粉に関わる昆虫の行動が，本種によって大きく変えられている姿でもある。国内には本種にごく近縁な野生植物はないので，遺伝的な交雑のような緊急かつ深刻な問題はほとんど心配ないが，たとえば，ミズヒマワリが水辺に咲きほこる周りでは「虫たちが来てくれなくなって困った植物」がいるのかもしれないといったことを，考えてみる必要があるのではないだろうか。

3. 密生できるのには理由がある

　ミズヒマワリの驚くほど大きなコロニーの形成と維持には，単に成長が速いだけではない，さらなる要因が存在するようである。農業環境技術研究所による外来生物生態影響リサーチプロジェクトの研究成果として，ミズヒマワリは他感作用(アレロパシー)により他種の生育を強く阻害することが判明している。

　他感作用とは，ある種の植物が生産した化学物質を環境に放出することによって，近隣に生育するほかの植物や自分自身に与える作用をさす。この「作用」には生物の生育を阻害・忌避する場合と，促進・誘引する場合の両方が含まれる。帰化雑草のセイタカアワダチソウ(キク科)が，この作用によって他種の生育を阻害することがよく知られている。

　ミズヒマワリの葉から抽出した化学物質を含んだ寒天培地に，レタスの種子を播くと，物質を含まない対照実験と比較して，根や下胚軸(種子から発芽した幼植物で子葉節から根の部分までにある茎状の部分)の成長が顕著に低下したという(Nasir et al., 2007)。この阻害活性の強さは，同プロジェクトがこれまでに調べた400種を超える世界各国の植物のなかでも，上位20に入るほどであるという。既に多くの雑草が生い茂る場所でも，短期間に巨大なコロニーをつくることができるのは，この強い他感作用が一役買っているのかもしれない。

　さらには，水辺という限られた空間をしっかりと占拠する「根の強さ」も見逃すことができない。密生しているミズヒマワリをかきわけて地際をのぞ

いてみると，地面に近い茎からも多数の根を出すことがわかる。この「地上スレスレの根」は特に細かく丈夫で，互いにからみ合い，地面あるいは水面がまったく見えないほどの高密度になる(図3右下)。「根と茎だけがびっしり積み重なっている層」の厚さを，ため池の縁に生育するコロニーで計ってみたところ，12 cmにもなっていた。これでは周囲の植物が本種のコロニーのなかへ新たに侵入することは，物理的にも不可能であろう。

4. 分布域は拡大する

愛知県豊橋市でのミズヒマワリの確認は，国内で最初期のものであった。当時，わが国の自然河川に逸出したこの水草が，その後どのような動向を見せるのかは未知数であり，たとえ自分にとって「謎の帰化植物」ではなくなっても，野外でこの先どうなってゆくのかがとても気掛かりであった。そこで再び豊橋市およびその周辺地域でのミズヒマワリの生育状況を調べた。1996～1997年の分布調査と，2000～2001年の再調査との対比により，豊橋市のミズヒマワリ集団は短期間で分布域を拡大していることが明らかになった(須山・藤原，2003)。

1997年に現地を歩いて観察した際には，ミズヒマワリは豊橋市内の梅田川とその一支流のみで確認されていた(図4)。近隣にお住まいの方々のお話によると，梅田川の支流では，私が最初に確認した1995年より数年前から生育していたようである。

この時点で私は，水草のような植物が遠隔地へ移動するのは，川が増水したときなどに茎がちぎれて下流へ運ばれる場合がほとんどであり，上流域への分布拡大は起こらないであろうと考えていた。発見以降，大雨や台風のたびにこの川がゴミや木切れなどを抱えた濁流となっているようすを見ては，「ミズヒマワリは下流で増えはしないであろうか，河口まで流れて行った後はどうなるのだろうか」と憂慮していた。ところが意外にも本河川では下流への分布拡大は起こらなかったのである。

分布の最下流地点は，潮の干満にともなって河口から海水が流入すること

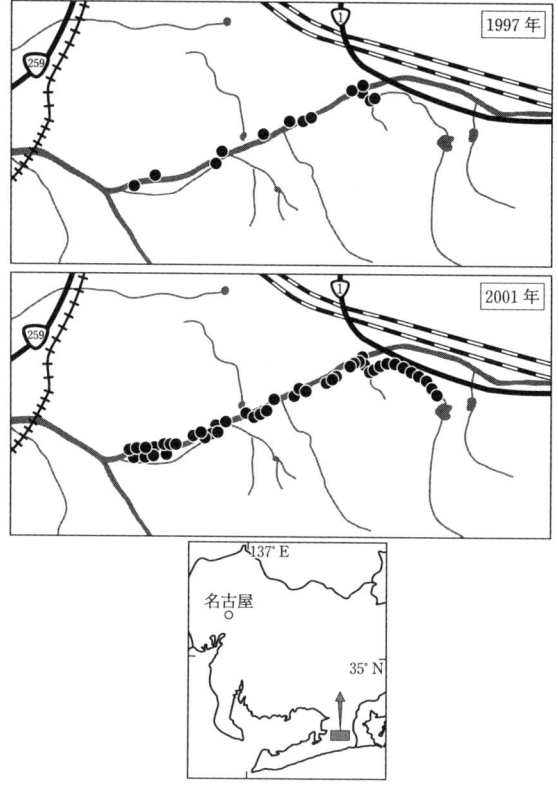

図4 豊橋市におけるミズヒマワリの分布(須山・藤原，2003を改変)。●はコロニーが確認された地点を示す。上：1997年分布図。中：2001年分布図

による影響が見られる最上流域とほぼ一致することから，おそらく本植物は塩分への耐性が低く，海水によって生育が阻害されているのではないかと考えている。

　2001年の再調査の結果，新たなコロニーが多数見つかり，かつて観察したコロニーも，そのほとんどが大きくなっていた。観賞用水草の栽培書にはミズヒマワリは養分の多い水質を好むとされていたため，これらのことは，ある程度予測はしていた。梅田川とその支流ぞいは，おもに住宅地や農地であり，家庭排水や肥料分を多く含んだ水が流入しているからである。

2001年10月の調査では，1997年に分布を確認した最上流地点から約800m上流までの間で，新たに複数のコロニーが見つかった(図4)。その理由を考えてみると，①これまで確認できなかったごく少数の個体が，大きなコロニーへと成長した，②上流から新たな個体が供給された(新たな栽培品の逸出や人為的な投棄など)，③下流の集団が上流域へ分布を拡大した，などが思いつく。

　本植物の1シーズンでの成長量を考えると，①の可能性は低いように思う。2001年に行われた金沢・鈴木両氏による現地調査(金沢ほか，2002)では，確認された最上流地点の近くにある養魚施設からの流出の可能性を指摘している。ミズヒマワリは比較的安価でポピュラーな水草であり，「どこかで栽培されていた個体が繰り返し野外へ放たれてしまった」という可能性は否めない。

　上流への分布拡大については，本種は比較的大型の葉と太い茎をもつため，植物体が流れに逆らって自然に上流へと移動することは難しいように思う。だが，種子での移動はどうであろうか。

　国内での発見当時，ミズヒマワリに種子ができるかどうかは大きな問題であった。オーストラリアにはこの植物が1980年代から帰化しているが，調査機関の発表資料によると，本種の種子生産率は非常に低く，1%未満であるとされていた(Department of the Environment and Heritage and the CRC for Australian Weed Management, 2003)。

　もともと日本に自生しない植物，特に日本より気温の高い地域に分布する植物などでは，花粉の生産がうまくいかないなどの理由により，種子が実らない場合もある。しかし豊橋市の数か所から採集した花で観察したところ，花粉に外見的な異常は見られなかった。また，花粉培養を行ってみても，その多くは正常に花粉管を伸長していたことから，少なくとも豊橋の集団では稔性のある正常な花粉が生産されていることがわかっていた(須山・藤原，2003)。

　そして，神戸大学角野教授の研究室の調査により，ミズヒマワリの野外での種子生産と実験下での発芽が確認されている。このときに観察されたミズ

ヒマワリの結果率は決して高くはなかった(平均4.5%)ものの，本植物は高密度に生育する上に，1株当たりの花の数が非常に多いことから，場合によっては1m²当たり数千個もの種子ができてしまうという計算もなされている(大道・角野，2005)。また，条件を変えたいくつかの実験から，ある程度の水温(15℃以上)があれば，水中にある種子の発芽率は高い(約70〜90%)ことも判明している(大道・角野，2005)。

この実験では乾いた地表面に放置した種子からの発芽は見られなかった。水辺環境から大きく離れた市街地や農地へ種子が移動して増えてしまう事態を，心配しなくともよさそうである。しかし，人が意図してミズヒマワリを移動させることがなくても，種子が水流にのって，あるいは泥などとともに遠く離れた水辺へと移動してしまう危険性は高い。

5. 逸出報告が続々と

ミズヒマワリが新たな逸出帰化植物として愛知県豊橋市で認識されて以降，各地からの発見報告が相次いだ(図5)。本種は既に，あちらこちらの野外で定着しつつあったのである。

漠然と「最近見かける変な植物」であったものに，「ミズヒマワリ *Gymnocoronis spilanthoides*」といった名前がついて初めて，私たちはこれを特定の分類群として効率よく把握することができる。目にする生き物の名前を知るということは，より多くの人がさまざまな情報を互いに共有しながら蓄積してゆく上で，とても大切な基礎であると，改めて考えさせられる。

各地からの情報をまとめてみると，ほんの数年のうちに，北関東(群馬県・栃木県)から九州(福岡県・大分県)までの広い範囲で野外逸出が報告されたことから，栽培個体の逸出はそれぞれの地域で個別に起きたことであり，国内の特定の場所から全国へ広まったものではないと考えられる。

現在，野外でミズヒマワリが確認されている北限は，栃木県南部〜群馬県東部の地域である。利根川の上流域である群馬県藤岡市の温井川では1997年に標本が採集されている。そこから下流域へと，年を追うごとに確認地域

188 第III部 攪乱の生態学

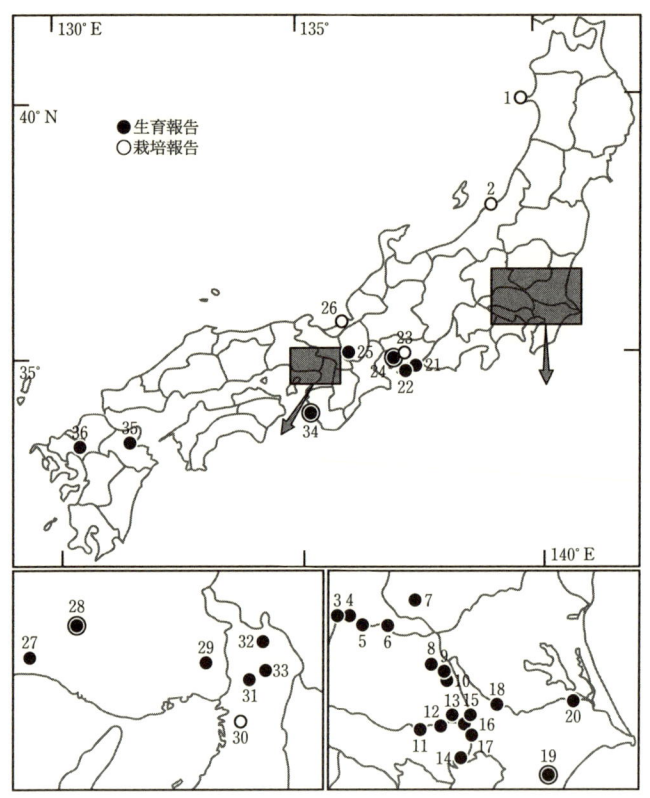

図5 ミズヒマワリの逸出および栽培報告地の分布。図中●：生育が報告された場所，○：水質浄化目的などでの栽培が報告された場所，◉：●と○両方が報告された場所。1. 秋田県(八郎潟)，2. 新潟市(鳥屋野潟)，3. 藤岡市(温井川)，4. 佐波郡玉村町・高崎市新町(烏川)，5. 本庄市・伊勢崎市境町(利根川)，6. 邑楽郡大泉町(利根川)，7. 佐野市小中町，8～13. 利根川水系(綾瀬川)，9. 南埼玉郡宮代町(古利根川)，10. 春日部市(古利根川)，11. 練馬区(白子川)，12. 北区岩渕町(荒川)，14. 江東区(木場公園，夢の島公園)，15. 松戸市(旧坂川)，16. 葛飾区(柴又排水路)，17. 市川市(江戸川)，18. 我孫子市(利根川)，19. 東金市(八鶴湖)，20. 佐原市(十間川)，21. 豊橋市(梅田川，権茂川)，22. 田原市(権現池)，23. 豊田市(コブト池)，24. 刈谷市(亀城公園)，25. 草津市(琵琶湖・南湖)，26. 三方郡三方町(三方五湖)，27. 姫路市(水尾川)，28. 加西市(逆池)，29. 宝塚市(武庫川)，30. 大阪市(万代池)，31. 大阪市・吹田市(神崎川)，32. 高槻市(芥川)，33. 寝屋川市(淀川)，34. 日高郡日高川町(かわべ天文公園内ため池)，35. 由布市(宮川)，36. 筑後市(富久‐四ヶ所の用水路)。報告情報は文章中引用文献のほか，現時点でインターネット上に公開されている記録を参考にした。

が増えている(大森，2003；大森ほか，2007)。

　千葉県東金市の八鶴湖のように，水質浄化のために栽培されていた所もある。水質浄化を目的とした栽培は，ほかにも秋田県八郎潟など多くの湖やため池で行われていたようである(図5)。愛知県刈谷市亀城公園，兵庫県加西市逆池，和歌山県日高川町かわべ天文公園などで見られるミズヒマワリは，水質浄化事業として栽培されていたものが，そのまま生育している可能性が大きい。

　このほか，日本各地で報告されたミズヒマワリの生育情報は脚注＊に記した通りである。

　駆除の動きも始まっている。東京の柴又排水路で大繁殖したが，2004年から除去が開始され，現在は大増殖を抑さえ込むのに成功したという(中山，2004；同氏私信，2010)。2007年7月には琵琶湖の南湖(滋賀県)へのミズヒマワリの侵入が見つかり，駆除作業が継続されている。この活動の報告書(藤井ほか，2008)は実際に行った作業をもとにした除草コストの概算を示して，被害拡大防止には早期駆除が有効かつ重要であることが具体的に述べられている。

＊栃木県佐野市小中町にあるため池では2002年からの生育記録があり(青山，2004)，埼玉県南埼玉郡宮代町(古利根川)では2005年より目撃情報がある。千葉県では我孫子市(利根川)，佐原市(十間川)，松戸市(旧坂川)，市川市(江戸川)での報告または標本採集がなされている(大場，2003；大道，2005；ほか)。東京都では葛飾区(柴又排水路)，練馬区(白子川)，北区(荒川)，江東区(木場公園・夢の島公園)で確認されている。愛知県では豊橋市に加えて田原市(権現池)でも2000年に確認されている(金沢ほか，2002)。大阪府では高槻市を流れる芥川でミズヒマワリの花で吸蜜を行うチョウを含む詳細な観察が行われている(金沢ほか，2002；金沢・藤原，2004；ほか)。2001年に摂津峡で本種が発見されて以降，淀川‐神崎川といった下流域への拡大が問題となった。兵庫県の宝塚市(武庫川)，姫路市(水尾川)でも確認されている。福岡県筑後市の農業用水路では2003年に確認された時点で既に大量に生育しており，逸出は発見時より数年前に起きたと考えられている(金沢・藤原，2004)。大分県では1995年より由布市の河川で発見されて以来，ホソバヌマダイコン，オカダイコンの名前で認識されてきたもの(初島，2004)がミズヒマワリであることを，地域植物誌の研究にたずさわってこられた方々とともに確認することができた(荒金，2006；荒金・黒岩，2010)。

6. なぜ根絶は困難なのか

　ミズヒマワリは，外来生物法により「自然環境を脅かす危険性がある」として特定外来生物指定を受けた。そして現在，野外で繁殖する集団の除去が大きな課題となっている。しかし，ミズヒマワリなどの駆除活動を行う際には，環境大臣の許可が義務づけられている。なぜそこまで慎重を要するのであろうか？　それは，取り除くつもりでも除去作業に細心の注意を払わなければ，さらなる拡散を招いてしまうのが本種の困った特徴でもあるからである。その危険性を具体的に見てみよう。

　これまで述べたように，ミズヒマワリはとても再生能力の高い水草である。生育条件が良ければ，ちぎれた茎は短くても根を出し，もとの個体から独立して増殖をつづけてしまう。さらに驚くことには，ミズヒマワリは傷のついた葉からでも再生する場合がある(須山, 2007)。それは，葉の一部が未分化な細胞(カルス)となり，そこから小さな葉・茎・根のそろった植物体が再びできあがるというものである。

　この現象は水槽での栽培実験中に観察された。大きく育った個体を水中で動かした際に，葉が折れ曲がり，そこにできた傷口を修復する過程で起こったのであろう。このカルス再生は，複数の個体の茎葉で観察された(図6左)。

　植物組織からの細胞の脱分化(カルス化)と植物体の再分化は，培地に添加する植物ホルモンの種類と量を変化させることで比較的容易に誘導できるため，園芸・農業技術として普通に行われている。だが今回，ミズヒマワリのカルス再生を確認したのは，自然状態に近い条件で放置していた栽培水槽であった。さまざまな大きさの葉を茎からちぎり取って栽培水槽のなかに放置してみたが，これだけではカルス再生は見られなかった。しかし，葉を茎から取らずに，途中を強く折り曲げて傷をつけると，勢いよく成長しているものでは，しばしばカルスが形成された(須山, 未発表)。

　一般に，葉上から直接新たな植物体を生産する繁殖方法をもつ植物(葉上不定芽)や，園芸・農業技術として「葉挿し」による繁殖が可能である植物は

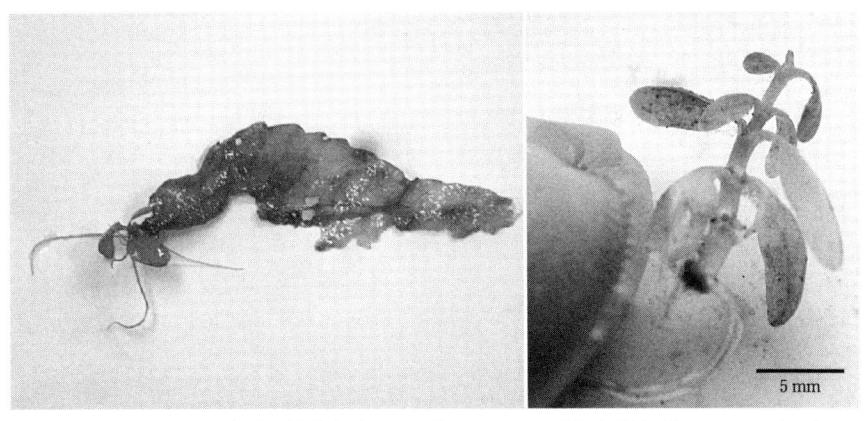

図6 ミズヒマワリの意外な繁殖方法。左：葉からカルス再生を行う（須山，2007より）。
右：生育条件が悪化したときに茎端に形成される，小さな植物体

少なくない。しかし，単に葉が傷ついただけで，そこから自然に新たな植物体が生じてくるものは多くはない。ミズヒマワリの生育する環境を考えてみると，水上に浮かびながら伸びる茎はたえず流れに揉まれている。あるいは丈高く育った茎が強い風にあおられて倒れ伏すということが繰り返されるため，比較的柔らかな葉には傷がつきやすく，カルス再生の機会も少なくはないと思われる。琵琶湖で行われた本種の除去作業の際には，葉片からの再生個体が実際に多数観察された(藤井ほか，2008)。

ミズヒマワリを手元において通年観察を行ってみると，そのしなやかな暮らしぶりには，ますます驚かされる。暑い盛りが過ぎるころからしだいに成長の勢いが衰え，春から夏にかけて大きく育った植物体の葉や根は，やがて溶けるように枯れてゆく。しかし，水温がもっとも低くなる厳寒期，枯れた茎の先端には，節間の詰まって細くなった茎に小さな葉を数枚つけた「ミニチュア・ミズヒマワリ」が出現する(図6右)。

これは夏の姿とはうって変わった，一見慎ましやかなようすである。ところが，この状態になった後は，なかなか枯れようとはしない。この時点で水が攪拌されると，この小さな植物体は傷んだ茎から離れて漂う。また，水中生活に適応した水草類に見られる「越冬芽」(殖芽)のごとく，水底へ沈みや

すくなっている。そして季節がめぐって水温が上がれば，すぐに成長を開始するのである。

越冬芽のような茎端植物体やカルス再生で生じた植物体はとても小さく，姿形も普通の個体とはかなり異なる。また，「ミズヒマワリは葉片からでも植物が再生する恐れがある」とは，まだ一般に認識されていないと思う。野外で本植物の除去作業を行う際には，このような小さな植物体の拡散を防止することがとても重要である。たとえばコロニーが巨大になってしまった場合には，ショベルカーなどで直接植物体を引き上げるのではなく，目の細かい網で全体をいったん囲い込んでから水揚げを行うなどの工夫が必要であろう。

オーストラリア政府の環境・水資源省(Australian Government Department of the Environment and Water Resources)は，クインズランド州ブリスベン周辺でのミズヒマワリ駆除に関する実例を挙げている。これによると，さまざまな方法で本種の除去を試みたなかでも，初期に土地の所有者たちが各自で行った「草刈り機による刈取り」は，深刻な拡散を招いたとしている。人の手による摘み取りでも完全な除去は不可能であり，残った茎からはさらに勢いよく新枝が伸びてしまい，むしろコロニーの拡大に拍車をかけてしまった。除草剤の使用で効果があったのは水上部分のみであった。

そこで，さまざまな試みの後に最終的に有効と判断されたミズヒマワリの駆除方法は，除草剤と土壌乾燥の併用であるとしている。まず地上部(水上部)が破片となって広がる危険性を減らすために，植物体に除草剤を散布する。その7〜10日後に地上部が枯れたのを確認してから，ミズヒマワリの生えている場所を土ごと陸上へ掘り上げて広げ，1か月ほど(完全に乾ききるまで)干す。本種は乾燥に弱いため，このようにして完全に植物体を枯らした後であれば，土を再び戻すことが可能であるとしている(http://www.weeds.gov.au/publications/guidelines/alert/pubs/g-spilanthoides.pdf)。ただし，この方法は種子生産がほとんどない場合には有効であるが，短期間であっても乾燥に耐える種子が生産されるのであれば，一度限りの作業で根絶させることは難しくなろう。除草剤の使用に関しても，ほかの生物や生態系への短期的・長

期的な影響を熟慮しなければならない。

　ミズヒマワリの各地での駆除活動は，まだ開始されて日が浅い。完全に取り去るためには継続的な実施と経過観察，そして効果的であった手法もさることながら，「失敗してしまった実例」に関しての情報交換が必須である。

7. ミズヒマワリと私たちのこれから

　ミズヒマワリが日本へ入ってきたのは，観賞用の植物としてである。国内では1978年ごろに流通していたほかの水草に混じって稀に見られるだけであった。1982〜1983年からはアジアの栽培場で育てられたものが輸入され始め，しだいにポピュラーな水草となっていった。「ミズヒマワリ」という可愛いらしい名前は，この水草が観賞植物として人々に親しまれるようにとの願いを込めてつけられたものである(山崎美津夫氏私信；山田，1986)。

　私たちは，昔からさまざまな動植物を身近に飼育・観賞している。伝統文化ともなっているこれらの行為は，日々の暮らしを潤してくれるとともに，ときには「自然」や「命」と深く向き合う機会をも与えてくれる。残念なことに，ミズヒマワリをはじめとした一部の観賞植物は，ひとたび野へ放たれ増殖の機会を得たがために，愛されるべき存在から侵略者としての汚名を広めることとなってしまった。しかし，その原因は私たちの側にあることを忘れてはならない。

　1990年代の爆発的な熱帯魚・水草観賞ブームの際，安く大量に売買された水草の管理は，販売店・個人宅の双方において適切であったであろうか。また，「エコで先進的な」道具として用いられた外来植物たちは，日本の生態系のなかでは実際にどのようなふるまいをするのか，基礎情報が不足したまま，安易に使用されていたのではないであろうか。

　特定外来生物指定を受けて以降，農林水産省および環境省制定の特定外来生物は，飼育，栽培，保管，運搬，輸入，野外へ放つ，植える，種子を播く，許可を受けた飼養者から無許可者への譲渡および販売といった行為が一般には規制されている。しかし，現在も水草販売カタログやインターネット販売

などで本種やほかの禁止生物が掲載されていることがある。

　私自身，幼少よりさまざまな動物の飼育や植物とのつきあいを楽しんできた。そして今もアクアリストでもある一個人として，これらの適正な管理を行うための正しい知識を身につけると同時に，生命をあつかう者としての倫理を，常に考えていかなければならないと思う。

＊本研究におけるミズヒマワリの栽培観察は研究目的での許可を得ています。

第IV部

新環境への適応のメカニズム

第10章 帰化能力を進化させた球根植物タカサゴユリ

比良松　道一

1. モモ・クリ3年，チューリップ8年，タカサゴユリ？年

「誰が植えたわけでもないのに，いつのまにか白いユリが咲いて……」

最近，夏になるとそんな言葉をよく耳にする。それがここで紹介する帰化植物タカサゴユリだ。

タカサゴユリは台湾原産のユリ科球根植物(図1A)。日本国内では南は鹿児島県から北は新潟県まで見られる。本種が日本へ持ち込まれたのは1923(大正12)年か1937(昭和12)年というから(清水，2003)，70～90年くらいで国内に広がった帰化雑草のようだ。日本以外では，オーストラリア(McRae, 1998)，南アフリカ(Walters, 1983)でタカサゴユリの帰化が報告されている。

自生地の台湾でも，帰化した諸外国でも，タカサゴユリは路傍，道路法面，農耕地の周囲，崩落斜面といった，いわゆる攪乱的環境によく見られる(図2)。この点ではほかの多くの帰化雑草に酷似する。しかし興味深いことに，タカサゴユリのような攪乱依存種はユリ属植物のなかでは少数派である。

攪乱環境に依存するタカサゴユリとそうでないユリ属の種との間で際立って異なる形質は，発芽から最初の開花に至るまでの期間だ。一般に，ユリ属植物の種子発芽から最初の開花に至るまでの期間は長い。たとえば，わが国に自生するヒメユリだと，自然条件下で種子が散布されてから開花に至るま

図1 林縁部に自生するタカサゴユリ（A）および隆起石灰岩上に自生するテッポウユリ（B）。生育場所や葉形態によって2種を容易に識別できる。タカサゴユリは台湾の台中縣梨山、テッポウユリは沖縄県石垣島にて撮影

図 2　高速道路の法面に形成されたタカサゴユリの群落。セイタカアワダチソウ
　　と混生している。福岡県古賀市にて撮影

でに少なくとも 3 年，エゾスカシユリだと 4 年，ヤマユリだと 5 年はかかる
(林・河野, 2007)。栄養条件の整った栽培環境下では，開花に至るまでの期間
が多少短縮されるものの，それでも少なくとも 2～3 年が必要とされる
(LeNard and DeHertogh, 1993)。ユリ科球根植物のなかでもポピュラーな
チューリップにいたっては 8 年もかかるというから，ユリ属の開花に必要な
栄養成長期間が 2～5 年というのは比較的短いといえるかもしれない。そん
な球根植物のなかで，タカサゴユリは類い稀な能力を持つ。タカサゴユリを
種子が成熟する 11 月ごろに播いて栄養条件の整った環境下で栽培すると，

後述するように，ほぼすべての個体が翌年の8月，すなわち約9か月の栄養成長期間だけで開花するのである。このような栄養成長期間の短縮化は，攪乱環境に依存する植物によく見られる性質である(Grime et al., 1996)。したがって，この「早咲き性」の進化こそがタカサゴユリの帰化雑草としての地位を確実にした主要因と推測される。

一方，「桃栗三年，柿八年，うちの柚子の木十八年」という言葉がある。それは，有用果樹の種子が芽生えてから初めて花や果実が得られるまでの期間が長いことを伝えていると同時に，実生が初めて開花に至るまでの時間が遺伝的にプログラムされた形質，つまり，系統ごとに固有な進化の産物であることを暗示している。

では，タカサゴユリが攪乱依存植物として必要な能力であり，球根植物としてはほかに例のない早咲き性をいかにして進化させたのか。本章では，研究材料としてタカサゴユリだけでなく，タカサゴユリの近縁種テッポウユリ(図1B)を比較対照として用いることによって，その答えを明らかにできることを紹介する。

この研究を手掛ける前に，タカサゴユリとテッポウユリが近縁であることは予想できていた。それは，2種を交配して育成されたシンテッポウユリというわが国オリジナルの園芸品種があるからである。タカサゴユリの早咲き性とテッポウユリの草姿を受け継いだシンテッポウユリは，ほかのユリ品種と異なり，種子繁殖で維持されている。ただ，遺伝子レベルについても，早咲き性という形質についても，タカサゴユリとテッポウユリにおける種間分化や種内分化がどれほど進んでいるのかはまったくわかっていなかった。

テッポウユリは台湾東部から鹿児島南部沖の黒島や屋久島までを含む台湾・琉球弧全域の島々の海岸線に分布する(図3)。これに対し，タカサゴユリは台湾本土の低地から標高3,000mを超える高地まで分布する。こうした幅広い水平分布や垂直分布の状況を踏まえると，いずれの種も遺伝的にも生態的にも有意に分化している可能性も十分考えられた。

そこで私は，まず，中立的遺伝マーカーであるアロザイム遺伝子を指標としてタカサゴユリおよびテッポウユリ自生集団の遺伝的多様性，遺伝的分化

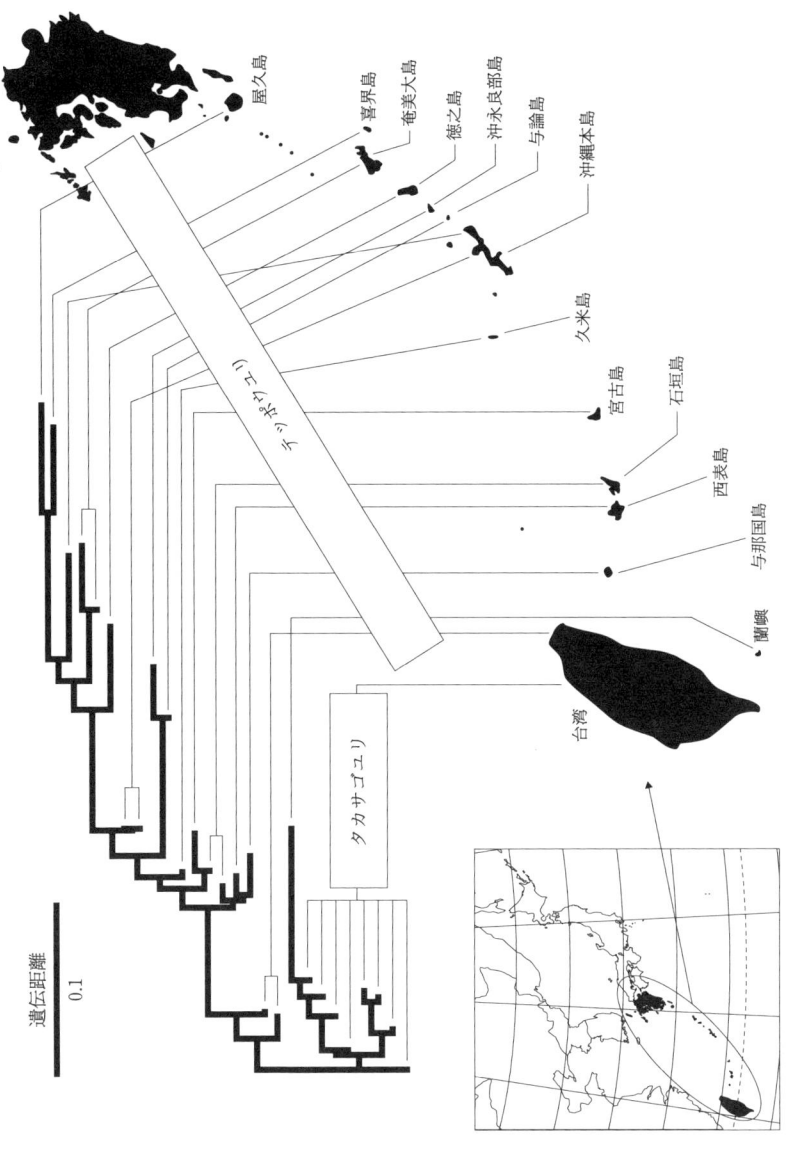

図3 研究に用いたタカサゴユリ，テッポウユリ集団の地理的分布，および酵素多型から推定された遺伝的距離に基づく系統樹 (Hiramatsu et al., 2001a を改変)

の程度と集団間の類縁関係を明確にするとともに，これまでに研究されてきた列島弧の古地理や生物地理と比較しながら2種の成立時期を推定することにした．その上で，遺伝的関係が明確になった2種の自然集団から実生を同一栽培条件下で育成し，早咲き性と成長パターンを比較することにより，早咲き性を進化させた遺伝的要因を探った．

2. 近縁種テッポウユリの起源

一般に，島の生物は，大陸由来の非常に少ない移住者から出発する場合が多いので，遺伝的多様性は大陸の生物種に比べ低い値を示すことが多い（創始者効果）(Frankham, 1997)．しかしながら，大洋島の固有種，55種の多様性に関するパラメーター(DeJoode and Wendel, 1992)と比較すると，テッポウユリの遺伝的多様性は異常に高かった（表1）．また，テッポウユリの遺伝的多様性は，大陸の固有種，単子葉植物や動物媒介型他家受粉植物の平均値(Hamrick and Godt, 1990)をも上回っていた．こうした事実からテッポウユリが島嶼固有植物種としていかに遺伝的多様性が高いかがよくわかる．

さらに，多様性の指標となるもうひとつのパラメーター，遺伝的同一度

表1 タカサゴユリ，テッポウユリ，島嶼固有種，固有種，単子葉植物，動物媒他家受粉植物における多型遺伝子座の割合(P)，遺伝子座当たりの平均対立遺伝子数(A)および遺伝子多様度(h)[1]

種およびグループ	P(%)	A	h
タカサゴユリ[2]	76.9	2.46	0.142
テッポウユリ[2]	100.0	3.46	0.312
島嶼固有種[3]	25.0	1.32	0.064
固有種[4]	40.0	1.80	0.096
単子葉植物[4]	59.2	2.38	0.181
動物媒他家受粉植物[4]	50.1	1.99	0.167

[1] 遺伝子多様度：平均ヘテロ接合度ともいい，$h=1-\sum P_i^2$（P_i は各対立遺伝子の頻度）
[2] Hiramatsu et al., 2001a
[3] DeJoode and Wendel, 1992
[4] Hamrick and Godt, 1989

(I)*1 の最小値は，テッポウユリの種内集団間では 0.592 である（表 2）。島嶼固有種においてこれを下回る値は，大洋島において「適応放散」を遂げて進化してきた植物群の，非常に限られた'種間'あるいは'属間'の集団間でしか記録されていない（たとえば，ハワイ諸島のナデシコ科で 0.242(Weller et al., 1996)，ハワイ諸島のキク科ギンケンソウ類で 0.426(Witter and Carr, 1988)，カナリア諸島のキク科木性ノゲシ類で 0.490(Kim et al., 1999)，キク科ロビンソニア属（ファン・フェルナンデス諸島）で 0.560(Crawford et al., 1992) など）。また，アロザイム変異を指標としたさまざまな植物種における'種内'集団間の I の平均値は，0.900 よりも大きくなるケースがほとんどで(Crawford, 1990)，テッポウユリに匹敵する I の最小値は被子・裸子植物種では非常に少ない（たとえば，キク科 *Bidens discoidea* の 0.688(Roberts, 1983)，マメ科 *Lens culinaris* で 0.65(Pinkas et al., 1985)，リムナンテス科 *Limnanthes floccosa* で 0.575(McNeill and Jain, 1983))。このような比較からテッポウユリ種内の遺伝的分化が著しいことがよくわかる。

　表現型と違って，アロザイムのようなタンパク分子は自然選択に対して中立であるため，ほぼ一定速度で変異していく（分子進化の中立説；Kimura, 1983）。したがって，テッポウユリの種内分化の程度が大洋島の適応放散した植物群における種間や属間の最大値に近いという事実は，これらの植物群の進化時

表 2 タカサゴユリとテッポウユリにおける集団間の遺伝的同一度(I)および遺伝的距離(D)の平均値と最小〜最大値(Hiramatsu et al., 2001a)

集団の属性	I 最小〜最大値	平均値	D 最小〜最大値	平均値
種内				
タカサゴユリ	0.946〜0.997	0.977	0.003〜0.056	0.024
テッポウユリ	0.592〜1.000	0.850	0.000〜0.524	0.169
種間				
タカサゴユリ〜テッポウユリ間	0.638〜0.978	0.816	0.022〜0.450	0.208

---

*1 遺伝的同一度(I) = $\sum x_i y_i / \sqrt{\sum x_i^2 \sum y_i^2}$。集団 x と集団 y において，対立遺伝子 i の遺伝子頻度をそれぞれ x_i，y_i とする。すべての遺伝子頻度が同じ場合は $I = 1$ となる(Nei, 1987)。

間に大差がないことを示唆している。

遺伝的距離(D)*2 は，年当たりのアイソザイム突然変異率(α)，および集団が分化してからの時間(t)に比例し，

$$D \equiv 2\alpha t$$

となることがわかっている(Nei, 1987)。一般に，

$$\alpha \equiv 10^{-7}$$

と推定されているので，

$$t = 5 \times 10^6 D$$

で集団間の分岐時間を推定できる。テッポウユリの集団間の遺伝的距離の最大値は，最北部の屋久島と最南部の蘭嶼の集団間における，0.524 であった(表2)。したがって，集団間にこの程度の遺伝的な違いが生じるための時間は，262万年ということになる(実際の進化時間は，テッポウユリのような島嶼生物やコロニー形成植物によく起こる「瓶首効果」の影響(Nei, 1987)を差し引く必要があるので，これよりも多少短いと思われる)。ちなみに，前述の最も分化が進んでいる，適応放散した大洋島植物群の進化時間は，おおむね230～600万年くらいと推定されている(Witter and Carr, 1988；Crawford et al., 1992；Kim et al., 1999)。列島弧の地理的歴史としては，第三紀鮮新世末期(約200～170万年前)ごろ，当時の台湾・琉球弧付近は地つづきとなった大陸の一部であり，その後第四紀更新世に入って列島弧の形成が始まったと考えられている(木村, 1996)。こうした見解から，テッポウユリが台湾・琉球弧の島嶼形成以前から，既に現在の分布範囲に存在しており，その後の島嶼形成の過程で島々に，飛び石状に取り残された「遺存種」である可能性が高いという結論に至った。

---

*2 遺伝的距離(D) = $-\log_e I$。$I = 1$ なら，$D = 0$ となる。

3. タカサゴユリの起源

一方，タカサゴユリの多型遺伝子座の割合 P，遺伝子座当たりの対立遺伝子数 A，遺伝子多様度 h は，テッポウユリに比べるとかなり低く，種内分化も非常に小さい（表1，2）。また，タカサゴユリに見られた34種のアロザイム遺伝子のうち，3種類を除いてすべてテッポウユリで観察され（Hiramatsu et al., 2001a），しかもタカサゴユリは，種分化が生じたと考えられる台湾のテッポウユリ集団と遺伝的に非常に近縁な関係にあった（図3）。近縁種間の遺伝的多様性のこのような関係は，比較的近年に分化した派生種とその祖先種のペアで多くの報告がある（Gottlieb, 1973, 1974；Crawford et al., 1985；Riesberg et al., 1987；Loveless and Hamrick, 1988；Pleasants and Wendel, 1989；Maki et al., 1999）。したがって，2種の遺伝的多様性から導かれる推論は，タカサゴユリがテッポウユリの南方集団から比較的近い過去に派生した種であるというものである。

タカサゴユリの帰化集団はわが国の広範囲にわたって，本土内陸部の攪乱的植生でしばしば観察され，ときには数百～数千個体と推定される群落を形成している。もちろんこうした環境にテッポウユリが帰化している例はない。また，日本以外では南アフリカで，同様の植生環境にしばしばタカサゴユリの群落が観察されている（Walters, 1983）。こうした事実は，タカサゴユリが，多くの帰化植物と同様に，攪乱環境さえあれば，すみやかにコロニーを形成しながら分布域を拡大できる能力を持っていることを示唆している。しかしながら興味深いことに，台湾に隣接した中国大陸南部や琉球列島に同様な環境があると考えられるにもかかわらず，タカサゴユリの原生分布はない。こうした知見から，タカサゴユリの起源が早くとも台湾本土の島嶼化のころであったために，テッポウユリよりも分布拡大能力があるにもかかわらず，近隣の地域へ分布域を広げることができなかったのではないかという推測が可能である。地質学的見解によれば，台湾本土の隔離完了は第四紀最終氷期（約7～1万年前）にあたる（木村，1996）のだが，この時期は，タカサゴユリのよ

うに最近分化したと思われる派生種の推定成立年代とよく一致する(たとえば，キク科アザミ属の *Cirsium pitcheri* (Loveless and Hamrick, 1988)；ユリ科カタクリ属の *Erythronium propullans* (Pleasants and Wendel, 1989)；タデ科ポリゴネラ属の *Polygonella articulata* と *P. americana* (Lewis and Crawford, 1995))。

4. タカサゴユリの帰化能力を高めた別の要因——自家和合性への転換

ところでタカサゴユリは自家和合性である(Shii, 1983)。これに対しテッポウユリは強い自家不和合性を示す(Brierly et al., 1936)。したがって，テッポウユリからタカサゴユリへの進化には，自家不和合性から自家和合性への転換もともなっている。

自家和合性を獲得したタカサゴユリには，自殖性が進化している可能性が考えられる。というのも，前述の研究に用いたいくつかのタカサゴユリ集団において多型遺伝子座におけるホモ接合の増加が見られたからである(Hiramatsu et al., 2001a)。1個体からでも新しいコロニーを形成することを可能とする自殖は，植物が新たに生じるニッチや遠方にあるニッチを速やかに占有するのに有利である(Baker, 1955)。タカサゴユリの攪乱環境における進出の機会や分布拡大の機会は自殖によって増大されているのだろう。

ただし，近親交配の度合いを示す固定指数がゼロから有意にずれていないタカサゴユリ集団もあり，それらが他殖で維持されていることも示唆されている。タカサゴユリは，変化する集団サイズや送粉者の訪花頻度に応じて他殖と自殖をうまく使い分け，攪乱環境に適応しているのではないかと予想される。

5. タカサゴユリの早咲き性の進化を促進した要因

近縁種テッポウユリでも早咲き性は発現する

さて，本題の早咲き性の進化についてである。前述の集団遺伝学的解析か

らタカサゴユリはテッポウユリからの派生種であるという新見解を得た。その時点で，祖先種にあたるテッポウユリが，タカサゴユリのような早咲き性を示すという報告はなかったので，タカサゴユリの早咲き性が，祖先種テッポウユリから分化する過程で急速に進化したというシナリオが考えられた。そこで私は，早咲き性がタカサゴユリとテッポウユリの自生集団間でどの程度異なるのか，早咲き性を促す性質とは何か，その性質が集団間でどの程度異なるのかを明らかにしたいと思った。

先のアロザイム分析に用いたさまざまな地域集団の実生のうち，台湾から採集したタカサゴユリの実生と福岡に帰化しているタカサゴユリの実生を，台湾鼻頭角，石垣島，久米島，喜界島由来のテッポウユリ実生とともに，300 m² ほどの無加温温室内実験圃場において同一条件でいっせいに栽培し，成長を経時的に追跡した。このとき，タカサゴユリとは遺伝的関係が遠い琉球列島のテッポウユリ集団を材料に含めたのは，タカサゴユリに比べて分布範囲が広く，遺伝的分化の度合いがはるかに大きいテッポウユリにおいて，環境選択による生態分化が生じており，それも早咲き性の進化を考察する上で役立つと考えたからだった。タカサゴユリだけに早咲き性が発現するのか。祖先種テッポウユリの中に早咲き性を示す個体が本当にないのか。そういうこともあわせて調べようという目論見である。この思いつきは後に功を奏することになった。

表3がその実験結果である。同一条件で栽培したタカサゴユリおよびテッポウユリ地域集団の早咲き性を，播種後11か月後の開花個体数の割合で示している。

台湾の標高の低い地域（烏来・宝来）から採集したタカサゴユリ集団や日本（福岡）に帰化しているタカサゴユリ集団（以後「低地型タカサゴユリ」と呼ぶ）では，予想どおり，早咲き性個体の頻度は85～100％と最も高かった。平均乾物重で測定した年間成長量も25～29gとテッポウユリ集団に比べて3～14倍大きく（Hiramatsu et al., 2002），この成長量の違いが早咲き性と関連していると思われる。

一方，祖先種のテッポウユリ集団でも早咲き性を示す個体が出現した。し

表3 タカサゴユリ，テッポウユリ地域集団の一斉栽培試験における播種11か月後の抽だい，開花の比較

種	集団名	調査個体数	抽だい率(%)	開花率(%)	最小～最大茎数	平均茎数[1]
テッポウユリ	喜界島	180	0	0	——	——
	久米島	189	16.4	15.3	0～1	1.0
	石垣島	256	20.3	12.5	0～1	1.0
	台湾・鼻頭角	380	40.3	30.8	0～2	1.0
タカサゴユリ	台湾・烏来	100	95.0	85.0	0～8	2.8
	台湾・宝来	212	99.1	95.3	0～6	1.7
	福岡	212	100	100	0～8	4.3

[1] 抽だい個体当たりの抽だい茎数

かし，その頻度はタカサゴユリよりもずっと低く，地理的に変異した。すなわち，早咲き個体の出現頻度は，最大でも，種の分布域西端に位置する台湾鼻頭角集団(以後「南方型テッポウユリ」と呼ぶ)で31%に留まり，列島弧にそって北東へ向かうほど減少し，最北に位置する喜界島集団(以後「北方型テッポウユリ」と呼ぶ)では早咲き性個体がまったく見られなかった。つまり，テッポウユリ集団における早咲き性発現頻度は，低地型タカサゴユリ集団との遺伝的関係が近いほど高く，遠いほど低い。このことは，テッポウユリ種内で地理的変異を示す遺伝形質が早咲き性の進化に関与しており，その形質変異が緯度にそった環境勾配によって生じたことを示唆している。その形質とは具体的に何なのだろう。

球根休眠性の欠失・弱勢化――早咲き性進化の条件

テッポウユリ園芸品種には球根休眠性がある。園芸の研究分野では，促成栽培のためにテッポウユリの球根休眠に関するデータが蓄積されてきた。福岡市で無加温栽培した園芸品種'ひのもと'では，4月ごろ，球根内のアブサイシン酸量が最大となり，この時期に休眠が最も深いと考えられている(Okubo et al., 1988)。この球根休眠は夏の高温に曝されることによって打破され，秋以降，休眠打破された球根から次年度の茎葉が萌芽する。

今，早咲き性の進化条件として私が着目しているのは球根休眠性の集団間

変異である。テッポウユリの分布最北部(黒島)と最南部(台湾蘭嶼)の平均温度の差は現在では12℃くらいある。タカサゴユリよりもはるかに古い時代から琉球弧の島々に遺存してきたテッポウユリでは，こうした緯度にともなう気温差が環境選択として働き，球根休眠性の集団間変異が生じているのではないだろうか。

　ユリ実生の初期生育においては，ロゼット葉が地上部に展開し，その葉で稼いだ光合成産物によって球根が肥大していく。今回の一斉栽培試験では，まったく開花が見られなかった北方型テッポウユリ集団のほとんどの実生で，このロゼット葉が7～9月の間にすっかり枯れてしまった(Hiramatsu et al., 2002)。同じ期間中，31%が開花した南方型テッポウユリ集団，および，85～100%が開花した低地型タカサゴユリ集団の個体では，地上部のロゼット葉や茎葉は緑色を呈し，枯れなかった。休眠は，一般に，高緯度地帯の寒冷気候のように，成長に不適な環境における植物の生存戦略と解釈されている。高緯度にある北方型テッポウユリ集団の個体は，休眠性が強く，それ故に，春から夏にかけて成長が停止し，早咲き性がまったく発現しないのではないだろうか。その一方で，南方型テッポウユリ集団由来の個体が観察期間中に成長を停止しなかったことは，球根休眠性の欠如あるいは弱勢化を示唆しており，それが早咲き性の発現を高めている一要因と考えられる。

　おもしろいことに，一斉栽培試験における低地型タカサゴユリ集団の多くの実生では，最初の茎の抽だいからしばらくすると二次茎が，またしばらくすると三次茎，四次茎が連続して抽だいし(口絵2)，最大8本まで抽だい茎が観察された(表3)。テッポウユリ集団では，茎が抽だいしたとしてもほとんどの場合，その数は一次茎にとどまり，球根休眠性が最も浅いと思われる南方型テッポウユリ集団においてのみ，例外的に，二次茎の抽だいを示す個体がわずかに見られた。通常，ユリ属植物の茎抽だいは1年に1茎であり，低地型タカサゴユリや南方型テッポウユリのように複数茎抽だい現象は他種では事例がない。これも球根休眠性の欠如・弱勢化と関連しているのだろう。

種分化にともなう開花期のシフト——早咲き性進化のもうひとつの条件

しかしながら，球根休眠性の変異仮説だけでは，早咲き性の進化を十分に説明できない。自生地に著しい緯度差がない南方型テッポウユリ集団と低地型タカサゴユリ集団の早咲き性個体出現頻度の違いがあまりにも大きいからだ。この違いをいったいどう説明すればよいのだろう。

実は，タカサゴユリとテッポウユリの間で大きく異なる形質がある。開花期である。台湾では，低地型タカサゴユリが夏(7〜8月)に開花のピークを迎えるのに対し，南方型テッポウユリは春(3〜4月)に咲く(Hiramatsu et al., 2001b)。

ところがおもしろいことに，先の一斉栽培における一年生実生の開花は，低地型タカサゴユリと南方型テッポウユリ，いずれも7〜8月と夏咲きになり，開花期の差がほとんどなくなった(表4)。そして，それらの集団をそのまま据え置いて次年度まで栽培すると，低地型タカサゴユリの開花期は初年度と同様夏咲きになるのに対し，南方型テッポウユリの開花期は5〜6月と，春咲きへシフトし，自生地台湾で観察されたような開花期の差が生じたのである。

この南方型テッポウユリの開花期の年次変動現象は，おそらく，実生の球

表4 タカサゴユリ，テッポウユリ地域集団の一斉栽培試験における栽培1年目と2年目の開花期

種・集団	栽培1年目の時期別開花個体数								
	6月下旬	7月上旬	中旬	下旬	8月上旬	中旬	下旬	9月上旬	中旬	下旬
タカサゴユリ・台湾烏来(n=13)	2	1	3	2	1	2	2			
タカサゴユリ・福岡(n=14)		1	4	2	3		1	1		
テッポウユリ・台湾鼻頭角(n=19)		1	1	1	2		1			1

種・集団	栽培2年目の時期別開花個体数[1]								
	5月下旬	6月上旬	中旬	下旬	7月上旬	中旬	下旬	8月上旬	中旬	下旬
タカサゴユリ・台湾烏来(n=13)							6(6)	7(7)		
タカサゴユリ・福岡(n=14)								2(2)	10(8)	2(2)
テッポウユリ・台湾鼻頭角(n=19)	3	8(2)	8(5)							

[1] ( )内の数値は栽培2年目に開花した個体のうち栽培1年目にも開花した個体の数を示す。

根サイズと関係していると考えられる。自生個体や一斉栽培試験の二年生実生におけるテッポウユリとタカサゴユリの開花期の明瞭なズレは，2種の開花期が遺伝的に異なることを示唆している。つまり，テッポウユリは春咲き，タカサゴユリは夏咲きである。ところが，秋播きで育てたテッポウユリの一年生実生は，最初の春までに球根が開花の臨界サイズ以上に肥大しておらず，開花に至ることができないと思われる。遺伝的にプログラムされた「本来の」開花期を逸したテッポウユリ実生のうち，休眠が欠如しているか，もしくは休眠が非常に浅い個体は，その後も地上部が枯死することなく成長をつづけ，開花の臨界サイズに達した個体から順に，テッポウユリ本来の開花期ではない夏に抽だい，開花する。そして2年目は，ほとんどの球根が春までに開花の臨界サイズに達しているから，揃って春咲きとなるのだろう。このように，テッポウユリが本来の開花期ではない夏に開花する現象はサマー・スプラウティングと呼ばれており，テッポウユリ品種の球根育成中，すなわち，開花の臨界サイズ付近でしばしば観察される(VanTuyl, 1985)。

　以上のきわめてシンプルな一斉実生栽培試験から，タカサゴユリの雑草的性質の原動力である強い早咲き性が，祖先種テッポウユリに生じたふたつの変異，すなわち，休眠の欠失・弱勢化と開花期の春咲きから夏咲きへの変換によって進化したという新たな仮説を導くことができた。植物の器官休眠が不良環境に適応するために重要な形質であることは多くの植物生理学者が指摘している。しかし意外にも，休眠性の変異が種分化の原動力となったことを明確にした研究はない。また，春咲きから夏咲きへのシフトは一足飛びに起こりえるのかという疑問も湧いてくる。こうした疑問を解決するための実験にトライしながら，雑草タカサゴユリの進化の真実に迫る研究は今もつづいている。

雑種タンポポ研究の現在
見えてきた帰化種タンポポの姿

第11章

森田　竜義・芝池　博幸

1. 雑種タンポポの発見

「間違っていた『西洋』優勢」。科学雑誌の報じた記事が「タンポポ調査」に携わる人々に衝撃を与えた(サイアス,1997年4月4日号)。愛知教育大学の研究により,1995年に名古屋市などの愛知県下で採集された「セイヨウタンポポ」279個体のうち94.3%が在来種タンポポとの雑種であることが判明したというのである(渡邊ほか,1997a)。同時に,東京都や大阪府,新潟県でも雑種が9割を超えていると報じていた。

電話取材を受けた筆者の一人(森田)は,正直に言ってこの結果を信じることができなかった。1985年に静岡県富士市で採集した約100個体のセイヨウタンポポのなかに,5個体の雑種が含まれていることを酵素多型によって確認していたので,ある程度は雑種の広がりを予想していた(森田,1988)。しかし,そのあまりに高い頻度には驚いたのである。コメントを求められ,「それだけ雑種化が進んだとして,各地にあった純粋なセイヨウタンポポはどこへ消えたのか,理由がわからない」と答えている。15年が経過した今日,この素朴な疑問に私たちは答えることができるのだろうか？

本章では,雑種タンポポの研究の発展と,そこから見えてきた帰化種タンポポの姿について述べよう。

2. 雑種タンポポはどのようにして発生するのか？

　第1章で述べたように，人里の在来種タンポポの多くは二倍体で有性生殖を行うのに対して，帰化種のセイヨウタンポポは三倍体で無融合生殖を行い，雌しべのみで種子をつくる。無性生殖をするセイヨウタンポポが雑種をつくるのは不自然だと感じるかもしれないが，花粉親として有性生殖に参加する能力は残っている。

　タンポポ属 *Taraxacum* の二倍体($2n=16$)は，8本で1組(X)の染色体2組(2X)で構成され，正常な減数分裂により花粉が形成される。一方，染色体が3組ある三倍体(3X)では，減数分裂は途中で停止し，染色体が集合しながら1〜数個の間期の核に戻り，その後，体細胞分裂によって花粉が形成される(森田, 1997)。三倍体タンポポの花粉粒は大小さまざまで中身が抜けているものが多いが，大きなサイズの花粉は受精能力があり，二倍体在来種(卵細胞はX)に受粉させるとわずかではあるが，発芽能力のある種子ができる(Morita et al., 1990)。三倍体と四倍体が生じたので，逆算すると，セイヨウタンポポの花粉は2X分あるいは3X分の染色体を含んでいたと推測することができる(図1)。

　一般に種間雑種は生存能力が低い場合(雑種弱勢)や種子をつくれない場合(雑種不稔)がほとんどで，一代限りのことが多い。しかしタンポポ属の倍数

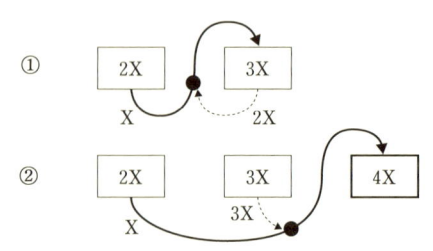

図1 タンポポ属の二倍体(2X)を種子親，三倍体(3X)を花粉親とする交配。①は三倍体が生じる場合，②は四倍体(4X)が生じる場合。実線は卵細胞，点線は花粉，●は受精を示す。

体雑種の場合は，無融合生殖により染色体(遺伝子)の組み合わせが保存され，繰り返し増殖し続けるのである。雑種タンポポは，二倍体在来種を母親として生じることを記憶しておいてほしい。

3.「セイヨウタンポポのほとんどが雑種」は本当だった

　当時，雑種の識別にはグルタミン酸オキザロ酢酸アミノ基転移酵素(GOT)のアロザイムが用いられていた。カントウタンポポなどの二倍体在来種のGOTには3つの対立遺伝子(A，B，C遺伝子)が確認されていた。一方，セイヨウタンポポのGOTには，二倍体在来種には見られない対立遺伝子がひとつ認められ，これをD遺伝子と見なすことで雑種を検出する遺伝子マーカーとして用いることができた。渡邊ほか(1997a, b)の研究でも，このマーカーが使われた。しかし，タンポポ属のGOTを電気泳動すると，ホモ接合型でも2本のバンドが見られ，ヘテロ接合型や倍数体になると複雑で不明瞭なバンドが現れる。私たちには，野外から採集した個体の雑種判定を行うと，バンドパターンに複数の解釈が生じるのではないかという疑問がぬぐえなかった。そこで，タンポポ属のDNAの塩基配列を調べ，その違いに基づく新しい遺伝子マーカーを開発することにした。

　幸先よく，二倍体在来種とセイヨウタンポポの葉緑体DNAの一部を比較すると，塩基配列の長さに違いのあることがわかった。具体的には，*trn*Lと*trn*Fというふたつの運搬RNA遺伝子の間にある非暗号化領域(遺伝子としての働きを持たない部分)に77塩基対(bp)の挿入/欠失があり，在来種は481 bpであるのに対してセイヨウタンポポでは404 bpと短かった。この領域をPCRによって増幅し，得られたPCR産物をアガロースゲル電気泳動により分離すると，在来種より短いセイヨウタンポポのPCR産物はより速く陽極側に移動するバンドとして確認することができた。雑種は二倍体在来種を母として生じ，キク科植物の葉緑体は卵細胞の細胞質を通して母親から子孫へと伝わるので(細胞質遺伝)，雑種は在来種型の葉緑体DNAマーカーを示すはずである(図2)。

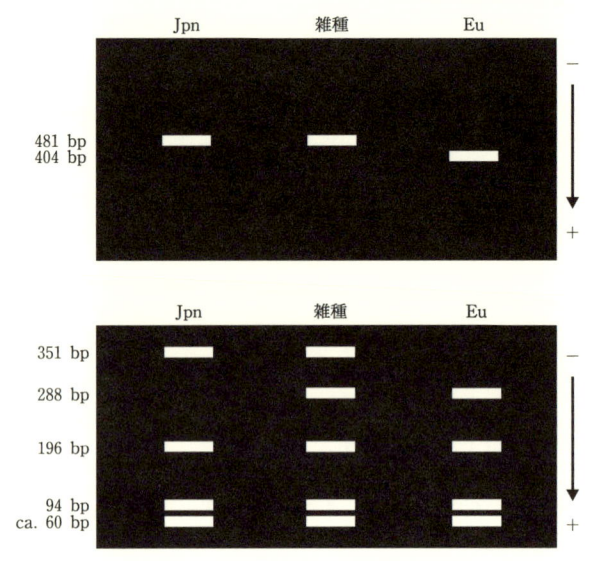

216 第Ⅳ部 新環境への適応のメカニズム

図2 上：葉緑体 DNA マーカー(*trn*L-*trn*F 領域)の電気泳動パターン。下：核 DNA マーカー(ITS 領域を *Taq* I により消化した断片)の電気泳動パターン。Jpn は在来種タンポポ，Eu はセイヨウタンポポ。

　新潟市において，外見的にセイヨウタンポポと判断した 225 個体を採集し，葉緑体 DNA マーカーを使って雑種判定を行ったところ，82％が在来種型を示した。9 割には届かないものの，大半の「セイヨウタンポポ」が雑種であるという渡邊ほか(1997a)の結果が再確認されたのである(Shibaike et al., 2002)。
　葉緑体 DNA マーカーに続いて，私たちは核 DNA マーカーの開発にも着手した。核の側からも裏づけを取りたかったのである。PCR によりリボゾーム RNA の遺伝子間領域(ITS)を増幅し，PCR 産物を制限酵素で消化することにより，断片長多型(Rflps)を探索した。制限酵素は「酵素のハサミ」ともいわれ，長い DNA の塩基配列から特定の塩基配列を見つけると，その部位を切断する働きがある。TCGA という塩基配列を認識する制限酵素 *Taq* I を用いてセイヨウタンポポの ITS 領域(約 760 bp)を消化すると 5 か所で切断され，得られた 6 つの断片のうち最も長い断片は 288 bp であった。ところがこの 288 bp の断片を生み出す部位が，在来種では TCGG という塩

基配列になっているために Taq I で切断できず，351 bp という長い断片が得られた。したがって，Taq I で消化した ITS 領域を電気泳動すると，二倍体在来種からは 351 bp のバンドが現れ，セイヨウタンポポからは 288 bp のバンドが現れることになる(図2)。351 bp と 288 bp の両方の核 DNA マーカーが検出されれば雑種と判定することができる。

4. 予想通り三倍体と四倍体の雑種を確認

　新潟市の調査に用いた材料を核 DNA マーカーで調べた結果，葉緑体 DNA マーカーにより純粋なセイヨウタンポポと判定された個体は，核 DNA マーカーもセイヨウタンポポ型のマーカー(288 bp)を示した。また，葉緑体 DNA が在来種型で雑種と判定されたものの大部分は，二倍体在来種型とセイヨウタンポポ型のマーカーを合せ持つ(351 bp と 288 bp)雑種であることが確認された。

　次に目をつけたのがフローサイトメーターという装置である。この装置を使うことで，核を構成する核酸の量を簡単に測定することができる。私たちのねらいは，雑種と判定された個体の倍数性を明らかにすることである。生葉から小片を切り取り，抽出液とともにカミソリの刃で切り刻む。専用のフィルターでろ過すると，破断された細胞から飛び出した核が多数採れている。この抽出液に DNA に結合する発色剤(DAPI)を加えて紫外線を照射すると，発色剤と結合した DNA が蛍光を発する。ここで蛍光の発光量は核に含まれる DNA 含量に比例することがポイントである。フローサイトメーターに吸い上げられた抽出液は細い管に誘導され，管を通過する核に紫外線が照射される。細い管の横には検出器があり，何万個もの核が発する蛍光の輝度が瞬時に測定されるという仕組みである。電圧などの状態により紫外線ランプの輝きが微妙に変化することがあるので，タンポポの葉とともにパセリの葉を標品として測定した。

　図3は5個体で観察された蛍光の輝度のヒストグラムである。フローサイトメーターにはパソコンが内蔵されており，自動的にピークインデックス

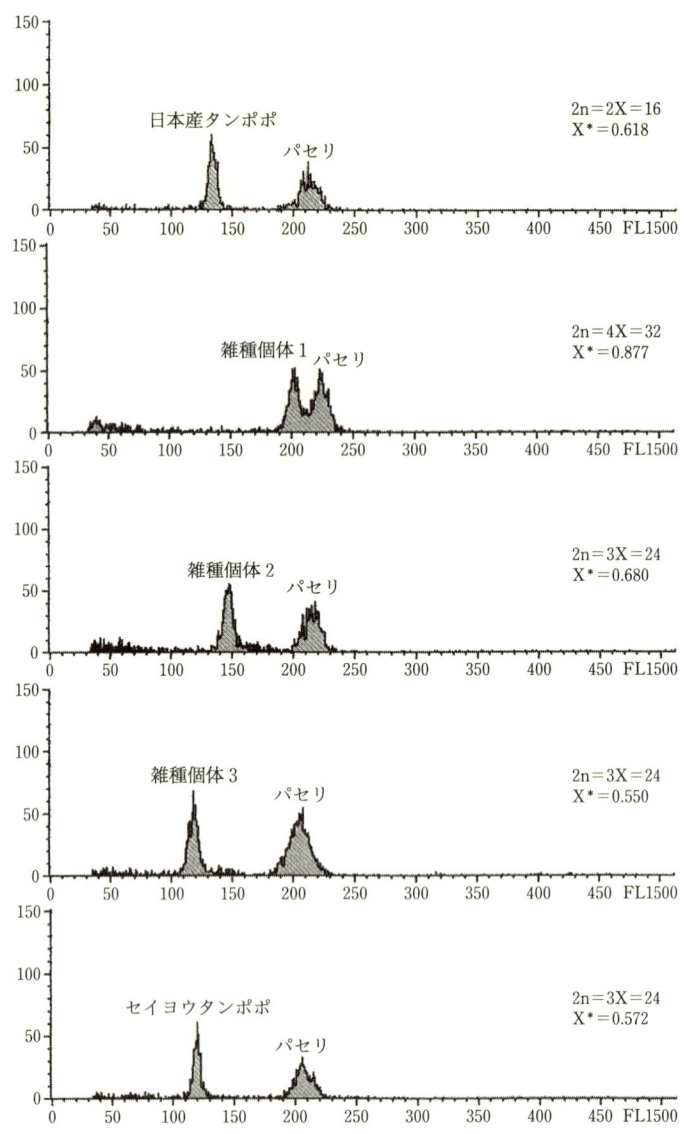

図3 フローサイトメーターにより測定された5個体の核の蛍光輝度(DNA含量)。X^*は，パセリを1とした場合のピークインデックス(最頻値)の相対値(RV)。雑種個体1は四倍体雑種，雑種個体2は三倍体雑種，雑種個体3は「雄核単為生殖雑種」(U型セイヨウタンポポ)。日本産タンポポは二倍体(カントウタンポポ)，セイヨウタンポポ(E型)は三倍体である。

(最頻値)を計算してくれる。パセリのピークインデックスを1として各タンポポ個体のピークインデックスの相対値(RV)を算出した結果，カントウタンポポ(2X=16)のRVは約0.62であるのに対し，純粋セイヨウタンポポ(3X=24)は約0.57であることがわかった。つまり，セイヨウタンポポの染色体1組当たりのDNA含量はカントウタンポポよりもずっと小さいのである。Takemoto(1961)はセイヨウタンポポの染色体がカントウタンポポなどの在来種より小形であることを報告しているが，私たちの結果はDNA含量からこの報告を裏づけている。ここで在来種とセイヨウタンポポのゲノム(1組の染色体8本に対応)をそれぞれJおよびEと表記すると，カントウタンポポはJJ，セイヨウタンポポはEEEと表現することができる。そしてJとEのRVはそれぞれJ=0.31，E=0.19となる。

　第2節で述べたように，二倍体(♀)と三倍体(♂)のタンポポを人工交配した結果(図1)，三倍体と四倍体の雑種を得ることができた。葉緑体と核の両方の遺伝子マーカーで雑種と判定された個体には，これらの雑種に相当する2つのRV(0.68と0.88)が検出された。それぞれを三倍体雑種と四倍体雑種と呼ぶことにする(図3)。図1から推定されるゲノム構成は，三倍体雑種がJEE，四倍体雑種がJEEEとなる。先ほど算出したJとEのRVを代入すると，J+2E=0.69とJ+3E=0.88となり，実測値と一致することがわかる。

5. 葉緑体はニホン，核はセイヨウ？

　葉緑体と核の遺伝子マーカーを開発した私たちは，伝家の宝刀を得たような気分になっていた。しかし，現実は一筋縄ではとらえきれないものであった。葉緑体DNAにより在来種型(つまり雑種)と判定された新潟市の「セイヨウタンポポ」のなかから，セイヨウタンポポ型の核DNAを持つと考えられる個体が検出されたのだ。これらの個体のDNA含量をフローサイトメーターで測定すると，RVは純粋なセイヨウタンポポとほぼ等しい0.55を示し(図3の雑種個体3)，核のゲノム構成がEEEであることが示唆された。つま

り，葉緑体は在来種型で，核はセイヨウタンポポ型というふしぎな状態である。このような個体がどのようにして生じたのか頭をひねった私たちは，「雄核単為生殖雑種」という仮称を用いて，雑種の一種として位置づけることにした。

　杉原(1976)によると，雄核単為生殖(androgenesis あるいは male parthenogenesis)とは，「花粉管から雄核が卵細胞に入り，卵核とは合体することなく，単独で分裂し増殖して胚を形成する」無融合生殖の一形態である(図4)。言いかえると，受精の際に精核と卵細胞の核が置換され，胚の細胞の核は父親由来，葉緑体を含む細胞質は母親由来という個体が形成される(図4)。タバコ属，ナス属，ペチュニア属，イチゴツナギ属，トウモロコシなどで確認されている(Chase, 1963; Hedtke and Hillis, 2010)。動物でも，帰化種のタイワンシジミの精子と在来種のマシジミの卵が受精すると，子貝はすべてタイワンシジミになるという深刻な例が報告されている(Ishibashi et al., 2003)。

　Chase(1963)は，トウモロコシを材料に葉色の対立遺伝子をマーカーとする巧妙な交配実験(緑色葉の二倍体種子親と褐色葉の四倍体花粉親の人工交配で，ヘテロ接合のF_1は紫色葉になる)を行い，雄核単為生殖の発生率を見積もった。具体的には，卵核単為生殖による緑色葉の母親型個体が570個体，雄核単為生殖による褐色葉の父親型個体が7個体得られた。トウモロコシにおける単為生殖の平均発生率は1/1,000という経験則をもとに，雄核単為生殖の発生率を8万分の1としたのである。雄核単為生殖の場合，精核との融合に失敗し

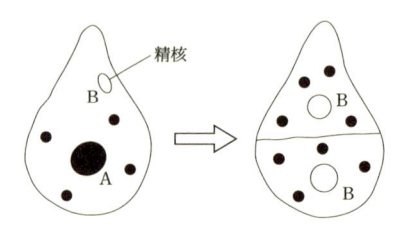

図4　雄核単為生殖のプロセス。左：A種の卵細胞にB種の精核が侵入。●はA種の葉緑体。右：2細胞期の胚。核はB種由来，葉緑体はA種由来。当初，A種として二倍体在来種(JJ)，B種としてセイヨウタンポポ(EEE)を想定した。

た卵核は，胚発生の最初の細胞分裂において失われると考えられている(Chase, 1963)。雑種個体3に見られるような核と葉緑体の状態は，二倍体在来種に受粉したセイヨウタンポポの非減数性の花粉(3X)により雄核単為生殖が行われたとすれば説明がつく(図4)。また，無融合生殖を行うセイヨウタンポポの花粉であれば，卵核と融合せずに単為発生を行う可能性は，トウモロコシよりもずっと高いと考えた。

ここまで雄核単為生殖を仮定して雑種個体3の由来について検討したが，それ以外の説明はあり得ないのだろうか。DNAの塩基配列を使って分子系統樹を作成する場合に，葉緑体DNAに基づく系統樹と核DNAに基づく系統樹の間に大きな不一致が見られる場合がある。このような場合，浸透性交雑(introgressive hybridization)により考察されることが多い。その可能性について検討してみよう。

浸透性交雑は，2種間で生じた雑種と親の種の間で戻し交雑が繰り返された結果，片方あるいは両方の種に他方の種の形質(核遺伝子)が浸透してゆくように見える現象である。その特殊な場合として，花粉親の花粉により戻し交雑が一方向的に繰り返されると，花粉親由来の核遺伝子(正確には大部分が花粉親由来)と種子親由来の葉緑体DNAを持つ雑種後代が生じる(図5)。あたかも花粉親が種子親の葉緑体を捕獲したようにも見えるので，葉緑体捕獲 chloroplast capture とも呼ばれる(Rieseberg and Soltis, 1991)。

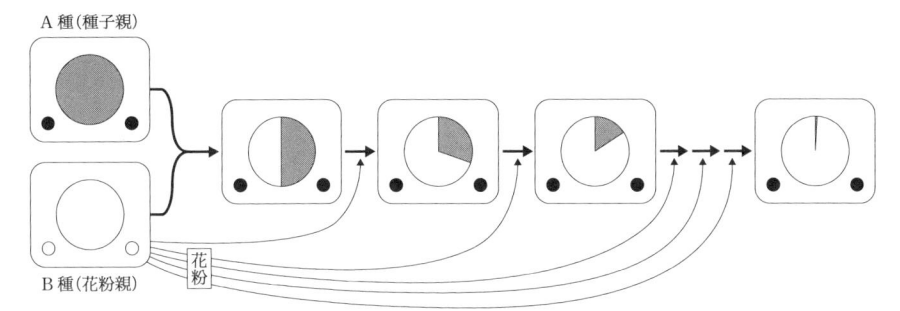

図5 浸透性交雑による葉緑体捕獲。核の灰色の部分はA種のゲノム，白色の部分はB種のゲノムの割合を示す。●はA種の葉緑体，○はB種の葉緑体。花粉親との戻し交雑の繰り返しにより，B種のゲノムが大部分の核とA種の葉緑体を持つ子孫が生じる。

よく知られている例は，北米南カリフォルニアに移入されたヒマワリ *Helianthus annuus* の場合で，在来種 *H. petiolaris* の細胞質が *H. annuus* の細胞質により置き換わっていることが明らかにされている。移入されたヒマワリの数が少なく，圧倒的に個体数の多い在来種 *petiolaris* が花粉親となる機会が多かったこと，雑種は雄性不稔なので種子親にしかなれないことなどにより一方向的な戻し交雑の繰り返しが起こったと推定されている(Rieseberg and Soltis, 1991)。

では雑種タンポポの場合に，浸透性交雑による葉緑体捕獲は起こりうるのだろうか。浸透性交雑は有性生殖を行う種間で生じる現象なので，在来二倍体タンポポと二倍体セイヨウタンポポの間なら起こりうる。近年，東京においてセイヨウタンポポの二倍体の移入が確認されており(小川ほか，2011)，将来的に二倍体在来種の葉緑体とセイヨウタンポポの核(逆の組合せもありうる)を持つ二倍体の雑種後代が成立する可能性もなくはない。

しかし三倍体雑種や四倍体雑種の場合は，無融合生殖を行うので，これらの雑種にセイヨウタンポポの花粉が受粉し，受精に至る可能性はほとんどない(成功したとしても五倍体や六倍体になる)。また，三倍体雑種(JEE)の花粉が二倍体在来種(JJ)に受粉する場合を考えても，核のゲノム構成は JEE や JJE，あるいは JJEE などとなり，けっして純粋なセイヨウタンポポと同じ EEE は生じないのである

長い時間をかけて徐々に核が入れ替わる浸透性交雑の特性と合わせて考えると，まれなできごととはいえ 1 回の交雑で成立する雄核単為生殖は魅力的な仮説であった。

6.「雄核単為生殖雑種」の見直し

私たちが葉緑体 DNA マーカーとして用いたのと同じ領域(*trn*L-*trn*F)の塩基配列を，タンポポ属を構成する 46 節(section)のうち 36 節について比較した研究がある(Wittzell, 1999)。当時，私たちはこの論文の存在に気づかなかったが，そこには驚くべき事実が述べられていた。

この論文によると，*trn*L-*trn*F には 364〜527 bp に及ぶ長さの変異が見られ，主要なハプロタイプ(葉緑体の遺伝子型)として 20 型(1 塩基置換などを含めると 46 型)が認識された．ここで注意しなければならない点がひとつある．私たちがセイヨウタンポポと呼ぶ種は，ヨーロッパにおいては約 1,000 種のマイクロスピーシス(小種)に分類され，それらはすべてセイヨウタンポポ節 section Ruderalia にまとめられている点である．Wittzell の報告では，ヨーロッパ各地から集められたセイヨウタンポポ節の 43 種(小種)が調べられ，そのうちの 30 種(約 70%)は 18a という最も短いハプロタイプ(364 bp)に属していた．一方，日本産の二倍体種を含むモウコタンポポ節 sect. Mongolica 6 種のうち 4 種(67%)は，11a というやや長いハプロタイプ(441 bp)に属していた．すでに述べたように，私たちが明らかにしたセイヨウタンポポと二倍体在来種の *trn*L-*trn*F 領域の塩基配列は 404 bp と 481 bp である．この長さには PCR に用いた上流と下流のプライマー(合計 40 bp)が含まれているので，プライマー領域を取り除くとそれぞれ 364 bp と 441 bp となる．DNA データバンク(DDBJ)から 18a と 11a の塩基配列をダウンロードし，私たちのデータと比較すると，セイヨウタンポポはハプロタイプ 18a と，二倍体在来種はハプロタイプ 11a とすべての塩基配列が一致した．

　驚いたのは，Wittzell(1999)が解析したセイヨウタンポポ節のうち 3 種(約 0.7%)が 11a に属するという結果である．前節で「細胞質(葉緑体)は在来種型で核はセイヨウタンポポ型」のタンポポを，雑種であることを前提としてその由来を検討した．しかし，ハプロタイプ 11a が原産地のヨーロッパに存在するのであれば，セイヨウタンポポのひとつのハプロタイプが日本列島に侵入してきたということになる．したがって，新潟市における雑種の出現頻度 82%は過大評価として見直さざるを得なくなった．

　私たちはもうひとつの帰化種であるアカミタンポポ *T. laevigatum*(約 400 の小種がアカミタンポポ節 sect. Erythrosperma にまとめられている)の *trn*L-*trn*F についても塩基配列を調べているが，その配列はセイヨウタンポポと同一であった(Shibaike et al., 2002)．しかし Wittzel(1999)は，アカミタンポポ節の 38 種のうち 18 種(約 47%)がハプロタイプ 18a，4 種(約 11%)がハプロタイプ 11a

であることを示している。したがってアカミタンポポについても，第二のハプロタイプ(11a)が日本列島に侵入している可能性が予想されたが，後述するように実際に確認されたのである。

　読者は前節の議論が無駄だったと感じるかもしれない。しかし，「セイヨウタンポポやアカミタンポポに複数の葉緑体ハプロタイプがどのようにして生じたのか」という大きな問題は，舞台を日本列島からヨーロッパに移しただけで，未解決のままである。前節の議論はハプロタイプの起源を考える手がかりを与えてくれている点で，その意義は失われていないのである。まず，ハプロタイプ 18a はヨーロッパにおいて圧倒的に多数を占めるので，セイヨウタンポポ本来のハプロタイプと考えてもよいだろう。一方，少数派であるハプロタイプ 11a のセイヨウタンポポは他節のタンポポから葉緑体を捕獲したものと考えられる。なぜなら，Wittzell(1999)によればヨーロッパにはハプロタイプ 11a に属すタンポポが 13 節もあり，18a の次に多いのである。葉緑体の捕獲が前節で紹介した 2 つの経路のうちいずれによるのかは，セイヨウタンポポにおいてこのできごとが起きたのが，三倍体が生じる前か後かによって決まってくる。有性生殖を行う二倍体の時代に起きたのなら浸透性交雑，無融合生殖を行う三倍体において生じたのなら雄核単為生殖である。いずれの場合も 18a のセイヨウタンポポが花粉親として機能したはずである。最近になって雄核単為生殖の役割が見直されつつあり(Hedtke and Hillis, 2011)，タンポポ属は自然界で大規模に起こった雄核単為生殖の最初の事例となるかもしれない。

7. 雑種タンポポの外部形態

　当初，私たちが遺伝子マーカーを使って識別した雑種タンポポは，三倍体雑種と四倍体雑種，「雄核単為生殖雑種」の 3 型であるが，Wittzel(1999)の報告を踏まえ，「雄核単為生殖雑種」は帰化種タンポポの 1 型として位置づけるのが妥当と考えるに至った。そこで，以下の記述においては，純粋なセイヨウタンポポ(ハプロタイプ 18a)を E 型セイヨウタンポポ，「雄核単為生殖

雑種」(11a)をU型セイヨウタンポポと呼ぶことにしよう。

　雑種とセイヨウタンポポは外部形態で見分けられるのだろうか？　また，E型とU型のセイヨウタンポポに形態的違いはあるのだろうか？　遺伝子マーカーを使って整理したタンポポについて，外部形態による雑種の識別が可能かどうか検討してみよう．

外総苞片の反曲の程度

　外総苞片が直立するか反曲するかは，タンポポの在来種と帰化種を見分ける最もよい形質として知られている．図6は，東京23区内の4か所で採集した140個体のタンポポについて，頭花をタイプ分けした結果である．二倍

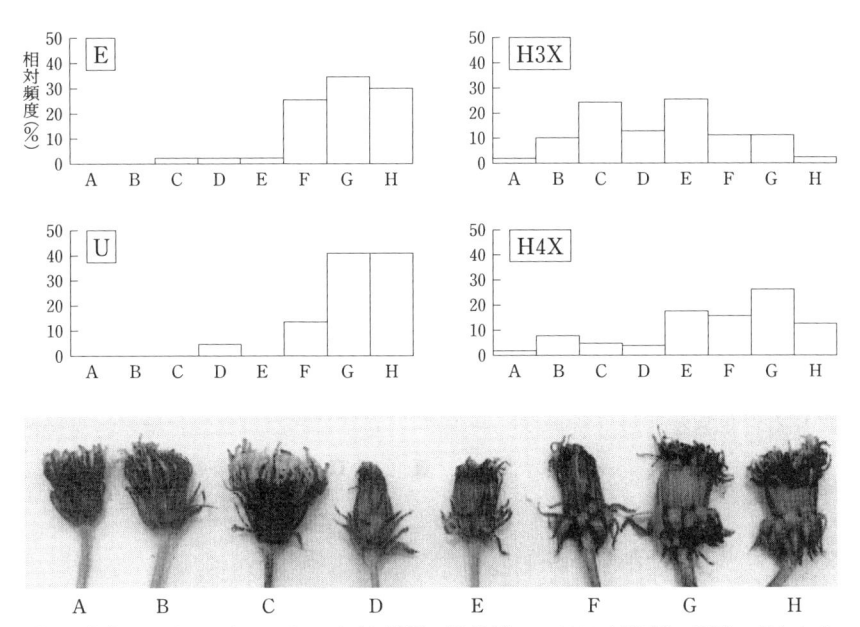

図6　東京におけるセイヨウタンポポと雑種の頭花(出口, 2001を改変)．写真に示したようにA～Hの8段階に分け，グラフは相対頻度を示す．E：E型セイヨウタンポポ，U：U型セイヨウタンポポ，H3X：三倍体雑種，H4X：四倍体雑種．A：外総苞片がすべて直立，B：ほぼ直立しているが一部平開，C：ほぼ平開しているが一部直立，D：すべて平開，E：ほぼ平開しているが一部反曲，F：平開と反曲が半々，G：ほぼ反曲しているが一部平開，H：すべて反曲

体在来種(東京ではカントウタンポポ)は「すべて直立(A)」となるが,採集したサンプルに在来種は含まれていなかった。E型セイヨウタンポポは外総苞片が完全に反曲するHかGになると予想された。しかし,水平方向に開く(平開する)もの(F)がかなりあった。また,E型とU型のセイヨウタンポポの間には違いは見られず,これらがセイヨウタンポポの1型であるとする見解が裏づけられた。一方,三倍体雑種と四倍体雑種にはすべての段階が見られ,在来種にそっくりなもの(A)もわずかながら存在した。B〜Eはまさに中間的で,反り返りぐあいが「少しおかしいな」と感じる個体は雑種と考えてよさそうだ。しかし,F〜Hもかなりの割合を占め,セイヨウタンポポと識別することは難しい。

おもしろいことに,反曲の程度が中間的なもの(B〜E)の割合は三倍体雑種に多く(三倍体雑種72%,四倍体雑種41%),逆にセイヨウタンポポに類似したもの(F〜H)は四倍体雑種に多い(三倍体雑種25%,四倍体雑種58%)。どちらかというと,三倍体雑種は在来種に似ていて(芝池,2005では「斜め上」と記述),四倍体雑種はセイヨウタンポポに似ている(「斜め下」と記述)といえる。それぞれの染色体のゲノム構成を考え合わせると,頭花の類似性とゲノム構成の間には関係がありそうだ。三倍体雑種(JEE)の染色体は3分の1が二倍体在来種に由来するのに対して,四倍体雑種(JEEE)は4分の1にすぎない。三倍体雑種には在来種の特徴がより強く表れているのではないだろうか。

外総苞片の角状突起と縁毛

二倍体在来種の外総苞片の先端には角状突起がある。また,外総苞片の縁に細胞が1列に連なった縁毛が密生している。東京23区内で採集したサンプルで観察したところ,E型とU型のセイヨウタンポポの外総苞片にはほとんど角状突起がなく,縁毛も少なかった。一方,三倍体雑種と四倍体雑種の多くの個体は,比較的大きな角状突起や多数の縁毛を持ち,二倍体在来種の形質を受け継いでいると考えられた。

花粉の有無

　花粉については，おもしろい特徴が見つかった。四倍体雑種のほとんどは花粉を形成せず，実体顕微鏡下で葯を壊して観察すると，大半の個体で花粉の痕跡が見あたらない(芝池，2005)。三倍体雑種はE型セイヨウタンポポと同様に，大小さまざまな花粉が見られる。しかし，花粉の有無は四倍体雑種を識別するのに有効と早合点してはいけない。調査したU型セイヨウタンポポの半数弱の個体でも花粉が見られなかったからである(芝池，2005)。またE型セイヨウタンポポにも稀に花粉ができないものがある。

　一般に雄性不稔は，細胞質にあるミトコンドリアと核の遺伝子間相互作用によって生じるといわれている(Schnable and Wise, 1998)。四倍体雑種とU型セイヨウタンポポの雄性不稔も，この例に当てはまるのではないだろうか。四倍体雑種については，二倍体在来種の細胞質とセイヨウタンポポの全染色体を含む核遺伝子(JEEE)間の相互作用，U型セイヨウタンポポについては，葉緑体ハプロタイプ11a型の細胞質と核遺伝子(EEE)間の相互作用に起因する不和合と考えれば説明がつく。U型セイヨウタンポポの細胞質がセイヨウタンポポ本来のものでないことを物語っているのではないだろうか。

　非常におおざっぱな言い方になるが，外総苞片の反曲の程度が中間的で，角状突起があり，縁毛が確認されれば，ほぼ間違いなく雑種といえる。そのうち，花粉がなければ四倍体雑種である。

8. 雑種タンポポの出現頻度と分布

　雑種タンポポとセイヨウタンポポについて，出現頻度と分布を検討する準備がやっと整った。図7は，1999年に新潟市で行った調査(A)，2000年に東京都で行った調査(B)，2001年に環境省が行った「身近な生きもの調査」(C)の結果をまとめたものである。まず，それぞれの調査について雑種とセイヨウタンポポに大別すると，いずれも雑種が過半数を占めていた(新潟市で58%，東京都で82%，全国で76%)。したがって，雑種が優勢であるという状況は動かしがたい事実である。次に，雑種およびセイヨウタンポポの内訳を検

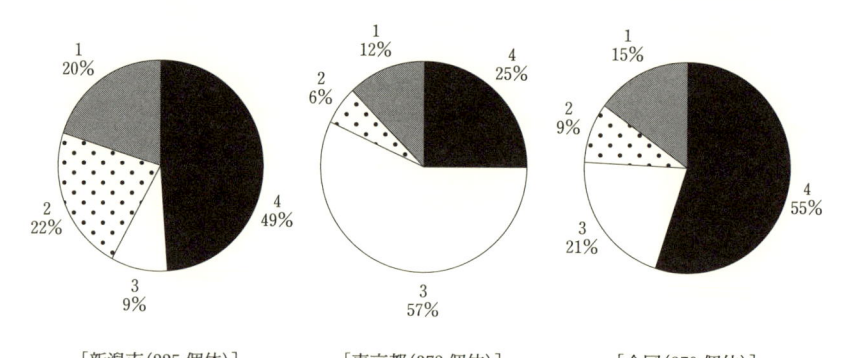

228　第Ⅳ部　新環境への適応のメカニズム

[新潟市(225個体)]　　[東京都(372個体)]　　[全国(870個体)]

図7　新潟市，東京都および全国におけるセイヨウタンポポと雑種の出現頻度。
1：E型セイヨウタンポポ，2：U型セイヨウタンポポ，3：三倍体雑種，4：四倍体雑種。
(　)内の数字は調査個体数を示す。調査の実施は新潟市が1999年，東京都が2000年，全国(「身近な生きもの調査」)が2001年

討する。三倍体雑種と四倍体雑種については，新潟市では四倍体雑種が優占する(49%)のに対して，東京都では三倍体雑種が優占する(57%)。同じ都市的環境であっても，市街地の広がりや土地利用，雑種形成の起こりやすさなどの違いによって，異なる型の雑種が優占するのかもしれない。全国的に見ると，四倍体雑種(55%)の方が三倍体雑種(21%)よりも多い。セイヨウタンポポについては，E型とU型が拮抗しているか，E型がU型を上回るという状況である。雑種と比較して，E型とU型のセイヨウタンポポの出現頻度は相対的に安定しているといえそうだ。

　ついでに述べておくと，「身近な生きもの調査」で集められた全国のアカミタンポポ(90個体)についても，セイヨウタンポポと同じ方法で雑種の判別が行われたが，結果は大きく異なるものだった(説田，2002)。アカミタンポポの場合，雑種はわずか11%にすぎなかったのである(18a型アカミタンポポ66%，11a型アカミタンポポ23%，三倍体雑種9%，四倍体雑種2%)。この結果は，愛知県のアカミタンポポにおいて雑種は約7%という報告とほぼ合致する(渡邊ほか，1997b)。

　2000年に東京都で行った調査については，27の調査地で見られた雑種やセイヨウタンポポの出現頻度をまとめた結果がある(図8)。大きな円は約50

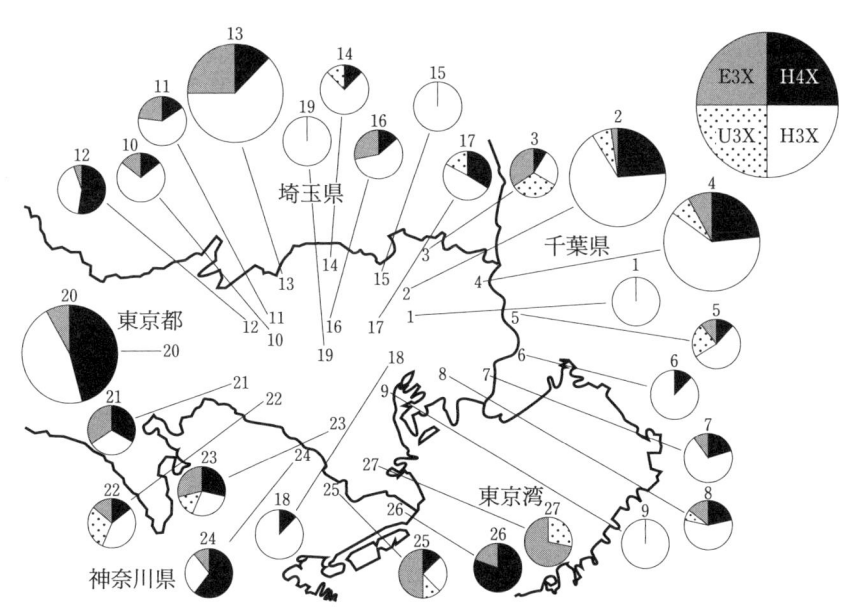

図8 東京都の各地のセイヨウタンポポと雑種の出現頻度（出口，2001を改変）。調査は2000年の5月に実施した。E3X：E型セイヨウタンポポ，U3X：U型セイヨウタンポポ，H3X：三倍体雑種，H4X：四倍体雑種。大きい円は50個体，小さい円は10～15個体のデータである。

個体を採集した調査地を示し，小さな円は約10個体を採集した調査地を示している。全体として見ると，三倍体雑種の優占する調査地が多い。しかし，四倍体雑種が多い調査地(20, 24, 26)や，セイヨウタンポポが多い調査地(22, 23, 25, 27)も散見される。雑種とセイヨウタンポポの構成に注目すると，27調査地点中21地点で両者が混成していた。ただし，セイヨウタンポポが少数派の調査地がほとんどである。セイヨウタンポポは薄く広く分布する傾向があるといえそうだ。三倍体雑種と四倍体雑種の比率やE型とU型のセイヨウタンポポの比率については，調査地ごとにまちまちな状態である。

次に日本地図に目を移そう。図9・10は，2001年に環境省が行った「身近な生きもの調査」で，サンプルが採集された地点を日本地図上にプロットしたものである(紙幅の関係で南西諸島を割愛した)。この調査は，環境省の呼び

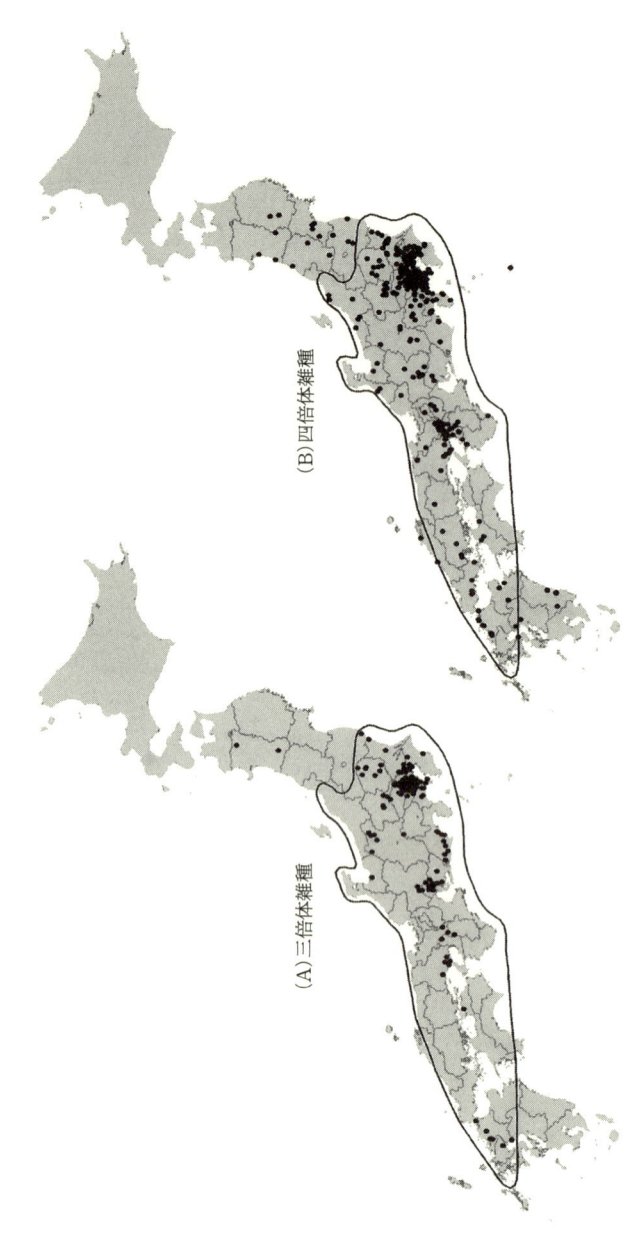

図9　「身近な生きもの調査」で集められた雑種タンポポの採集地点(山野ほか, 2002 を改変)。A：三倍体雑種, B：四倍体雑種。図中の枠線は二倍体在来種の分布域を示す。

図10 「身近な生きもの調査」で集められたセイヨウタンポポと在来種タンポポの採集地点(山野ほか、2002を改変)。(C)E型セイヨウタンポポ、(D)U型セイヨウタンポポ、(E)在来種タンポポ。図中の枠線は二倍体在来種の分布域を示す。南西諸島が除外されているが、沖縄島の2地点でE型セイヨウタンポポが採集されている。

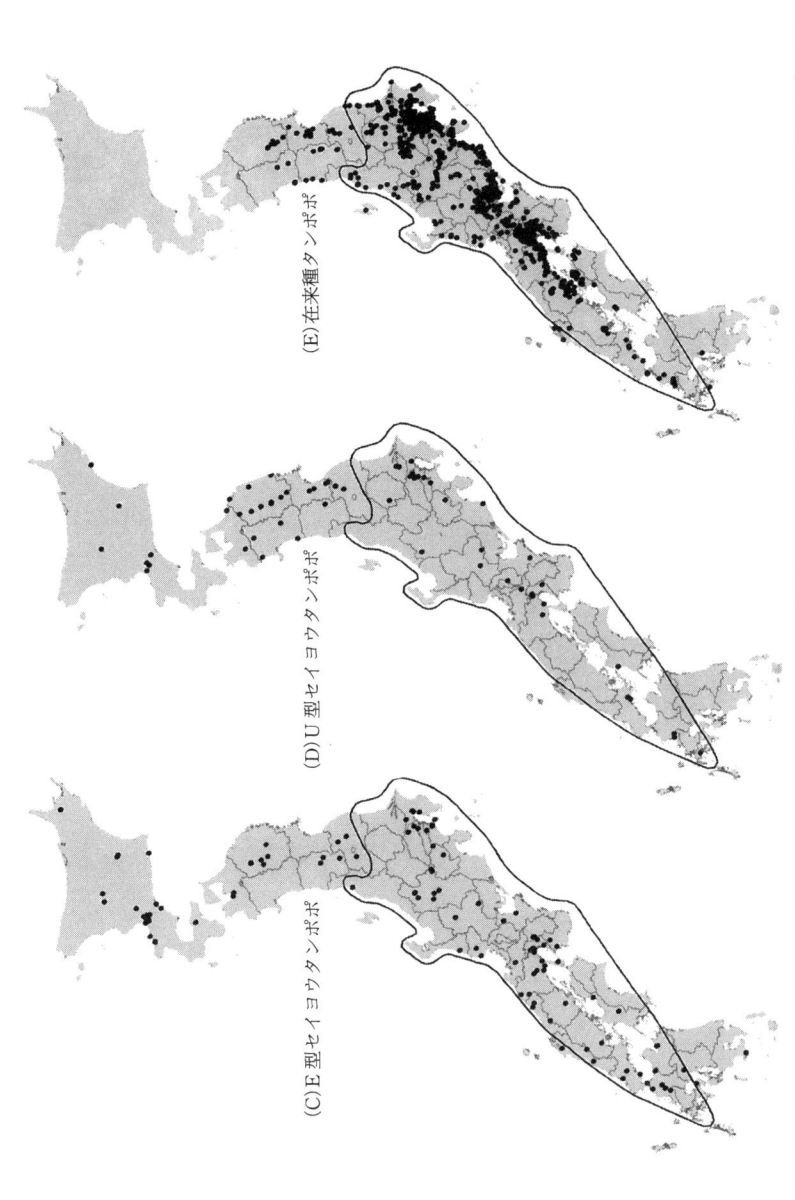

かけに応じて，市民が身近な場所で見つけたタンポポを採集したものである。一般に生物の分布調査を行う際には，調査地に偏りがないように，また対象生物の探索に強弱がつかないように配慮する。「身近な生きもの調査」のような市民調査では，参加者の居住地区や関心の程度にばらつきがあるために，理想的な分布調査からは離れたものにならざるを得ない。それでも，同時期に，同じ調査方法にそった全国規模の調査結果が得られるというメリットは大きい。実際に新潟市や東京都の調査では，限られた時間内に効率的に調査地を回るために，私たちは雑種とセイヨウタンポポに調査対象を絞る代わりに，二倍体在来種の調査をあきらめた経緯がある。ここからは，「身近な生きもの調査」の結果について掘り下げてみよう。

　この調査では雑種タンポポは識別対象とされていなかった。幸い，環境省・生物多様性センターの協力により，調査後のサンプルを提供してもらうことが実現し，調査票から取り外した種子を育成することで，雑種タンポポの種別とその全国分布図の作成が可能となった(山野ほか，2002)。

　図9は，三倍体雑種(148個体)と四倍体雑種(425個体)が採集された地点を日本地図上にプロットしたものである。これらの雑種は北海道を除いて，東北から九州地方にかけて広がり，関東や中部，近畿地方の人口密集地で多くの個体が採集されている。三倍体雑種については採集された個体が少ないためか，四倍体雑種よりも東北や中国，九州地方で採集地点が少ないように見える。

　次に，E型(122個体)とU型(65個体)のセイヨウタンポポが採集された地点を図10(C)と(D)にまとめた。雑種の分布様式と比較すると，セイヨウタンポポの採集地は北海道地方を含めて全国に散在し，関東や中部，近畿地方の人口密集地であまり多くの個体が採集されていないという相違点がある。つまり，U型セイヨウタンポポを帰化タンポポの1型として位置づけることの妥当性が採集地の分布様式の点からも示唆されたといえる。

　最後に，シロバナタンポポを除く在来種タンポポ(1,030個体)が採集された地点を示す図10(E)を見よう。ここで在来種タンポポと称するものには，雑種の母種となる二倍体在来種に加えて，エゾタンポポのような雑種形成に関

係のない倍数体在来種も含まれている。在来種の二倍体と倍数体は，水平分布と標高により棲み分けることが明らかにされていて，前者は関東地方より西の低地を中心に分布域を広げるのに対し，後者は標高の高い地域や東北地方より北に分布域が偏っている(森田，1976)。調査参加者のアクセスしやすい場所の多くが標高の低い地域にあることを考慮すると，図10(E)の福島県以南で採集された在来種タンポポの多くが二倍体在来種と仮定してもそれほど的外れではないだろう。

　雑種とセイヨウタンポポ，在来種タンポポが採集された地点を比較すると，四倍体雑種と在来種タンポポの分布様式がよく似ていることに気がつくだろう。三倍体雑種も基本的に同じ傾向を示していると考えられる。一方，セイヨウタンポポが採集された地点は在来種タンポポが採集された地点を含んで，より北方にも分布域が広がっている。これら3群のタンポポの分布域を重ねると，雑種は在来種タンポポとセイヨウタンポポの分布が重複する地点で誕生したと結論することができる。さらに踏み込むと，雑種は二倍体在来種の分布域を大幅に越えて分布域を拡大できないという可能性も指摘できるだろう。これは雑種が母種である二倍体在来種の生理生態的特性を受け継いでいることが背景となっていると推察できる。

9. 雑種タンポポはなぜ広がったのか？

　雑種タンポポの研究を続けるなかで，過大評価や思い込みがあったことに気がついた。過大評価というのは，「セイヨウタンポポの大部分が雑種」という見方であり，思い込みというのは，セイヨウタンポポが都市的環境に適応した植物という見方である。

　「大部分が雑種」は，北海道や東北地方にはまったく当てはまらない記述であった。「身近な生きもの調査」の分析結果(図9・10)によると，北海道にはセイヨウタンポポのみが分布し雑種は分布していない。また，東北地方における雑種の分布も限定的である。これは中島(2004)によっても確認されている。2003年に札幌市と函館市で採集した160個体のうち，89％がE型，

11％がU型のセイヨウタンポポで，雑種はまったく見あたらなかった。また，中島(2004)は青森県から福島県にかけての東北地方の16地点から280個体を解析した結果，雑種は17.4％にすぎないことを明らかにしている(E型セイヨウタンポポ54％，U型セイヨウタンポポ29％，三倍体雑種0.4％，四倍体雑種17％)。

　考えてみれば，セイヨウタンポポの原産地は冷温帯気候のヨーロッパであった。冷温帯の北海道や東北地方はまさに生育適地で，春の開花期には黄金のじゅうたんを敷きつめたような光景になる(北海道鵡川町など)。原産地や北日本におけるセイヨウタンポポの主要な生育地は牧場で，都市にも侵入するが，都市的荒地はけっして本拠地ではないのである。

　一方，暖温帯気候に属す関東から東海，関西地方にかけての低地は，二倍体在来種の主な分布域で，タンポポ調査が盛んに行われてきた地域である。雑種の出現頻度が高いのはまさにこの地域なのである(山野ほか，2002；タンポポ調査・西日本2010実行委員会，2011)。この地域ではセイヨウタンポポは代表的な都市雑草であり，第1章では裸地生活者として記述されている。しかし，裸地が最適な生育地というわけではない。この地域でもセイヨウタンポポは河川の土手や芝生など，丈の低い草の生えた場所を好むのである。また，この地域のセイヨウタンポポは侵入当初から低頻度で散在的に分布するような状況であった可能性も否定できない。

　芝池・森田(2002)は，雑種性タンポポが優勢に至る過程として，①後発追い越し型(まずセイヨウタンポポが全国に広がり，その過程で生じた雑種が近年になって急増し，純粋なセイヨウタンポポを追い越した)と②同時スタート型(セイヨウタンポポが侵入した初期段階に雑種個体が生じ，純粋なセイヨウタンポポと雑種個体がほぼ同時に広がりだした)というふたつのシナリオを考えた。

　かつて雑種の出現頻度が低かったことを示す，つまり①のシナリオを支持する断片的なデータがある。1985年に静岡県富士市では雑種の頻度は5％程度であった(森田，1988)。また，大阪府におけるタンポポ調査を長年支えてきた木村進氏が提供してくれた種子のデータもある(中島，2004)。1976～77年の調査で，大阪市や堺市で採集したセイヨウタンポポの種子が冷蔵庫で保

存されていた。9つの袋があり、そのうちの8つから取り出した70個の種子は葉緑体DNAを調べたところ、すべてがセイヨウタンポポ型を示し、残りの1袋に入っていた1個の種子のみが在来種型(雑種またはU型セイヨウタンポポ)を示したのである。

　一方、東京では1990年にはすでに雑種が優勢であったという結果が、本書で述べたのと同じ葉緑体と核DNAマーカーを用いた調査から得られている(小川潔氏、私信)。この場合は、②のシナリオということになる。東海〜関西地方と関東地方では異なったシナリオで事態が展開した可能性もある。想像をたくましくすれば、雑種タンポポの起源地が関東地方であった可能性もある。冷温帯に分布するセイヨウタンポポと暖温帯に分布する二倍体在来種の分布域が最も重複する地域だからである。

　雑種タンポポの出現頻度が都市において高いことに注目し、その理由を高温と乾燥への適応性に求めたのは、保谷彰彦氏である(Hoya et al., 2004；保谷, 2010)。まず、さまざまな温度条件においたタンポポの種子の最終発芽率を調べた。第1章で述べられているように、高温条件では二倍体在来種の発芽は抑制されるが、セイヨウタンポポでは抑制されない。保谷(2010)はE型セイヨウタンポポとU型セイヨウタンポポ(論文では「雄核単為生殖雑種」)が高温における発芽抑制を示さないことを確認し、初夏に発芽した実生が地表面温度の高くなる夏期の都市的環境を生き延びることは困難だと指摘する。四倍体雑種は25°C以上の高温では種子の発芽が抑制される性質を在来二倍種から受け継いでいるので、夏期の都市的環境における無駄な発芽を回避している可能性があるという。また人為的に発芽させた実生を31°Cと36°Cという高温条件で栽培した結果、セイヨウタンポポ(E型およびU型)の生存率は約30〜20%であったのに対し、三倍体雑種や四倍体雑種の実生は高い生存率(それぞれは約50〜45%と約90〜80%)を示すことも明らかにしている。乾燥した土壌条件で栽培した実生の成長量についても同様の結果が得られている。

　市街地化の進行やヒートアイランド現象により、都市的環境は1970年代と比べて大きく変化した。気温や地温の上昇および乾燥の進行はセイヨウタンポポの実生の生残と成長にとってマイナスの要因として働き、そこで長期

間存続することは難しいのかもしれない。逆に，高温と乾燥に高い耐性を示す雑種タンポポの割合は相対的に増加したものと考えられる。セイヨウタンポポが都市的環境に適応した植物という見方を改めると，図8に結果を示した東京都における調査で，帰化種タンポポは都心部では荒川の土手で見つけた大きな群落以外は，アスファルトで舗装された歩道や裸地状の小公園などに散発的に見られるだけであったこともうなずける。高温や乾燥にさらされる都市的環境に定着していたのは，やはり大部分が雑種タンポポだったのである。

　第1章において，セイヨウタンポポを放浪種として紹介したが，雑種タンポポも放浪種である。放浪種は侵入と絶滅を繰り返しながら，環境条件の変化に適応したタイプに置き換わっていく。セイヨウタンポポが二倍体在来種との交雑を経て，都市的環境に適応していったとしてもふしぎではないのかもしれない。二倍体から遺伝子を奪うので，セイヨウタンポポの三倍体は盗賊種と見なされるが(森田，1997)，まさにその面目躍如といえよう。

　今のところ，雑種タンポポが高温や乾燥に耐性を示す生理的な機構は明らかにされていないが，遺伝学から思いつく説明は雑種強勢 hybrid vigor である。種間雑種が両親種より大形で丈夫になる現象を指す。雑種が有性生殖をする場合は，F_1 に見られた雑種強勢は後代において組み換えられ，次第に失われる場合がほとんどである。しかし，雑種タンポポの場合は無融合生殖により，雑種強勢がそのまま後代に受け継がれてゆくと考えられるのである。雑種強勢に加え，F_1 が示す多様な生理生態的特性が容易に消失することなく，過去数十年にわたってそれぞれの環境適応性がふるいに掛けられたのだろう。その結果，高温や乾燥が厳しい都市的環境において存続できる性質を備えた雑種が，個体数を増したのではないだろうか。

　最後に，純粋なアカミタンポポが大部分を占めた理由にふれておこう。アカミタンポポは，原産地のヨーロッパにおいて，海岸砂丘などの乾燥した場所を生育地とする植物である。帰化した日本では，主に都市の裸地的な場所に生育し，市街地にもよく見られる。純粋なアカミタンポポは移入される前から，都市的環境によく適応していたと考えられるのである。また，生育地

の好みがかけ離れているため，二倍体在来種と接触する機会が乏しいことも，雑種が少ない理由のひとつと考えられる。

　終わりに代えて，「タンポポ調査西日本 2010」の世話人から聞いた「タンポポは日本列島で一番情報の蓄積された野生植物になる」という発言を紹介したい。もちろん，私たちはこの発言に共鳴する。これからも専門家から市民までが参加する，すそ野の広い研究が展開されることを願ってやまない。

第12章 シロツメクサのクローン成長と集団分化

澤田　均

1. 姿かたちを変えるクローン植物シロツメクサ

　シロツメクサの葉ほど恋人たちの関心を集めてきた葉も少ないだろう。普通は属名 *Trifolium* の意味するように三つ葉だが，きわめて稀に「幸福のシンボル」四つ葉をつけるからである。一方，生態学者の関心はもっぱら葉柄(petiole)とストロン(stolon)に向いている。葉柄とは葉についている長い柄のこと，ストロンとは葉柄の基にある匍匐茎のことである(図1上)。ストロンは種小名 *repens* のように地表を這い，節から葉を出しながら前進・増殖する。この栄養繁殖法には興味深い現象が秘められており，クローン植物(clonal plant)を代表する種シロツメクサとならしめ，多くの研究者を魅了してきた。

　シロツメクサにはクローン成長とともに，もうひとつ大きな特徴がある。それは表現型可塑性(phenotypic plasticity，以下，可塑性と略)である。シロツメクサの葉柄の長さに変異のあることに気づいた人もいるだろう。長さ 30 cm を超える葉柄から，5 cm にも満たない短い葉柄までさまざまである。この変異は遺伝子型による部分もあるが，多くの場合，生育する環境の違いによって起こる。たとえば，遮光される場所では，光のよく当たる場所よりこの形質値が大きくなる。刈取られにくい場所では，よく刈取られる場所より

大きくなる。このように環境によって形質値が変化する性質を可塑性という。可塑性は，環境が変化しても動物のように動くことのできない植物に利益をもたらす。たとえば，私たちは木々の下から日なたに即座に移動できるが，植物ではそうはいかない。自分より丈のある植物に光を遮られても，簡単に移動できない。光を遮られると，光合成が低下し，生死に関わる。そこで，遮光に反応して丈を高くして葉を上げることができれば，遮光を回避できる。このような遮光に対する反応は特に適応的可塑性(adaptive phenotypic plasticity)と呼ばれ，その実態や仕組みが詳しく研究されている(Weijschede et al., 2006)。シロツメクサの葉柄長は古くから知られた例なのである。

シロツメクサが最初に日本に侵入したのは約200年前といわれている。明治以降，牧草として利用するために意図的に繰り返し導入されてきた。今では牧草地だけでなく，芝生や緑地にも広く利用されているほか，それらから野生化した集団が広く分布するようになった。外来の牧草や緑化植物には，シナダレスズメガヤやオニウシノケグサのように要注意外来生物に指定されているものがあるが，シロツメクサは草丈が低く競争力も弱いとされており，一部の生育地を除いてほとんど問題視されていない。むしろ，帰化植物のなかでは珍しく多くの人々に親しまれ，好意的に受け止められている。

この章ではシロツメクサの適応化現象を3つ紹介する。1つ目はクローン成長で，牧草地のように大型家畜に食われる環境への個体レベルの適応化である。2つ目はクローン成長の分化で，牛の行動に起因するユニークなメタ集団の適応化である。3つ目はシアン化物発生の集団分化である。日本国内という大きなスケールでの適応化で，小動物との関わりが示唆される。これらを通して，シロツメクサの魅力を伝え，動物との関わりという視点からその適応化の一端を紹介したいと思う。

2. シロツメクサのクローン成長

クローン成長

シロツメクサ個体は牧草地のように大型家畜に食われる環境や，芝生のよ

うに頻繁に低く刈取られる環境で生育できる．そのような環境には光競争に強い植物が侵入しにくいので，むしろ食われたり，刈取られる環境だからこそ，シロツメクサは繁栄できるといった方がよいだろう．とはいえ，シロツメクサといえども，食われたり，刈取られると，大きな損害を受けるはずである．それなのに，なぜそのような環境で生存できるのだろう．そのおもな理由は，これらのストレスに対する耐性(再生力)と回避である．図1上のように牧草地の個体をマーキングして調べてみると，これらの能力の両方にクローン成長が深く関与していることがわかる．たとえば，ストロンという茎は普通の植物の茎と異なり，地表を這うので，被食されにくい(回避)．その上，ストロンの節々から発根して自らを地面に固定するので，被食による損失を受けにくい．さらに，強く食われると，ストロン伸長を可塑的に抑えて損失を防ぐ(回避)．他方，たとえ食われても，残されたストロンもしくはストロン部分からすばやく再生することができる(耐性)．このようにシロツメクサはその特徴的なクローン成長で回避と耐性を高め，厳しい環境に適応しているのである．

ところで，シロツメクサのクローン成長といっても，もうひとつピンとこないと思う．そこで，その概要をまとめておこう．今，何も生えていない圃場にシロツメクサの芽生えを1個体移植したとしよう．光だけでなく，水分，養分とも豊富で障害物もなく，気温も最適，葉が茂りすぎて蒸れないように適度に刈取られるとしよう．シロツメクサは数本のストロンを長く伸ばし，地表を前進していく．やがて各ストロンの節々から分枝して子ストロンを伸ばし，さらにそこから2次，3次と分枝する．しばらくすると，移植地点から放射状に広がっているはずである．さらに時間が経つと，古いストロンが枯死し始め，その結果，複数の個体に分かれることだろう．たとえば，6個体に分かれたとしよう．これら6個体はそれぞれ独立して成長し始める．とはいえ，個体どうしのストロンが複雑に交錯するので，独立した個体が6個あるといわれてもよくわからないだろう．このようなシロツメクサの構造を理解するには，モジュール(module)と呼ばれる基本単位を使うとよい．シロツメクサのモジュールは「1個の節と節間，葉と葉柄，根，腋芽」である．

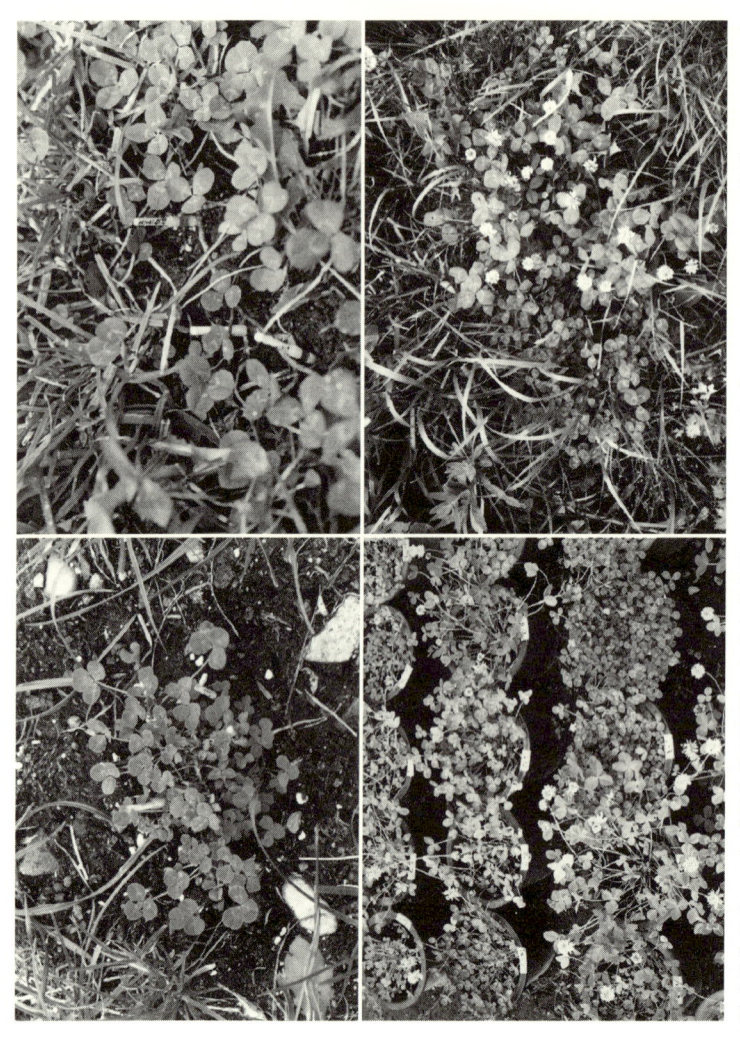

図1 シロツメクサのクローン成長とその変異。左上と右上はペレニアルライグラス-シロツメクサ草地のマーキングされたシロツメクサ個体(山口敦弘氏撮影)。葉柄と地表を這うストロンのようすがわかる。所どころに見えるマーキング用ピンは、牛に踏まれてもジョイント部で曲がるように工夫されている。左下はクローン成長と葉柄長の個体間変異。第3節のシバ-シロツメクサ共存草地から採取された種子を発芽させ、ポット栽培したもの。大型の葉をつけ葉柄の長い個体や小型の葉をつけ葉柄の短い個体、ストロンを長く伸ばす個体など多様な変異を呈する個体が密生する変異がある。右下は牧草地に移植されたが小葉型品種 Tahora (左)と大葉型品種 Kopu (右)

モジュールを直列したものがストロンであり，そのストロンをまとめたものが個体である。そして個体には，クローン(clone)もしくはジェネット(genet)と，ラメット(ramet)の2種類の単位がある。クローンもしくはジェネットとは，もともと同じ芽生えに由来し，遺伝的に同一である個体単位のこと，ラメットとは生理的に独立した個体単位のことである。上の例では，クローンの個数は1個，ラメットの個数は6個となる。

　実際のシロツメクサ生育地ではクローンが孤立して生育することはほとんどない。普通はほかのシロツメクサや他草種と隣り合い，資源をめぐって競争している。クローン全体が一様に食われることは少なく，多くの場合，深く食われる部分と軽く食われる部分ができる。そのため，クローンが全方位にくまなく一様に前進することも稀である。ところで，シロツメクサの成長ルールはきわめて単純である。ストロンの前進と分枝のふたつである。ストロンの前進とは新しいモジュールを先へ先へとつけ加えていくこと，分枝とはストロンの腋芽から新しいモジュールをつけることである。しかし，この単純なルールにも関わらず，実際のクローン成長の軌跡は複雑である。微小環境の空間変異と密接に関係し，良い微小環境に遭遇するとしばしば旺盛に分枝し，悪い微小環境に遭遇すると分枝せずに通過することがある。このような成長が可能なのは，分枝率やモジュールサイズの可塑性が大きく，伸長方向さえ必ずしも定まっていないからである。腋芽のうち分枝になるのは一部で，ほかの腋芽は休眠したままか，枯死するか，頭花になるかのいずれかである。この比率は環境によって大きく異なる。他方，モジュールサイズ(節間長，葉柄長，葉サイズ)も環境によって大きく異なることが知られている。そのため，クローン成長の軌跡は複雑になるが，その様相を精密に調べた研究はほとんどない(Sawada, 1999)。皮肉にもその複雑さが，研究のネックになるからである。

大葉型と小葉型

　クローン成長の基本ルールは同じでも，そのパターンには大きな遺伝変異がある(図1左下)。これまでに326を超すシロツメクサ(シロクローバ)品種が

世界中で育成されてきた。これらの変異を大まかに大葉型(large-leaved type)と小葉型(small-leaved type)に分けることができる(図1右下)。大葉型の特徴は，長い葉柄の先に大型の葉をつけ，スペーサーである節間も長く伸ばすことである。クローン成長はゲリラ型(guerrilla)で，少数ではあるが長いストロンで他草種の間をぬうように成長できる。一方，小葉型は，短い葉柄に小型の葉をつけたファランクス型(phalanx)である(ファランクスは重装歩兵が密集陣をつくる古代の戦闘陣型。シロツメクサは大きく見れば，ゲリラ型のクローン植物である。そのなかで相対的にファランクス型という意味である)。多数の短いストロンをつけ，1か所に密集する傾向が強い。これら大葉型と小葉型の変異は，植物体の垂直方向と水平方向の体制変異が一体化したものである。

大葉型と小葉型は可塑性やクローン成長のさまざまな面で違いがある。大葉型は小葉型よりはるかに可塑性が大きい。そのことを反映して，他植物への反応や，採餌行動(foraging behavior)，分業(division of labour)の機能も大葉型が大きいものと推測される(Stuefer et al., 1996; Hutchings et al., 1997)。ただし，大葉型と小葉型を比較できるデータが乏しいため，まだよくわかっていない。貯蔵(storage)についても比較できるデータがない。

生理的統合

クローン植物はしばしば生理的統合(physiological integration)という機能を発達させている。これは，個体内の部分間で光合成産物や水分，養分などの資源をやりとりすること，それによって不利な部分の生存や成長を支えることである。維管束系によって個体内の部分間でどのように資源をやりとりするかは，たとえば，安定同位体を利用して調べることができる。シロツメクサでも精力的に研究されている。一方，Stuefer et al.(1996)はエレガントな実験から，生理的統合によって大きな利益がもたらされることを示している。では，大葉型と小葉型の間で生理的統合の程度やそれによる利益の大きさが異なるのだろうか？　ほかのクローン植物の比較研究では，ゲリラ型よりファランクス型の種が大きな利益を得ていると指摘されている。そこで，私たちは大葉型(ゲリラ型のなかのゲリラ型)より小葉型(相対的にファランクス型)の

方が生理的統合による利益を多く受けるだろうと仮定した。大葉型は先へ先へと前進するために，生理的統合を強くは発達させない方がよいだろう。それに対して，小葉型は 1 か所にいつづけるために，生理的統合を発達させる方がよいと考えたからである。

　仮説を検証するために，同僚の山下雅幸博士，当時大学院生の石川真理子さんらと容器実験および野外実験を行った。このうち，野外実験を紹介しよう。実験場所は，山梨県清里キープ協会のペレニアルライグラス–シロツメクサ混播草地である。この草地は山田敏彦博士の設計によるもので，シロツメクサには大葉型品種 Kopu と小葉型品種 Tahora を混播してもらった。これらはニュージーランドで育成された品種で，大葉型と小葉型を比較する実験によく使われている。実験の手順はこうである。①あらかじめ Kopu と Tahora の移植用個体を多数養成しておき，環境の不均一度の高い牧区に移植する。②移植個体が十分に成長した後，個体をその基部で半分に切断する区(切断区)と，切断しない区(対照区)を設ける。ただし，切断区では基部の主根も中心部で半分に切断し，半個体のそれぞれに主根部分が着生したままとする。③一定期間成長させた後，地上部重を測定する。もし地上部重の値が対照区＞切断区ならば，生理的統合による利益が大きいと判定される。仮説が正しければ，小葉型で対照区＞切断区，大葉型では両区の差が小さいはずである。簡単な実験だが，移植個体が成長するやいなやストロンどうしが交錯し，個体識別に難儀した。何とかこれを克服し，地上部重を測定したところ，有意ではないが，小葉型で対照区＞切断区の傾向にあり，大葉型では両区に差がなかった(図2)。容器実験でもこれらの傾向が確認され，仮説はおおむね支持された。

　このように大葉型より小葉型で生理的統合が重要であることが示唆されたが，シロツメクサの生理的統合は存外複雑である。実は大葉型は必ずしも生理的統合による利益が小さいわけではないのである。たとえば，牧草地の個体をマーキングして観察したところ，各ストロンが長期間，主根と連結したままであった。主根と切り離した区を設けて調べたところ，対照区に比べて地上部重が有意に低下した。一方，個体サイズが小さいうちは，生理的統合

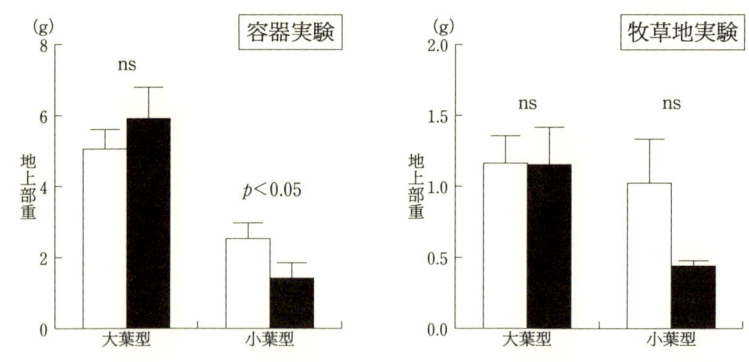

246　第Ⅳ部　新環境への適応のメカニズム

図2　大葉型品種 Kopu および小葉型品種 Tahora の生理的統合による利益の程度（Sawada, 1999 を改変）。左図は静岡大学圃場で実施した容器実験の地上部重，右図は牧草地への移植実験の地上部重。それぞれ左側（□）は切断しない区，右側（■）は切断区を示す。エラーバーは標準誤差

による利益が大きいという結果もある(Stuefer et al., 1996)。時間スケールや個体サイズ，そしておそらく空間スケールによって，大葉型も生理的統合から大きな利益を得ているようである。

3. クローン成長の分化

シバ‐シロツメクサ共存草地

　1988年，草地試験場(現在は畜産草地研究所)の山地支場(長野県御代田町に所在)のシバ草地を調べていた福田栄紀博士は，おもしろい現象に気づいた。同草地上でシロツメクサが明瞭なパッチをなし，そのパッチがあたかもシバの湖上を漂う浮島のようにゆっくりと位置を変えていったのである。この草地はもともとシバ草地にシロツメクサを導入できないものかと造成されたものであった。シロツメクサは空中窒素を固定し，栄養価も高いので，単純なシバ草地よりも牧養力が上がるものと期待できる。ところが，シロツメクサの存在量(abundance)を思い通りにコントロールするのは至難の業である。この草地は，そのヒントになりそうな格好のフィールドだったのである。彼は5年間詳細に調査し，学位論文にまとめた(福田, 1992)。以下に同草地の概要

第12章 シロツメクサのクローン成長と集団分化　247

を紹介しよう.

　この草地のプレイヤーはシバとシロツメクサ，そして牛の3種である(図3上)．シバはイネ科の C_4 多年草で，ライゾーム(rhizome 根茎)と呼ばれる地下茎をもつクローン植物である．一方，牛の種類は黒毛和種で，シバとシロツメクサを食べて成長する．これら両草種の積算優占度(SDR_2)はそれぞれ約

図3　シバ-シロツメクサ共存草地．同草地のプレイヤーはシバとシロツメクサ，牛(黒毛和種育成牛)の3種(上)．全体にシバが優占し，シロツメクサはパッチ状に分布する．所どころに見えるポールは前年のパッチの位置．左下はパッチ内部で，シロツメクサが繁茂しているようすがわかる．右下はシバ地に細々と分布するシロツメクサ

90と約50で，5年間ほぼ一定である。パッチ1個の大きさは約1〜4 m²で，中心部はこんもりと高く，周縁部にいくほど低い。たとえば，6月上旬に形成されたパッチでは7月上旬に中心部の高さが23 cm，周縁部が7 cmに達する。ところが，9月上旬にはそれぞれ9 cm，4 cmとなり，周囲のシバと同じくらいの草高になる。したがって，パッチの寿命は3〜4か月程度である。新しいパッチが放牧期間中，続々と形成されては消えていく。

　パッチの形成には牛の行動が関係している。牛は毎日糞を落とし，糞の周りの採食をしばらく嫌う。ある種の臭いで嫌うようだ。糞周辺のシロツメクサは食われなくなると，瞬く間に繁茂する。1か月も食われないと，高さ20〜30 cmに達し，明瞭なパッチをなす(図3左下)。しかし，2か月も経つと，臭いが薄れるためか，再び食われるようになる。パッチのシロツメクサは，牛にとってシバよりも魅力的な食物に切り替わる。パッチは深くまで食われて消滅し，今度はシロツメクサの下で耐えていたシバが取って代わる。そして後述するように被食耐性の劣るシロツメクサは細々と生きることになる(図3右下)。このような仕組みで，シロツメクサのパッチができては消え，できては消えを繰り返しながら，シバと共存しているのである。

　一方，クローン植物という視点から，両種の共存を理解することもできる。シバとシロツメクサはともにクローン植物であるが，そのタイプが異なる。シバはライゾームで，シロツメクサはストロンで成長する。シバのライゾームは被食ストレスに対して優れた耐性と回避をもたらす。これは，①ライゾームは地下部にあるので，被食によって損失しないこと(回避)，②ライゾームは貯蔵機能が高く，また生理的統合も強いので高い再生力を実現できること(耐性)，③ライゾームは小型の直立茎を出し，光合成と被食による損失のジレンマを解決すること(回避および耐性)による。このように，シバは被食によく耐えるが，その一方で光競争には弱い。ただし，(パッチのような)短期間の被陰なら，ライゾームの貯蔵と生理的統合の機能でしのぐことができる。そのため，パッチが食べられて消滅すると，すぐにシロツメクサに取って代わることができる。これに対して，シロツメクサのストロンは地表を這うので，糞が落ちて食われなくなると，臨機応変にシバの上にパッチを形成

できる。そして，パッチが消える前に十分な量のストロンバンクをつくりながらいつの日か，近くに糞が落ちたら，すばやく新たなパッチを形成できる。このように，タイプの異なるクローン植物だからこそ，両種は共存できるのである。

大葉型と小葉型のどちらが有利か？

　この草地は，シロツメクサの適応化を考える上で大いに魅力的である。私たちは前述した大葉型と小葉型を考え合わせてみることにした。問いは「この草地では大葉型と小葉型のどちらが生存に有利だろうか？」である。これまでの研究では，被食なし，または弱い被食条件には大葉型が適し，強い被食条件には逆に小葉型が適するとされている(Evans et al., 1992)。前者の条件では大葉型の生産力・競争力が小葉型のそれより高く，被陰されにくいが，後者の条件では大葉型の被食ストレスに対する耐性が小葉型のそれより低いからである。ところが，この草地では「被食なし」と「強い被食」という2種類の環境条件が時空間的に変動する。環境条件が常に一定である場合ほど単純ではなさそうである。この時空間的な変動が，私たちにとって最大の魅力であった。

　私たちの立てた仮説は「大葉型が有利」である。理由はこうである。①大葉型は小葉型より上方に大型の葉を配置できる。さらにストロンを旺盛に広げることができるので，パッチ内の(光資源をめぐる)競争に有利である。そのため，パッチが消滅する前に小葉型より大きなストロンバンクを形成できるだろう。②大きなストロンバンクを残せば，次にできるパッチに参加できるチャンスも広がるだろう。③一方，牛に食われないパッチの状態から，強く食われる状態に切り替わっても，大葉型は可塑性を発揮して矮小化(葉柄を短くし，葉サイズも小さく)することで，しばらく耐えることができるだろう。ストロンバンクが大きければ，その貯蔵物質でしばらくしのげるかもしれない。以上のように，大葉型を優れた競争型に，小葉型を耐性型に見立て，クローン成長と可塑性を考慮して，この草地での両型の優劣を推測したのである。

　さて，仮説の次はその検証方法である。正攻法は，大葉型品種(たとえば

Kopu)と小葉型品種(たとえばTahora)の種子を等量で混播した草地を造成し，年数の経過とともに両型の割合がどのように変化するかを調べることである。仮説が妥当ならば，大葉型の割合が徐々に増加するはずである。しかし，これでは結果が出るまでに年数がかかる。それ以上にネックなのは，自前でシバ草地を新規に造成し，牛を放牧して維持することが必要であるが，それができない点である。そのほかにも諸々の制約があり，残念ながら，正攻法は採用できなかった。代わりに，私たちは福田博士の調べていた草地に焦点を当て，容器実験と野外実験を併用して仮説の妥当性を確かめることにした。しかし，このアプローチには問題点が2つある。①同草地造成時のシロツメクサの変異の様相が不明なため，大葉型の割合が増加したかどうかはわからないこと。②造成時に大葉型と小葉型が混在した保証はない，むしろ最も一般的に利用されている品種をソースとする(1品種内の)連続的な変異であったと考えた方がよいこと。とはいえ，パッチ内のシロツメクサはKopu並みに大葉型で，パッチの外側のシバの間で細々と分布するシロツメクサは一見Tahora並みに小葉型であった。そのため，私たちは同草地から現在のシロツメクサ個体を採取・分析して，果たして，①大葉型は仮説の前提条件のようにふるまうか，②たとえ大葉型と小葉型に明瞭に分かれなくても，相対的に見てより大葉型の個体が有利になりそうか，という2点を知りたいと考えた。できる範囲の方法を使い，仮説が妥当かどうかのおおよその見当をつけようと考えたのである。

競争実験

私たちはシバ草地からシロツメクサ個体を採取して，①標準環境下の評価実験，②競争実験，③可塑性実験を行った。これらのうち，競争実験のひとつを紹介しよう。当時大学院生の長屋大輔君らと行ったものである。図4のように，容器($41.5 \times 26.5 \times 8.5$ cm)を使ってパッチを再現し，容器内に4個のラメットを移植して競争させた。10種類の大葉型と小葉型の組み合せを用意し，それぞれ5種類(混植区3と単植区2)のパッチを設けた。各パッチには大葉型か小葉型の4個体を移植し，混植区では3種類の初期頻度で競争させ

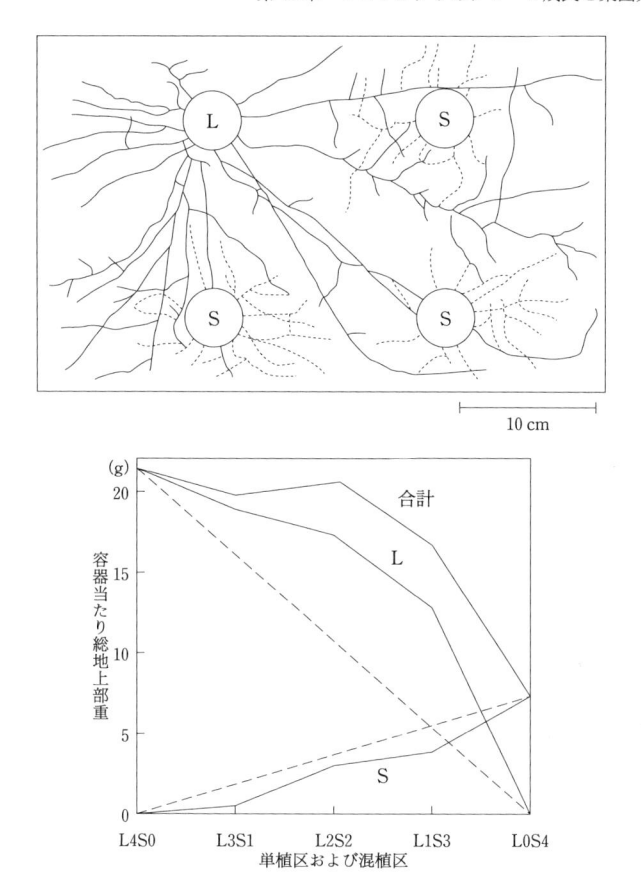

図4 シロツメクサの置換競争実験と地上部重の結果(Sawada, 1999 を改変)。容器(41.5×26.5×8.5 cm)の中央に 16 cm 間隔で 4 個体を移植した。上図は大葉型(L)1 個体と小葉型(S)3 個体を混植した L1S3 区の例。図中の実線と破線はそれぞれ大葉型と小葉型の移植 4 か月後のストロンの分布を示す。下図は単植区および 3 種類の混植区の容器当たり地上部重を示す。

た。置換実験法(replacement series)と呼ばれる競争実験である。この実験法では，調べたい 2 種(この場合は大葉型と小葉型)の密度を合計した総密度は一定にして，構成比率を変える。これらを 4 か月生育させた後，各個体の地上部重や総ストロン長，ストロンの空間分布を調べた。

特に注目したのは，大葉型 1 個体と小葉型 3 個体(同じクローンの)からなる

パッチ(L1S3区)である。パッチ形成初期には大葉型より小葉型のストロン量が多いからである。4か月後、小葉型は移植地点を中心に密生した。これに対して、大葉型はストロンを長く伸ばし、容器内にくまなく広がり(図4上)、小葉型より大型の葉をより高く配置して光を独占した。そして、パッチ内の地上部重のうち実に70%が大葉型で、小葉型は3個体分を合計してもわずか30%にすぎなかった。総ストロン長では47%が大葉型であった。つまり、最初は少数派であった大葉型が、短期間に大量のストロンをつくったわけである。この事実は、もしパッチ内に少しでも大葉型が含まれていれば、1回のパッチ形成で優位になることを示唆している。

　私たちは次にシバ草地で競争実験を行いたいと考えた。シバ草地に人工パッチをつくり、そのなかの大葉型と小葉型の成長を追跡するのである。人工パッチをつくるには、プロテクトケージ(以下、ケージ)を利用すればよい。このケージはしっかりと草地の地表面に固定でき、ケージ内部($1 \times 1 \times 0.5$ m)の植物を牛に食われることはない。ケージによる人工パッチを思いついたのは、別の目的で設置されていた2個のケージで興味深い現象を観察したからである。それらのケージは1年前に設置されたもので、つまりは1年という(普通のパッチより)寿命の長いパッチに相当する。驚いたことに、いずれのパッチもこれまで見たことがないほど葉が大型で、葉柄が長かった。2個のケージ内のクローン構造を分析してみたところ、わずか1～2個のクローンから構成されていた。これらのことから、大葉型がパッチ内競争に有利であることが強く示唆された。ところで、ケージ内部の個体は周囲のパッチが多数の頭花をつけていたにも関わらず、ひとつも頭花をつけていなかった。実は大葉型のなかには頭花の多い少ないという変異があり、頭花生産とストロン生産の間にトレードオフがありそうである。それならば、大葉型のなかでも、頭花数が少なくストロンの多いもの(ストロン多産型)が、頭花数が多くストロンの少ないもの(頭花多産型)に比べて有利になるだろう。ストロン多産型は競争力がより高い型、頭花多産型は移住力の高い型といえそうである。

　以上のように考えながら、私たちはシバ草地にケージを設置し、クローン間競争を調べ始めた。計画はこうである。①ケージ設置時(晩秋)に内部に分

布するすべてのストロンの位置を記録し，長さも測定する。おもなストロンにマーキングする。②ストロンの分布マップとマーキングから，翌年初夏に各ストロンを同定し，各々から分枝した子ストロンも含めて長さを測定する。③一方，各ストロンの一部を採取して実験室に持ち帰り，クローン識別を行う。④さらにこれらを増殖して，標準環境下で栽培し，クローンごとに形態形質を測定する。⑤さらにケージ設置時に Kopu と Tahora を移植する区も設け，翌年初夏に移植個体の生死，ストロン量を調べる。以上から，クローン間競争の様相をつかみたいと考えた。ところが，翌年の天候不順のため，この実験は失敗に終わってしまった。

以上が一連の競争実験の顛末だが，前述したように，これらと並行して標準環境下の評価実験と可塑性実験を行った。それらの詳細は省略するが，シバ草地には大葉型の個体が多いこと，大葉型は(牛による採食を模した)頻繁な刈取り条件下で葉サイズや葉柄長の値が著しく低下し，大きな可塑性を示すことが確認された。以上から，仮説「大葉型が有利である」はおおむね支持された。ところが不思議なことに，少数ではあるが，小葉型の存在も確認された(図5)。それらは，標準環境下で栽培しても，Tahora 並みに葉が小型で，葉柄も短かった。それなのに，シバ草地から排除されずに生存していたのである。なぜこれらの小葉型は排除されないのだろう？

なぜ小葉型は排除されないか？

小葉型が完全に排除されない理由として，次の3つの可能性を考えている。①小さなパッチサイズ，②長すぎないパッチの寿命，③可塑性のコストである。①小さなパッチサイズとは，言い換えるとパッチ内競争への参加制限である。パッチが小さければ，そこで競争し合うクローンの個数は少ないはずである。競争し合うメンバーが少なければ，たまたま高い競争力をもつクローンが含まれないこともあるだろう。それならば，小葉型は排除されにくいはずである。

このアイデアの前提は，パッチ内のクローン数が少ないことである。そこで，当時大学院生の吉口修君らとアイソザイム分析からパッチ内のクローン

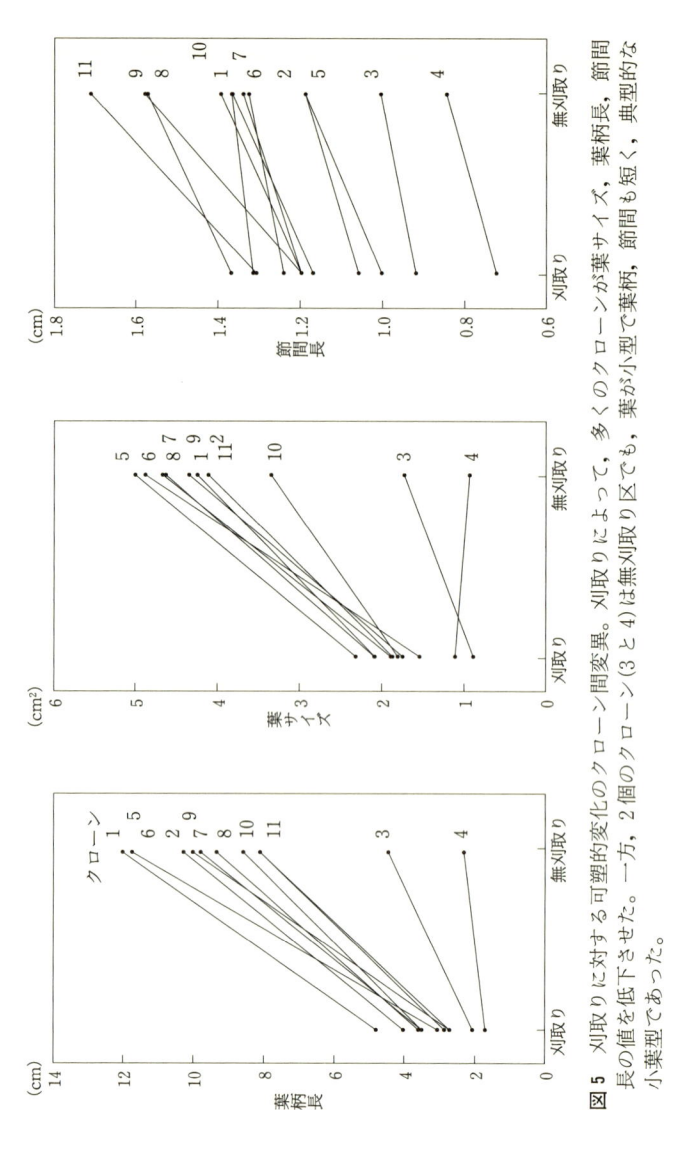

図5 刈取りに対する可塑的変化のクローン間変異。刈取りによって、多くのクローンが葉サイズ、葉柄長、節間長の値を低下させた。一方、2個のクローン(3 と 4)は無刈取り区でも、葉が小型で葉柄、節間も短く、典型的な小葉型であった。

数を推定してみた(今では DNA 分析技術が進歩したので，AFLP 分析やマイクロサテライト分析などでより精密にクローンを推定することができる。とはいえ，アイソザイム分析や葉紋(leaf mark)のような標識になり得る形態形質を組み合せた分析も簡易推定法として有効である)。35 個のパッチを分析した結果，パッチ当たりクローン数は 1〜13 個と推定された。ひとつのパッチをめぐって競争し合うメンバーは多くても 13 個で，5 個以内のパッチが 22(63%)もあった。パッチ内のクローン数は少ないようである。次にパッチ外で強く採食される場所，つまり糞を待ち受けているストロンバンクのある場所のクローン構造も調べてみた。シバが優占し，シロツメクサが細々と分布している場所(1×4 m)で，20 cm 間隔で葉をサンプリングして分析したところ，総数で 30 個のクローンが分布していた(Sawada, 1999)。そのうち，出現数の多い上位 3 個(10%)のクローンは 51 地点(40%)に分布していた。このように，ひとつのパッチをめぐって競争し合うメンバーは少ない。それならば，パッチ内に高い競争力をもつクローンがたまたま含まれないこともあり得る。

　パッチのサイズだけでなく，寿命もパッチ内競争の結果に影響するだろう。パッチの寿命が短ければ，競争し合う期間が短くなり，決着がつきにくいはずである。それならば，不利な小葉型といえども消滅しにくいだろう。他方，寿命が長ければ，競争の決着がつき，小葉型は消滅するだろう。3〜4 か月というパッチの寿命は，小葉型にとって長すぎることはないのかもしれない。一方，パッチ消滅後に小葉型が大葉型より有利になるとしたら，小葉型は存続できるだろう。牛に食われるようになると，大葉型は矮小化して被食を回避しようとする。もしこの可塑性にコストがかかれば，小葉型の方が有利になるだろう。残念ながら，このコストの有無はいまだ不明である。とはいえ，前述したように，草地学分野では強く採食される草地では，大葉型より小葉型が適することが知られている(Evans et al., 1992)。何らかのコストがあるとみてよさそうである(可塑性のコストはホットなテーマである。Weijschede et al. (2006)によると，遮光に対する可塑性のコストは小さいようである)。以上のように，パッチの属性と可塑性のコストによって，小葉型は排除されずに低頻度ながら存続できる，言い換えると大葉型と共存できるのだろう。

2通りのパッチ形成経路

　ところで，大きなパッチは小さなパッチより多くのクローンを含みそうなものである。そこで，前述の35個のパッチについて，パッチの面積とクローン数の関係を調べてみた。ところが，意外にも両者の間に正の関係はなかった（$r=0.202$, $p>0.05$, $n=35$）。面積2 m² 以上の大きなパッチで1〜2個のクローンしか含まないものや，1 m² に満たないパッチにも関わらず10〜13個のクローンを含むものまであった。なぜだろうか？　実はこれにはパッチ形成の仕組みが関係している。

　福田(1992)によれば，シロツメクサのパッチが形成される仕組みには2種類ある。1つ目はストロンバンクからのパッチ形成，2つ目は種子からのパッチ形成である（図6）。1つ目の仕組みはこうである。パッチで形成されたストロンバンクの量は，パッチが消えて牛に強く採食されつづけるようになると，時間とともに減少していく。しかし，そのストロンバンクが完全に消滅する前に糞が落ちると，そこから新しいパッチができる。一方，ストロンバンクが消滅した場所に糞が落ちても，糞中に含まれるシロツメクサ種子が芽生えて新たなパッチを形成することがある。これが2つ目の仕組みで，実に巧妙である。シロツメクサ種子は硬実種子で休眠性が強いが，牛に頭花ごと食べられ，その消化管を通過する際に休眠性が解除される。糞に混じって排泄されると，糞上で発芽する。糞は芽生えにセーフサイトももたらすのである。このように2通りの経路でパッチが形成される。ストロンバンクから形成されたパッチではクローン数が少なく，種子から形成されたパッチではクローン数が多いことは容易に想像できる。

パッチ内のクローン間競争と種子生産の矛盾

　パッチ内競争は図4のように熾烈である。勝者は大きなストロンバンクを残せる。では，種子生産はどうだろうか？　勝者は多くの種子を生産できるだろうか？　この問いは存外複雑である。なぜなら，パッチを独占してしまうと，パッチ内に交配相手がいなくなり，隣花受粉（同じクローンの，別の花から花粉を受け取ること）が起こりやすくなるからである。シロツメクサは虫媒他

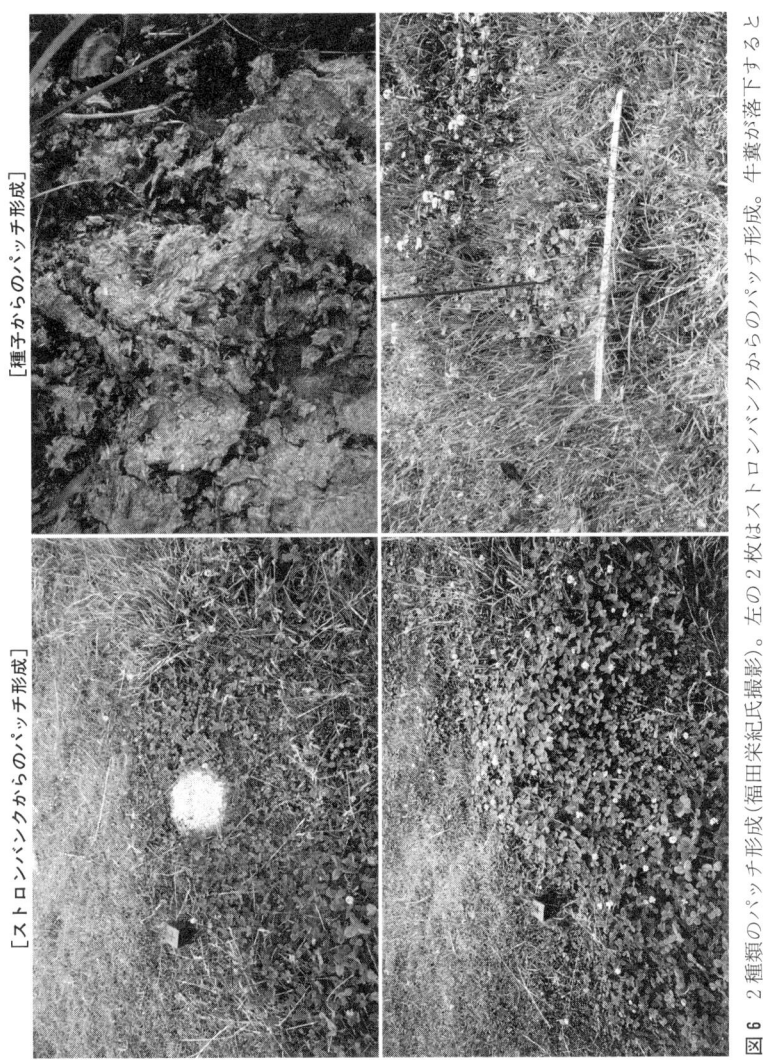

[ストロンバンクからのパッチ形成]

[種子からのパッチ形成]

図6 2種類のパッチ形成（福田栄紀氏撮影）。左の2枚はストロンバンクからのパッチ形成。牛糞が落下すると（左上）、やがてストロンバンクからパッチが形成される（左下）。右の2枚は種子からのパッチ形成。牛糞中に含まれる種子が発芽し（右上）、やがてパッチが形成される（右下）。

殖性で，ほとんど自殖しない。この草地のおもなポリネータはセイヨウミツバチ，ヒメハナバチ類，マルハナバチ類，ハナアブ類である。特に訪花頻度の高いセイヨウミツバチでは隣花受粉が起こりやすいだろう。そこで，パッチ内のクローン多様度と結果・結実の関係を調べてみた。11個のパッチを選び，それぞれのクローン分析を行った。また多数の頭花を採取して，莢ごとに種子数を調べ，頭花当たりの結果率を算出した。その結果，両者の間には $r=0.638(p<0.05, n=11)$ と正の相関関係があった。1莢内粒数との間にも $r=0.517(p>0.05, n=11)$ と，有意ではないが，正の相関関係があった。少数のクローンが優占するパッチで結実が低下する傾向にあった。したがって，パッチ内競争の勝者は必ずしも多くの種子を生産するわけではない。パッチ内競争と種子からのパッチ形成はせめぎあいも含んでいるのである。

草地の魅力

ところで，パッチ状生息地における競争型と移住型の共存条件は保全生態学の重要なテーマであり，理論的研究が先行している。たとえば，パッチ密度が低下すると，競争型の占めるパッチ割合が減少し，移住型は逆に増加することが示唆されている(Nee and May, 1992)。しかし，このような予測を検証するために，競争型と移住型を用意でき，パッチ密度を操作できるフィールドは多くない。このシバ草地は，大葉型(競争型)と小葉型(耐性型)だけでなく，大葉型のなかのストロン多産型(最強の競争型)と頭花多産型(移住型)の優劣関係や共存条件を思考できる，貴重なフィールドでもある。

もしパッチ密度が高ければ，パッチ内競争の機会が増えるから，小葉型に対する大葉型の優位性が高まるだろう。さらに，ストロンバンクからのパッチ形成の機会が増えるから，大葉型のなかでもストロン多産型が有利になるだろう。これに対して，パッチ密度の低い草地では，可塑性のコストがあるならば，大葉型の優位性は低下し，小葉型が増加するはずである。一方，大葉型のなかでは，頭花多産型がストロン多産型より優位になりそうである。今のところ，この仮説の真偽のほどはわからないが，パッチ密度の操作方法はいくつか考えている。1つ目はプロテクトケージによる人工パッチの増減，

2つ目は糞の増減，3つ目は牛の頭数の増減である。このうち，牛の頭数の増減を詳述しよう。

牛の頭数を増やせば，高密度で糞が落ちるので，パッチ密度が高まるだろう。反対に，頭数を減らせば，パッチ密度が下がると期待される。当時，同支場にいた坂上清一さんは別の目的で，頭数を変える実験を行った。牛を3頭放牧する区，2頭の区，1頭の区をつくり，草量や牛の増体量を測定するだけでなく，糞の個数も調べてくれた。その結果，3頭区では多数の糞が落ち，パッチが数多く形成された。これに対して，1頭区では糞が少ないので，パッチの個数が少なかった。おもしろいことに，パッチの大きさと寿命は放牧圧によって異なり，ほかの区に比べて3頭区のパッチはより小さく，寿命も短くなった。1頭当たりの草量が大幅に減少し，パッチがより強く，より早く採食されたためである。さらにパッチの属性だけでなく，植生も短期間に変わりそうな兆しを見せた。2頭区・3頭区は短草種シバが優占する草地なのに対して，1頭区では草量が余り，パッチ以外に不食地が目立ち始め，オニウシノケグサのような長草種が侵入し始めたのである。このように牛の頭数を変える実験は，パッチ密度を変えるだけでなく，パッチの属性や植生をも変えてしまう。ともあれ，このようにさまざまな方法で野外実験できるのが草地の魅力である。

4. シアン化物発生の集団分化

シアン化物発生の仕組み

シロツメクサといえば可憐なイメージがあるが，実はシアン化物(cyanide)という有毒物質が発生するという意外な一面もある。個体によってシアン化物が発生するもの，しないものがあり，普通，両者が集団中に混在している。これをシアン化物多型(cyanogenic polymorphism)という。

シアン化物が発生する個体は，葉のなかにシアン化水素配糖体(リナマリンとロタウストラリン)と加水分解酵素(リナマラーゼ)を持っている。配糖体は液胞中に，リナマラーゼは細胞壁に局在しており，普通，両者が接触することは

ない。しかし，葉を傷つけられると，両者が接触し，リナマラーゼの働きで配糖体が加水分解され，シアン化物が発生する。シアン化物発生には2種類の遺伝子が関与しており，ひとつは配糖体を合成する遺伝子 Ac，もうひとつはリナマラーゼを合成する遺伝子 Li である。両者の劣性遺伝子（ac と li）のホモ型はそれぞれ配糖体，リナマラーゼを合成しない。そのため，4種類の表現型（$AcLi$, $Acli$, $acLi$, $acli$）のうち，配糖体とリナマラーゼの両方を合成できる $AcLi$ だけがシアン化物を発生する。

発生量はごく微量である。しかし，大量に摂取すれば，ウシやヒツジのような大型家畜でも中毒を引き起こす恐れがある。そのため，シロツメクサ品種ごとに $AcLi$ 個体を含む割合や，単位葉重当たりの発生量がよく調べられている。たとえば，ある調査では前述した品種 Kopu の発生量は葉乾重1g当たり約590 μg である。シアン化物の発生はシロツメクサの化学的防御のひとつと考えられている。大型動物よりはむしろ，カタツムリ，ナメクジ，ネズミなどの小動物に対して有効であり，これらの小動物ではほかの個体に比べ，$AcLi$ 個体の摂食を避ける傾向にあることが知られている。言い換えると，小動物による食害がシロツメクサに強い選択圧として作用する可能性がある。

シアン化物発生の集団分化

それならば，野生化集団の $AcLi$ 個体の割合はどのようだろうか？ 集団によって大きく異なるのだろうか？ 実は原産地のヨーロッパでは見事な緯度的変異および高度的変異が知られており (Daday, 1954a, b)，生態遺伝学のクラシックのひとつになっている。低緯度の集団では高緯度の集団に比べて $AcLi$ 個体の割合が高い。また低標高の集団では高標高の集団に比べてこの割合が高い。これらのパターンの原因は，小動物による食害と配糖体のコストから説明されている。たとえば，緯度的変異パターンの説明はこうである。ヨーロッパ南部は北部より暖かく，小動物による食害を受けやすい。$AcLi$ 個体はほかの個体より化学的防御に優れるから，生存に有利である。一方，$AcLi$ 個体にはふたつのコストがある。それは，配糖体とリナマラーゼを合

成するコストと，低温ストレスや乾燥ストレスに弱いというコストである。ヨーロッパ北部ではこれらのコストが利益を上回り，$AcLi$個体がほかの個体に対して不利になる。高度的変異パターンも同様の説明である(実はこの説明はまだ完全には支持されていない．不明な点もあるからだ．たとえば，シロツメクサを食害する小動物の種数や個体密度が緯度によってどのように異なるか，シロツメクサ成体よりも芽生えに対する食害が選択圧として重要なのか，芽生えの加入が緯度によってどのように異なるか，十分にわかっていない．シアン化物多型現象は存外複雑なのかもしれない(Richards and Fletcher, 2002))。

では，日本ではどうだろうか？　シロツメクサが侵入して約200年が経過しているが，原産地ヨーロッパと同様のパターンが形成されているのだろうか？　私たちは日本国内の$AcLi$頻度を調べてみることにした。実はDaday(1958)は日本の7か所(北海道から宮崎県)で採取された個体を分析している．それによると，札幌市と盛岡市の北部集団の$AcLi$頻度はそれぞれ15.3％，19.1％と低く，高知市と鴻巣市の南部・関東集団はそれぞれ42.4％，50.0％と高かった。このデータだけ見ると，ヨーロッパと同様の変異パターンを形成しているように見えるが，温暖な宮崎県や善通寺市ではそれぞれ10.9％，13.8％と低かった。結論を出すには尚早である。そこで当時大学院生の荻ノ迫善六さんらと西日本の集団数を増やし，北海道から鹿児島県までの14か所からシロツメクサを採取してピクリン酸紙法で分析した．

得られた結果は図7の通りである。全集団をこみにすると，$AcLi$頻度は30.3％，$Acli$は27.5％，$acLi$は8.7％，$acli$は33.5％であった。予想通り，日本国内でもヨーロッパと同様の緯度的変異パターンが確認された。北海道・東北の北部集団では$AcLi$頻度が低いのに対して，静岡県以西の集団では概して高い傾向にあった。私たちは特に静岡県以西の変異パターンに関心を寄せていた。果たして，Daday(1958)が報告したように，$AcLi$頻度は10.9〜42.4％と大きく変異しているのだろうか？　静岡県以西の10集団の$AcLi$頻度は0〜68.0％と大きく変異した。しかし，$AcLi$頻度と採取地の緯度，1月の最低気温(Daday(1954a)が指摘した要因)の間に有意な相関関係はなかった。以上から，帰化した日本においても，①大きなスケールで見ると，

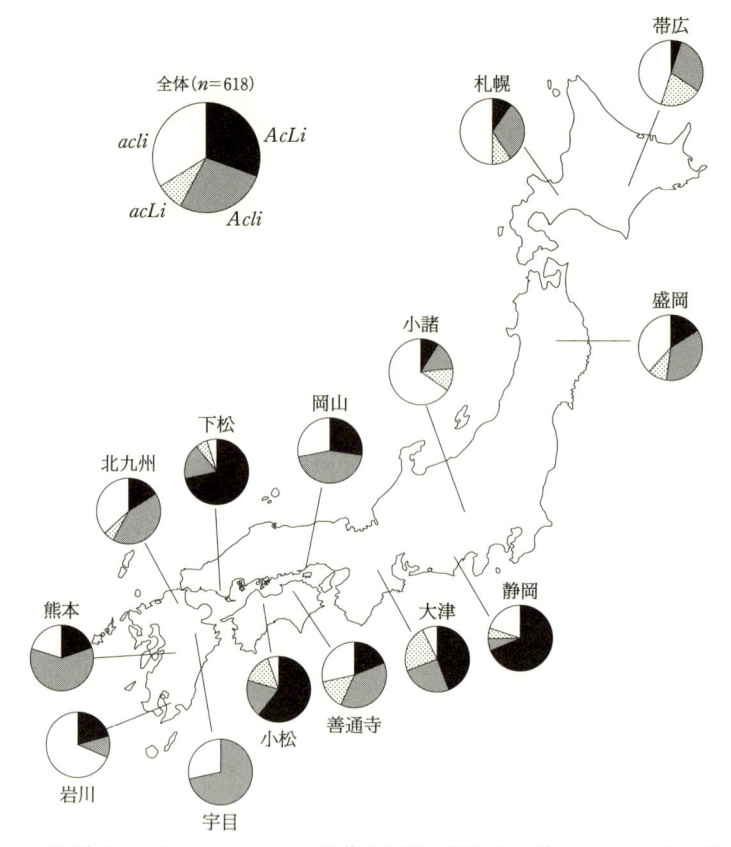

図7 日本国内のシロツメクサのシアン化物表現型の変異（荻ノ迫ほか，1996を一部改変）

緯度的な変異パターンが形成されていること，②静岡県以西というやや小さいスケールで見ると，緯度パターンは明瞭でないことがわかった．では，なぜ静岡県以西では $AcLi$ 頻度が大きく変異するのだろうか？　残念ながら，その理由はまだ不明である．可能性としては，分析した集団（野生化集団）のソースになった品種の影響や，生育地の環境要因の影響などが考えられる．たとえば，立地条件，土壌要因，気象要因，食害者などの生物的要因は $AcLi$ 頻度に複雑に影響するだろう（Richards and Fletcher, 2002）．

　日本に帰化したシロツメクサは低地から標高1,000m以上の高地まで分

布するようになった。では，日本でも高度的変異が形成されているだろうか？　私たちは富士山麓の変異も分析してみることにした。富士宮市側の道路ぞいに自生するシロツメクサ140株を分析したところ，$AcLi$頻度は低地集団(標高 0〜500 m)で 48.6％と高く，標高が高まるにつれて低下し，高地集団(標高 1,500〜2,000 m)ではわずか 5.7％であった。ちなみに標高 500〜1,000 m と 1,000〜1,500 m の集団ではそれぞれ 22.9％，11.4％であった。このような変異パターンが短期間に形成されたものと推定している。

クローン成長と化学的防御

ところで，最近，Gomez and Stuefer (2006) はクローン成長と化学的防御を組み合せた興味深い仮説を発表した。簡単に紹介しよう。その仮説とは，シロツメクサ個体のストロンを介して化学的防御を誘導する情報が伝わるというものである。同じ個体のラメットによって，食害されるものもあれば食害されないものもある。食害されたラメットから，「食害されたという情報」がまだ食害されていないラメットにただちに伝わり，防御物質を準備することができれば，残りのラメットは食害を免れる。植物ではある種の揮発性物質がこの情報伝達の用途に使われることがよく知られているが，これでは自分以外の個体に情報が筒抜けである。もしストロンを介して情報を伝達できれば，他個体に知られずに自分だけ防御することができ，優位になれるだろう。このアイデアの前提は，その化学的防御が誘導的なものであることだ。残念ながら，シアン化物による防御は誘導的ではなく，恒常的である。そのため，この仮説はシアン化物に当てはまらないが，シロツメクサが持つ別の化学的防御には適用し得ると，彼らは主張している。

5. 人間に翻弄され始めたシロツメクサ

本章ではシロツメクサとそれを食べる動物との関わりを通して適応化現象も紹介してきた。最後にシロツメクサを間接的に食べる最大の捕食種「人間」との最近の関わりにふれることで結びに代えたい。最近の関わりといえ

ば，環境問題と遺伝子組換え作物である。シロツメクサもこれらと無縁ではない。環境問題，特に地球温暖化では，牧草利用の面から，近未来の気候変動シナリオのもとでシロツメクサの生産力や繁殖がどのように変化するかを予測する研究が進行中である。一方，イギリスのシロツメクサ育種グループによると，温暖化によって既に開花が早まっているという(Williams and Abberton, 2004)。彼らは1962〜2002年までの40年間，同じ場所，同じ栽培管理のもとで，シロツメクサ6品種の開花をモニターしている。その結果，開花始め日が年々早まり，特に1978年以降は10年に7.5日のペースで早まっていることが判明した。これには，2〜3月の最高気温と最低気温，1〜4月の地温の上昇が関与しているそうである。彼らはまた，気候変動による送粉昆虫への影響や，シロツメクサと共生している根粒菌への影響も調べる必要があると指摘している。これらのパートナーの活動量が温度に依存しているからである。さらには前節で述べたように，食害者の活動も温度に依存し，シアン化物発生にはコストをともなう。シロツメクサの繁殖は，それを取り巻く生物ネットワークからの間接効果によっても，温暖化の影響を受けるのかもしれない。

　帰化植物のなかでシロツメクサは，遺伝子組換え品種が研究開発されている点でユニークな存在である。オーストラリアでは既にウイルス抵抗性組換え体が開発されている。シロツメクサはしばしばシロクローバモザイクウイルス(WCMV)やクローバ葉脈黄化ウイルス(ClYVV)などに感染する。実は私たちもウイルス感染のため実験を失敗した苦い経験がある。感染個体は成長が低下する。ウイルス感染が普通のできごとであれば，つまり「成長の低下した」シロツメクサが普通ならば，ウイルス抵抗性組換え体の野外環境への放出は，シロツメクサの侵入力を強化する恐れがある。特に短草型の自然草原への悪影響が懸念される。そのため，ウイルス抵抗性組換え体の生態リスク評価が進行中である(Godfree et al., 2006)。このように，好感度の高いシロツメクサといえども，保護優先地においては生態リスク評価を受け始めている。

　シロツメクサは重要な牧草として広く利用され，また可憐な植物として世

界中の人々に親しまれてきた．その一方で，生態学のモデル植物として，クローン成長や可塑性の分野で詳しく研究されてきた．これらの価値は変わらないものの，人間の都合によって翻弄されようとしているように見える．

引用・参考文献

［帰化植物の生活史戦略］
Abul-Fatih, H. A. and Bazzaz, F. A. 1979. The biology of *Ambrosia trifida* L. II. Germination, emergence, growth and survival. New Phytologist, 83: 817-827.
赤座光市. 1940. 農地雑草種子の早産性及び多産性. 農業及園芸, 15：161-162.
浅井康弘. 1978. 急激に増えつつある帰化植物. 採集と飼育, 40：578-582.
浅井元朗. 2004. 難防除雑草の蔓延―カラスムギ. 植調, 38：21-29.
安島美穂. 2001. 埋土種子集団への外来種種子の蓄積. 保全生態学研究, 6：155-177.
Baskin, J. M. and Baskin, C. C. 1983a. Seasonal changes in the germination responses of buried seeds of *Arabidopsis thaliana* and ecological interpretation. Bot. Gaz., 144: 540-543.
Baskin, J. M. and Baskin, C. C. 1983b. Germination ecology of *Veronica arvensis*. Journal of Ecology, 71: 57-68.
Baskin, J. M. and Baskin, C. C. 1984. Role of temperature in regulating timing of germination in soil seed reserves of *Lamium purpureum* L. Weed Research, 24: 341-349.
Baskin, C. C., Baskin, J. M. and Chester, E. W. 2003. Seasonal changes in the germination responses of buried seeds of three native eastern North American winter annuals. Plant Species Biol., 18: 59-66.
Battaglia, E. 1948. Ricerche sulla parameiosi restitionale nel genere *Taraxacum*. Caryologia, 1: 1-47.
エルトン, チャールズ・S. 1971. 侵略の生態学（川那部浩哉・大澤秀行・安部琢哉訳）. 238 pp. 思索社.
Grime, J. P. 1979. Plant Strategies and Vegitation Processes. 222pp. John Willey & Sons. Chichester・New York・Brisbane・Tronto.
Gustafsson, A. 1946-1947. Apomixis in higher plants. Lunds Universitets Arsskrift, 42-43: 1-370.
Hao, J.-H., Qiang S., Liu, Q.-Q. and Cao, F. 2009. Reproductive traits associated with invasiveness in *Conyza sumatrensis*. J. Systematics and Evolution, 47: 245-254.
服部容美. 2005. ムカシヨモギ属（*Erigeron*）帰化植物の繁殖様式. 77pp. 新潟大学教育学部卒業論文.
Hayashi, I. and Numata, M. 1967. Ecology of pioneer species of early stages in secondary succession I. Bot. Mag. Tokyo, 80: 11-22.
堀田満. 1977. 近畿地方におけるタンポポ類の分布. 自然史研究, 1：117-134.
堀田満. 1978. 関西地方における在来及び帰化タンポポの分布. 南紀生物, 20：1-6.

Hutchinson, G. E. 1951. Copepodology for the ornithologist. Ecology, 32: 571-577.
岩瀬徹. 1977. 生活型で決まる雑草の盛衰. 科学朝日, 12：37-42.
金井弘夫・清水建美・近田文弘・濱崎恭美. 2008. 都道府県別 帰化植物分布図(作業地図). 350pp. 金井弘夫.
Kawano, S. 1975. The productive and reproductive biology of flowering plants II. The concept of life history strategy in plants. J. Coll. Lib. Arts. Toyama Univ., 8: 51-86.
木村進. 1980. なぜセイヨウタンポポが都市に広がっているのか. Nature Study, 28: 3-6.
草薙得一・近内誠登・芝山秀次郎(編). 1994. 雑草管理ハンドブック. 222pp. 朝倉書店.
前川文夫. 1943. 史前帰化植物について. 植物分類地理, 13：274-279.
牧野富太郎. 1912. 帰化ノ語. 植物学雑誌, 26：111.
宮脇昭. 1970. 植物と人間 生物社会のバランス. NHKブックス109. 228pp. 日本放送出版協会.
森田竜義. 1997. 世界に分布を広げた盗賊種 セイヨウタンポポ. 雑草の自然史(山口裕文編), pp.192-208. 北海道大学図書刊行会.
内藤俊彦. 1975. タンポポ属(*Taraxacum*)の侵入と定着について. 生物科学, 27：195-202.
Nygren, A. 1954. Apomixis in the Angiosperma II. The Botanical Review, 20: 577-649.
小川潔. 1978. タンポポの発芽習性と生活環の調節. 種生物学研究, 2：13-20. 植物実験分類学シンポジウム準備会.
Ogawa, K. 1978. The germination pattern in a native dandelion (*Taraxacum platycarpum*) as compared with those in introduced dandelions. Japanese J. Ecology, 28: 9-15.
Ogawa, K. 1979. Distribution of native and introduced dandelions in the Tokyo metropolitan area, Japan. Vegetation und Landshaft Japans. Maruzen.
小川潔. 1998. タンポポ類の交代現象に関する保全生態学的研究. 141pp. 東京大学.
大沼洋美・後藤慎子. 1984. 新潟市およびその近郊におけるタンポポ属の分布と生態. 137 pp. 新潟大学教育学部卒業論文.
大島哲夫. 1979. 富山県産の低地性タンポポの種子発芽. 富山生物研究, 13：54-59.
小野幹雄. 1994. 帰化植物にはなぜキク科が多いのか. 週刊朝日百科 植物の世界, 1：126-128. 朝日新聞社.
長田武正. 1976. 原色日本帰化植物図鑑. 441pp. 保育社.
Salisbury, E. J. 1975. The survival value of modes of dispersal. Proc. R. Soc. Lond. B., 188: 183-188.
Sawada, S., Takahashi, M. and Kasaishi, Y. 1982. Population dinamics and production process of indigenous and naturalized dandelions subjected to artificial disturbance by mowing. Japanese J. Ecology., 32: 143-150.
清水建美・近田文弘. 2003. 帰化植物とは. 日本の帰化植物(清水建美編). 337pp. 平凡社.
髙橋佳代. 1981. キク科植物の冠毛と風散布についての研究. 92pp. 新潟大学教育学部卒業論文.
舘田美代子・石川茂雄. 1968. 野外種子の重量について. 弘前大学教育学部紀要, 19：9-21.
鷲谷いづみ. 1996. オオブタクサ, 闘う―競争と適応の生態学. 平凡社自然選書34. 219pp. 平凡社.
Weaver, S. E. 2001. The biology of Canadian weeds. 115. *Conyza Canadensis*. Canadian J. Plant Science, 81: 867-875.

[帰化植物の孤独な有性生殖]
浅井康宏. 1993. 緑の侵入者たち. 朝日選書 474. 294pp. 朝日新聞社.
榎本敬. 1997. 雑草フロラをつくりあげる帰化植物. 雑草の自然史(山口裕文編著), pp.17-34. 北海道大学図書刊行会.
江崎悌三. 1958. スズメガ科. 原色日本蛾類図鑑(江崎悌三・一色周知・六浦晃・井上寛・岡垣弘・緒方正美・黒子浩著), pp.229-244. 保育社.
Faegri, K. and van der Pijl, L. 1979. The Principles of Pollination Ecology. Third revised edition. 244pp. Pergamon Prees.
石川良輔. 1996. 昆虫の誕生. 中公新書 1327. 210pp. 中央公論社.
加藤真. 1993. 送粉者の出現とハナバチの進化. 花に引き寄せられる動物(井上民二・加藤真編), pp.33-78. 平凡社.
河野昭一. 1975. 種生物学の立場からみた雑草. 雑草研究, 20：145-149.
河野昭一. 1986. 帰化植物の適応戦略. 遺伝, 40：36-41.
牧野富太郎. 1976. 新改訂学生版 牧野日本植物図鑑(7版). 449pp. 北隆館.
森田竜義. 1997. 世界に分布を広げた盗賊種セイヨウタンポポ. 雑草の自然史(山口裕文編著), pp.192-208. 北海道大学図書刊行会.
沼田真. 1975. 帰化植物の生態学的特性. 帰化植物(沼田真編), pp.7-41. 大日本図書.
岡部作一. 1932. にがなノ単為生殖(予報). 植物学雑誌, 46：518-523.
小野正人・和田哲夫. 1996. マルハナバチの世界. 132pp. 日本植物防疫協会.
Proctor, M., Yeo, P. and Lack, A. 1996. The Natural History of Pollination. 479pp. Timber Press.
田原正人. 1915. ひめじょおんノ単為生殖. 植物学雑誌, 29：245-254.
田中肇. 1979. イネ科野生種の受粉. 植研, 49：309-314.
田中肇. 1989. 父島の花の受粉生態・断片. 小笠原研究年報, 13：1-7.
田中肇. 1993. 花に秘められたなぞを解くために. 174pp. 農村文化社.
田中肇. 1997. 花と昆虫がつくる自然. 197pp. 保育社.
田中肇. 1998. ミズバショウの受粉生態学的研究. 植研, 73：35-41.
田中肇・森田竜義. 1999. 純白の植物の生きざま. 花の自然史(大原雅編著), pp.3-16. 北海道大学図書刊行会.
田中肇. 2000. 花と送粉昆虫. 千葉県の自然史 5, 千葉県の植物 2(千葉県史研究財団編), pp.660-692. 千葉県.
田中肇. 2001. 花と昆虫, 不思議なだましあい発見記. 262pp. 講談社.
田中肇. 2009. 東京の住宅街でも花には昆虫がいっぱい！ 昆虫と自然, 44(11)：26-30.

[オランダミミナグサとミミナグサの比較生態]
福原晴夫・安田香・村田隆子・野田晴美・五十嵐晴美. 2007a. 外来種オランダミミナグサ(*Cerastium glomeratum*)と在来性種ミミナグサ(*C. holosteoides* var. *hallaisanense*)の比較生態(1) 分布と生活史. 新潟大学教育人間科学部紀要, 9(2)：45-54.
福原晴夫・安田香・村田隆子・野田晴美・五十嵐晴美. 2007b. 外来種オランダミミナグサ(*Cerastium glomeratum*)と在来性種ミミナグサ(*C. holosteoides* var. *hallaisanense*)の比較生態(2) 種子生態と発芽特性. 新潟大学教育人間科学部紀要, 10(1)：23-37.
波田善夫. 1988. タンポポの分布の現状と未来. 日本の植生(矢野悟道編), pp.159-169. 東海大学出版.
林一六. 1975. 帰化植物の種子と発芽. 帰化植物(沼田真編), pp.73-111. 大日本図書.

伊藤操子. 1993. 雑草学総論. 367pp. 養賢堂.
笠原安夫. 1941a. 雑草種子の発芽の研究「第2報」. 農及び園, 16：436-444.
笠原安夫. 1941b. 雑草種子の発芽の研究「第3報」. 農及び園, 16：1007-1016.
久内清孝. 1950. 帰化植物. 272pp. 科学図書出版会.
前川文夫. 1943. 史前帰化植物について. 植物分類・地理, 12：274-279.
前川文夫. 1978. 史前帰化植物考. 朝日百科世界の植物, 12：3214-3217.
牧野富太郎. 1923. 植物のコスモポリタン. 植物集説(上), pp.277-280. 誠文堂新光社.
森田龍義・後藤慎子・大沼洋美. 1985. 新潟市における在来及び帰化タンポポの分布調査. 新潟大学教育学部紀要(自然科学), 26(2)：133-146.
内藤俊彦. 1975. タンポポ属(*Taraxacum*)の侵入と定着について. 生物科学, 27：195-202.
中山包. 1960. 発芽生理学. 354pp. 内田老鶴圃新社.
中山包. 1966. 農林種子の発芽. 285pp. 内田老鶴圃新社.
沼田真. 1975. 帰化植物の生態学的特性. 帰化植物(沼田真編), pp.7-41. 大日本図書.
Ogawa, K. 1979. Distributions of native and introduced dandelions in the Tokyo metropolitan area, Japan. In "Vegetation und Lundschaft Japans" (eds. Miyawaki, A. and Okuda, S.), Bulletin of the Yokohama Phytosociological Society, 16: 417-421.
小川潔. 2001. 日本のタンポポとセイヨウタンポポ. 130pp. どうぶつ社.
Ogawa, K. and Mototani, I. 1985. Invasion of the introduced dandelions and survival of the native ones in the Tokyo metropolitan area of Japan. Jap. J. Ecol., 33: 443-452.
小川潔・芝池博幸・出口雅也・金子信也・森田竜義. 2007. タンポポの雑種化と環境指標性の再検討. 人間と環境, 33：2-12.
大井次三郎. 1983. 新日本植物誌 顕花篇. 北川正夫改訂. 1716pp. 至文堂.
長田武正. 1972. 日本帰化植物図鑑. 254pp. 北隆館.
清水建美. 2003. ナデシコ科. 日本の帰化植物(清水建美編), p.54. 平凡社.
鈴木光喜. 2003. 秋田県の主要畑雑草種子の埋土条件における休眠・発芽特性. 雑草研究, 48：130-139.
鈴木善弘. 2003. 種子生物学. 411pp. 東北大学出版.
鷲谷いづみ. 1991. 雑草種子の発芽における不斉一性の要因. 植調, 25：241-247.
鷲谷いづみ. 1993. 種子発芽時における環境モニター. 生育にふさわしい場所と時を選ぶメカニズム. 化学と生物, 31：382-384.
鷲谷いずみ. 1996. オオブタクサ、闘う(平凡社自然叢書34). 219pp. 平凡社.
米倉浩司・梶田忠. 2011. BG Plants 和名－学名インデックス(Ylist), http://bean.bio.chiba-u.jp/bgplants/ylist_main.html(2011年9月2日).

[コスモポリタンな寄生植物アメリカネナシカズラの繁殖戦略]

Furuhashi, K., Kanno, M. and Morita, T. 1995. Photocontrol of parasitism in a parasitic flowering plant, *Cuscuta japonica*, cultured in vitro. Plant Cell Physiol., 36: 533-536.
Furuhashi, K., Tada, Y., Okamoto, K., Sugai, M., Kubota, M. and Watanabe, M. 1997. Phytochrome participation in induction of haustoria in *Cuscuta japonica*, a holoparasitic flowering plant. Plant Cell Physiol., 38: 935-940.
Furuhashi, K., Wakasugi, T. and Yamada, K. 2004. Intraspecific variation of photoresponse for haustorium induction in *Cuscuta japonica*, a stem parasitic plant. The 58th Yamada Conference. Poster presentations No.45.

橋本昭彦. 1981. ネナシカズラ属の検索について. 雑草研究, 26：44-51.
Jayasinghe, C., Wijesundara, D. S. A., Tennekoon, K. U. and Marambe, B. 2004. *Cuscuta* species in the lowlands of Sri Lanka, their host range and host-parasite association. Tropical Agr. Res., 16: 223-241.
Kuijt, J. 1969. The Biology of Parasitic Flowering Plants. 139pp. University of California Press. Berkeley, CA.
Nickrent, D. L. and Musselman, L. J. 2004. Introduction to Parasitic Flowering Plants. 23pp. APS (The American Phytopathological Society) Education Center Introductory Topics.
奥原弘人. 1984. 長野県植物誌チェックリスト, pp.30-31. 長野県植物研究会.
清水清. 1984. 寄生植物の観察, pp.53-59. ニュー・サイエンス社.
Tada, Y., Sugai, M. and Furuhashi, K. 1996. Haustoria of *Cuscuta japonica*, a holoparasitic flowering plant, are induced by the cooperative effects of far-red light and tactile stimuli. Plant Cell Physiol., 37: 1049-1053.
上野雄規(編). 1991. 北本州産高等植物チェックリスト. 256pp. 東北植物研究会.

［踏まれてもなお生き残る，オオバコとセイヨウオオバコの生活史戦略］
藤原勲. 1957. 北海道で見い出された *Plantago major* L. 科学, 27：40-41.
Good, R. 1964. The Geography of the Flowering Plants. 518pp. J. Wiley & sons. New York.
Grime, J. P, Hodgson, J. G. and Hunt, R. 1988. Comparative Plant Ecology: A functional approach to common British species. 742pp. Unwin Hyman. London.
Hawthorn, W. R. 1974. The biology of Canadian weeds. IV. *Plantago major* and *P. rugelii*. Can. J. Pl. Sci., 54: 383-396.
Hawthorn, W. R. and Cavers, P. B. 1978. Resource allocation in young plants of two perennial of *Plantago*. Can. J. Bot., 56: 2533-2537.
Horikawa, Y. 1976. Atlas of the Japanese Flora II. 862pp. Gakken Co. Ltd. Tokyo.
Ishikawa, N., Yokoyama, J. and Tsukaya, H. 2009. Molecular evidence of reticulate evolution in the subgenus *Plantago* (Plantaginacea). Amer. J. Bot., 96(9): 1627-1635.
伊藤浩司. 1984. 北海道植物新産地報告(2). 植物研究雑誌, 59：189-190.
Kawano, S. 1975. The productive and reproductive biology of flowering plants II. The concept of life history strategy in plants. J. Coll. Lib. Arts. Toyama Univ. (Nat. Sci.), 8: 51-86.
河野昭一. 1986. 帰化植物の適応戦略―生態学の立場から. 遺伝, (40)：36-41.
Kawano, S. and Matsuo, K. 1983. Studies on the life history of the geneous *Plantago* 1. Reproductive energy allocation and propagule output in wild population of a ruderal species, *Plantago asiatica* L., extending over a broad altitude gradient. J. Coll. Lib. Arts. Toyama Univ. (Nat. Sci.), 16(2): 85-112.
Kawano, S. and Miyake, S. 1983. The productive and reproductive biology of flowering plants X. Reproductive energy allocation and propagule output of five congener of the genus *Setaria* (Gramineae). Oecologia, 57: 6-13.
松尾和人. 1989a. オオバコ属植物の種生物学的研究 1. トウオオバコ並びに近縁種の変異とその類縁. Acta Phytotax. Geobot., 40: 37-60.
Matsuo, K. 1989b. Ecological distribution and niche separation in two closely related

ruderal plantain species, *Plantago asiatica* and *P. major*. J. Phytogeogr. Taxon., 37: 129-135.

Matsuo, K. 1995. Ecological distribution and habitat segregation in two closely related ruderal plantains, *Plantago asiatica* L. and *P. major* L. 15th Asian-Pasific Weed Science Society Conference. Proceedings, I (B): 531-535.

Matsuo, K. 1997. Comparison of ecological distributions and life history characteristics between invasive and closely related *Plantago* species in Japan. *In* "Biological Invasions of Ecosystem by Pests and Beneficial Orgisms" (ed. Yano, E., Matsuo, K., Shiyomi, M. and Andow, D. A.) pp.15-26. NIAES Series 3.

Matsuo, K. and Noguchi, J. 1989. Karyotype analysis of several *Plantago* species in Japan, with special reference to the taxonomic status of *Plantago japonica*. J. Phtogeogr. Taxon., 37: 27-35.

松尾和人・佐々木華織. 1996. 温度要因に対するオオバコとセイヨウオオバコの発芽特性の比較. 雑草研究, 41(別号): 50-51.

松尾和人・伊藤一幸・佐々木華織・根本正之. 2001. 在来オオバコと近縁な帰化種の温度―発芽パターンの特徴. 農業環境研究成果情報, 第17集: 13-14.

Miyawaki, A. 1964. Trittgesellschaften auf den Japanischen Inseln. Bot. Mag. Tokyo, 77 (916): 365-374.

森田弘彦. 1981. 北海道における帰化雑草の特徴と防除上の問題点. 雑草研究, 26(3): 200-214.

沼田真. 1972. 植物たちの生. 234pp. 岩波書店.

長田武正. 1976. 原色日本帰化植物図鑑. 425pp. 保育社.

Palmblad, I. G. 1968. Competition in experimental populations of weeds with Emphasis on the regulation of population size. Ecol., 49(1): 26-64.

Primack, R. M. 1978. Regulation of seed yield in *Plantago*. J. Ecol., 66: 835-847.

Sawada, S., Takahashi, M. and Kasaishi, Y. 1982. Population dynamics and production process and naturalized dandelions to artificial disturbance by mowing. Jap. J. Ecol., 32: 143-150.

田中俊弘・水野端夫・難波恒雄. 1982. 車前草の生薬学的研究(第2報). 日本産 *Plantago* の葉の形態について. 生薬学雑誌, 36: 107-118.

Wagenitz, G. 1975. Plantaginaceae. *In* "Illustrierte Flora von Mitteleuropa. Ht. 6." (ed. Hegi, G.). Verlag Paul Parey. Berlin and Hamburg.

Warwick, S. L. and Briggs, D. 1980. The genecology of lawn weeds. v. The adaptive significance of different growth habit in lawn and roadside populations of *Plantago major* L. New Phytologist, 85: 289-300.

山西弘恭・福永典之. 1983. 日本列島における *Plantago asiatica* L. の生態型分化. 日生態会誌, 33: 473-480.

Yoshie, F. and Matsuo, K. 1989. Gas exchange characteristics of two *Plantago* species grown under various light environments. Bulletin of the Association of Natural Science, Senshu University, 20: 59-66.

鄭太坤・田中俊弘・酒井英二・吉田終二・松尾和人. 1990. 車前草の生薬学的研究（第6報）. 北海道産 *Plantago major* の形態について. 生薬学雑誌, 44(3): 145-150.

[ミチタネツケバナの分布拡大過程をたどる]

Cheo, T. 1987. *Cardamine* L. In "Flora Republicae Popularis Sinicae 33" (ed. Cheo, T.), pp.184-231. Science Press, Beijing.

合田勇太郎. 2004. 北海道植物誌. 430pp. 中西出版.

福岡誠行・黒崎史平・高橋晃. 2001. 兵庫県産維管束植物 3. 人と自然, 12：105-162.

Hay, A. and Tsiantis, M. 2006. The genetic basis for differences in leaf form between *Arabidopsis thaliana* and its wild relative *Cardamine hirsuta*. Nature Genetics, 38: 942-947.

神奈川県植物誌調査会. 2001. 神奈川県植物誌 2001. 1580pp. 神奈川県立生命の星・地球博物館.

狩山俊悟・小畠裕子・榎本敬. 1997. 岡山県新産の帰化植物(8). 倉敷市立自然史博物館研究報告, 12：107-109.

Kudoh, H., Ishiguri, Y. and Kawano, S. 1992. *Cardamine hirsuta* L., a new ruderal species introduced into Japan. J. Phytogeogr. & Taxon., 40: 85-89.

工藤洋・マルホルド, K.・リホバ, J. 2006. 日本産ジャニンジン・タネツケバナ・ミチタネツケバナ・コタネツケバナ(アブラナ科タネツケバナ属)に関するノート. 分類, 6：41-49.

工藤洋. 2007. 局所適応と生態的分化. 植物の進化(清水健太郎・長谷部光泰監修), pp.107-115. 秀潤社.

Kudoh, H., Nakayama, M., Lihová, J. and Marhold, K. 2007. Does invasion involve alternation of germination requirements?: a comparative study between native and introduced strains of an annual Brassicaceae, *Cardamine hirsuta*. Ecol. Res., 22: 869-875.

黒崎史平. 1994. 兵庫県産のタネツケバナ属(アブラナ科). 兵庫の植物, 4：43-52.

真崎博. 1993. 山口県産高等植物についての新知見. 山口県植物研究会会報, 1(6)：9-12.

宮城植物の会・宮城県植物誌編集委員会. 2001. 宮城県植物目録 2000. 378pp. 宮城植物の会.

森田弘彦. 1996. 新帰化植物ミチタネツケバナ雑草化に注目を. 雑草とその防除, 33：22-25.

村瀬ますみ. 1996. ミチタネツケバナが和歌山県にも帰化. 南紀生物, 38：118.

中井秀樹. 2003. アブラナ科 Cruciferae(Brassicaceae). 日本の帰化植物(清水建美編), pp.80-96. 平凡社.

大場達之. 1998. ミチタネツケバナ. 千葉県植物誌資料, 12：83-84.

小崎昭則. 1994. 神奈川県産の植物補遺(4). Flora Kanagawa, 39：419-422.

清水矩宏・森田弘彦・廣田伸七. 2001. 日本帰化植物写真図鑑. 553pp. 全国農村教育協会.

須賀瑛文. 1993. 岐阜県可児市にミチタネツケバナ生育. 岐阜県植物研究会誌, 10：24-26.

太刀掛優. 1998. 帰化植物便覧. 305pp. 比婆科学教育振興会.

栃木県自然環境調査研究会植物部会. 2003. とちぎの植物 II. 534pp. 栃木県.

渡辺定路. 2003. 福井県植物誌. 464pp. 福井新聞社.

Yatsu, Y., Kachi, N. and Kudoh, H. 2003. Ecological distribution and phenology of an invasive species, *Cardamine hirsuta* L. and its native counterpart, *Cardamine flexuosa* With., in central Japan. Plant Species Biol., 18: 35-42.

[全世界の耕地で最近問題化してきたヒメムカシヨモギ]

埴岡靖男. 1991. 埼玉県の桑園におけるパラコート抵抗性ヒメムカシヨモギの分布実態につ

いて. 雑草研究, 36(3)：298-300.
Heap, I. 2010. International survey of herbicide resistant weeds. http://www.weed-science.com/
Holm, L. G., Plucknett, D. L., Pancho, J. V. and Herberger, J. P. 1977. The world's worst weed, distribution and biology. 609pp. The University Press of Hawaii. Honolulu.
伊藤風香・大窪久美子・馬場多久男. 2001. 南アルプス戸台川中・下流域における河辺植生に及ぼす帰化植物の影響. ランドスケープ研究, 64(5)：577-582.
伊藤一幸. 2003. 雑草の逆襲, 除草剤のもとで生き抜く雑草の話. 100pp. 全農教.
加藤彰宏・奥田義二. 1983. パラコート抵抗性のヒメムカシヨモギについて. 雑草研究, 28(1)：54-56.
国際アグリバイオ事業団(ISAAA). 2011. 組換え作物が10億ヘクタールを上回る. http://www.isaaa.org/
Main, C. L., Steckel, L. E., Hayes, R. M. and Mueller, T. C. 2006. Biotic and abiotic factors influence horseweed emergence. Weed Science, 54: 1101-1105.
牧野富太郎. 1936. 植物の「コスモポリタン」. 牧野富太郎選集 5, pp.75-79. 東京美術.
Nandula, V. K., Eubank, T. W., Poston, D. H., Koger, C. H. and Reddy, K. N. 2006. Factors affecting germination of horseweed (*Conyza canadensis*). Weed Science, 54: 898-902.
Nandula, V. K. 2010. Glyphosate resistance in crops and weeds. 321pp. Wiley, New Jersey, USA.
Shields, E. J., Dauer, J. T., Van Gessel, M. J. and Neumann, G. 2006. Horseweed (*Conyza canadensis*) seed collected in the planetary boundary layer. Weed Science, 54: 1063-1067.
Wearer, S. E. 2001. The biology of Canadian weeds 115. *Conyza canadensis*. Canadian Journal of Plant Science, 81: 867-875.
吉岡俊人・佐野成範・佐藤茂. 1996. 一・二年生雑草ヒメムカシヨモギにおける一年生型生活史の成立を決定する未発芽種子バーナリゼーション. 雑草研究, 41(別)：258.

[セイタカアワダチソウは悪者か]
浅井康弘. 1970. 外来植物の人為的散布の一例. 植物研究雑誌, 45：82-83.
榎本敬. 1979. セイタカアワダチソウに関する生態学的研究 第2報 生長および繁殖に及ぼす密度効果. 農学研究, 58(2)：79-91.
榎本敬. 1989. セイタカアワダチソウに関する生態学的研究 第3報 発芽および実生の生存と光, 温度, 水分条件との関係. 農学研究, 62(1), 13-21.
榎本敬. 1992. セイタカアワダチソウの他感作用の種間差異に関する研究. 生物相互における情報認識と応答反応に関する研究 平成元年—3年度文部省特定研究成果報告書：101-104. 岡山大学資源生物科学研究所.
榎本敬. 1993. セイタカアワダチソウに関する生態学的研究 第4報 生長及び繁殖に及ぼす土壌水分の影響について. 資源生物における水環境反応の解析と評価 平成2年—4年度文部省特定研究成果報告書：26-30. 岡山大学資源生物科学研究所.
榎本敬. 2005. シリーズ 外来雑草は今…(17) セイタカアワダチソウは戦前に日本に侵入し, 戦後大きく広がった. 植調, 39(4)：141-146.
榎本敬・小畠辰三. 1996. 雑草とは何か(4) 休眠と発芽と寿命. 岡山県自然保護センターだ

より, 5(9):2-3.
榎本敬・中川恭二郎. 1977. セイタカアワダチソウに関する生態学的研究 第1報 種子および地下茎からの生長. 雑草研究, 22:26-32.
Gleason, H. A. 1963. The new Britton and Brown illustrated flora of the northern United States and adjacent Canada 3, pp.413-439. Hafner Publishing Company Inc. New York.
原寛. 1951. オオアワダチソウとセイタカアワダチソウ. 植物研究雑誌, 26:158-159.
原山洋士・玉泉幸一郎. 1983. セイタカアワダチソウの防除に関する試験(II)―刈取りによる防除試験. 日本林学会九州支部研究論文集, 36:157-158.
井村岳男. 2005. 新害虫「アワダチソウグンバイ」. 農技情報, 121:8.
金井弘夫. 1978.「公害植物」擁護論. 季刊自然科学と博物館, 45:45-47.
吉良竜夫. 1976. セイタカアワダチソウを弁護する. 自然保護の思想, pp.34-36. 人文書院.
小林彰夫・森本繁夫・柴田吉有. 1974. キク科雑草植物中の他感作用物質. 化学と生物, 9(2):95-100.
倉敷市立自然史博物館. 1983. 日本の植物・世界の植物・宇野コレクションより. 倉敷市立自然史博物館.
内藤篤. 1973. 草地の有害雑草と害虫の天敵―探索と導入に関する調査報告. 農林水産研究所報, 28:16-19.
中島克己・根平邦人・中越信和. 2000. セイタカアワダチソウ個体群に対する刈り取りの影響. 広島大学総合科学部紀要IV 理系編, 26:81-94.
Sample, J.C., Brammall, R. A. and Chemielewski, J. 1981. Chromosome numbers of goldenrods, *Euthamia* and *Solidago* (Compositae-Astereae). Can. J. Bot., 68(6): 855-858.
杉野守・芦田馨. 1974. 大気汚染と都市植生(2) セイタカアワダチソウ群落より放出された空中花粉の動態. 近畿大学公害研究所報告, 2:133-140.

[観賞用水草ミズヒマワリの恐るべき増殖力]
青山俊吉. 2004. 佐野市小中町のミズヒマワリ. フロラ栃木, 12:73-74.
荒金正憲. 2006. 豊の国 大分の植物誌 増補, p.419. 自費出版.
荒金正憲・黒岩展子. 2010. 大分県新産のミズヒマワリとオカダイコン. 大分県の植物. 大分県植物研究会会報, 20:24-30.
Department of the Environment and Heritage and the CRC for Australian Weed Management. 2003. Senegal tea plant (*Gymnocoronis spilanthoides*). Alert List for Environmental Weeds: Weed Management Guide. CRC for Australian Weed Management.
藤原直子. 2006. ミズヒマワリをめぐるチョウとヒト. 帰化植物を楽しむ(近田文弘・清水建美・濱崎恭美編), pp.59-79. トンボ出版.
藤井伸二・志賀隆・金子有子・栗林実・野間直彦. 2008. 琵琶湖におけるミズヒマワリ(キク科)の侵入とその現状および駆除に関するノート. 水草研究会誌, 89:9-21.
初島住彦. 2004. キク科. 九州植物目録 鹿児島大学総合研究博物館研究報告, 1:209. 鹿児島大学総合研究博物館.
角野康郎. 2001. 進入する水生植物. 移入・外来・侵入種―生物多様性を脅かすもの(川道美枝子・岩槻邦男・堂本暁子編), pp.105-118. 築地書館.
角野康郎. 2004. 水草ブームと外来水生植物. 用水と廃水, 46(1):63-68.

金沢至・鈴木友之・藤原直子. 2002. 新しい誘引植物・ミズヒマワリの逸出繁茂. 昆虫と自然, 37(6)：25-28.
金沢至・藤原直子. 2004. ミズヒマワリの分布拡大とアサギマダラの北上個体の誘引. 昆虫と自然, 39(5)：26-30.
中山啓子. 2004. 江戸川のイネ科花粉症防止対策とミズヒマワリ除去の取り組み. 河川, 60(7)：46-50.
Nasir, H., Iqbal, Z. and Fujii, Y. 2007. Isolation of an allelochemical from *Gymnocoronis spilanthoides*. J. weed Sci. Tech., 52(Suppl.): 82-83.
大場達之. 2003. ミズヒマワリ属. 千葉県の自然誌 別編4 千葉県植物誌(千葉県史料研究財団編), p.591. 千葉県.
大森威宏. 2003. P7(A) 群馬県におけるミズヒマワリ (*Gymnocoronis spilanthoides* DC.)の侵入と分布拡大. 日本植物分類学会第2回大会(神戸大学)研究発表要旨集, p.48.
大森威宏・石川真一・青木雅夫・増田和明. 2007. P3-172 群馬県利根川水系に侵入した特定外来種水生植物の分布. 日本生態学会全国大会 ESJ 54 講演要旨. p.371.
大道暢之. 2005. 外来水生植物ミズヒマワリの分布の現状. 水草研究会誌, 83：15-18.
大道暢之・角野康郎. 2005. 外来水生植物ミズヒマワリの種子形成とその発芽特性. 保全生態学研究, 10：113-118.
須山知香. 1997. 豊橋市に見られるキク科ヌマダイコン属？新帰化植物. 三河生物同好会1996年度研究会(豊橋市民文化会館)発表要旨.
須山知香・藤原直子. 2000. 日本新帰化の水草ミズヒマワリ(キク科). 植物地理・分類学会2000年度大会(金沢大学)発表要旨.
須山知香. 2001. 日本新帰化植物ミズヒマワリ *Gymnocoronis spilanthoides* DC.. 植物地理・分類研究, 49：183-184.
須山知香・藤原直子. 2003. 日本新帰化植物ミズヒマワリ(キク科)の脅威的増殖. 水草研究会誌, 78：1-5.
須山知香. 2007. 特定外来生物ミズヒマワリ(キク科)は近自然条件下で葉片からカルス再生する. 水草研究会誌, 87：16-18.
山田洋. 1986. 13. ミズヒマワリ. 水草百科(下), pp.103-104. ハロウ出版社.

[帰化能力を進化させた球根植物タカサゴユリ]
Baker, H. G. 1955. Self-incompatibility and establishment after "long distance" dispersal. Evolution, 9: 347-349.
Brierley, P., Emsweller, S. L. and Miller, J. C. 1936. Easter lily breeding: compatibilities in *Lilium longiflorum* stocks. Proc. Amer. Soc. Hort. Sci., 33: 603-606.
Crawford, D. J. 1990. Plant molecular systematics: macromolecular approaches. 388pp. John Wiley. New York, USA.
Crawford, D. J., Ornduff, R. and Vasey, M. C. 1985. Allozyme variation within and between *Lasthenia minor* and its derivative species *L. maritima* (Asteraceae). Amer. J. Bot., 72: 1177-1184.
Crawford, D. J., Stuessy, T. F. Haines, D. W. Cosner, M. B. Silva, M. and Lopez, P. 1992. Allozyme diversity within and divergence among four species of *Robinsonia* (Asteraceae: Senecioneae), a genus endemic to the Juan Fernandez Islands, Chilie. Amer. J. Bot., 79: 962-966.
DeJoode, D. R. and Wendel, J. F. 1992. Genetic diversity and origin of the Hawaiian

Islands cotton, *Gossypium tomentosum*. Amer. J. Bot., 79: 1311-1319.
Frankham, R. 1997. Do island population have less genetic variation than mainland populations? Heredity, 78: 311-327.
Gottlieb, L. D. 1973. Genetic differentiation, sympatric speciation, and the origin of a diploid species of *Stephanomeria*. Amer. J. Bot., 60: 545-533.
Gottlieb, L. D. 1974. Genetic confirmation of the origin of *Clarkia lingulata*. Evolution, 28: 244-250.
Grime, J. P., Hodgson, J. G. and Hunt, R. 1996. Comparative plant ecology, 1-52. Chapman & Hall. London, UK.
Hamrick, J. L. and Godt, M. J. 1989. Allozyme diversity in plant species. In "Plant population genetics, breeding, and genetic resources" (eds. Brown, A. H. D., Clegg, M. T., Kahler, A. L. and Weir, B. S.), pp.43-63. Sinauer, Sunderland. Massachusetts, USA.
林一彦・河野昭一. 2007. エゾスカシユリ, ヒメユリ, ヤマユリ. 植物生活史図鑑Ⅲ 夏の植物 No.1(河野昭一監修), pp.1-24. 北海道大学図書刊行会.
Hiramatsu, M., Ii, K., Okubo, H., Huang, K. L. and Huang, C. W. 2001a. Biogeography and origin of *Lilium longiflorum* and *L. formosanum* (Liliaceae) endemic to the Ryukyu Archipelago and Taiwan as determined by allozyme diversity. Amer. J. Bot., 88: 1230-1239.
Hiramatsu, M., Okubo, H., Huang, K. L., Huang, C. W. and Yoshimura, K. 2001b. Habitat and reproductive isolation as factors in speciation between *Lilium longiflorum* Thunb. and *L. formosanum* Wallace. J. Japan. Soc. Hort. Sci., 70: 722-724.
Hiramatsu, M., Okubo, H., Yoshimura, K., Huang, K. L. and Huang, C. W. 2002. Biogeography and origin of *Lilium longiflorum* and *L. formosanum* II. — Intra- and interspecific variation in stem leaf morphology, flowering rate and individual net production during the first year seedling growth. Acta Hort., 570: 331-338.
Kim, S. C., Crawford, D. J., Francisco-Ortega, J. and Santos-Guerra, A. 1999. Adaptive radiation and genetic differentiation in the woody Sonchus alliance (Asteraceae: Sonchinae) in the Canary islands. Plant Syst. Evol., 215: 101-118.
Kimura, M. 1983. The neutral theory of molecular evolution. Cambridge University Press. Cambridge, USA.
木村政昭. 1996. 琉球弧の第四紀古地理. 地学雑誌, 105：259-285.
LeNard, M. and DeHertogh, A. A. 1993. Production Systems for Flower Bulbs. In "The physiology of flower bulbs" (eds. DeHertogh, A. A. and LeNard, M.), pp.45-52. Elsevier. Amsterdam, The Netherlands.
Lewis, P. O. and Crawford, D. J. 1995. Pleistocene refugium endemics exhibit greater allozyme diversity than widespread congeners in the genus *Polygonella* (Polybonaceae). Amer. J. Bot., 82: 141-149.
Loveless, M. D. and Hamrick, J. L. 1988. Genetic organization and evolution history in two North American species of *Cirsium*. Evolution, 42: 254-265.
Maki, M., Morita, H., Oiki, S. and Takahashi, H. 1999. The effect of geographic range and dichogamy on genetic variability and population genetic structure in *Tricyrtis* section Flavae (Liliaceae). Amer. J. Bot., 86: 287-292.
McNeill, C. I. and Jain, S. K. 1983. Genetic differentiation studies and phylogenetic

inference in the plant genus *Limnanthes* (section *Inflexae*). Theor. Appl. Genet., 66: 257-269.
McRae, E. A. 1998. Lilies — a guide for growers and collectors. 392pp. Timber Press, Portland, Oregon, USA.
Nei, M. 1987. Molecular evolutionary genetics. 512pp. Columbia University Press. New York, USA.
Okubo, H., Chijiwa, M. and Uemoto, S. 1988. Seasonal changes in leaf emergence from scale bulblets during scaling and endogenous plant hormone levels in Easter lily (*Lilium longiflorum* Thunb.). J. Fac. Agr., Kyushu Univ., 33: 9-15.
Pinkas, R., Zamir, D. and Ladizinsky, G. 1985. Allozyme divergence and evolution in the genus *Lens*. Plant Syst. Evol., 151: 131-140.
Pleasans, J. M. and Wendel, J. F. 1989. Genetic diversity in a clonal narrow endemic, *Erythronium propullans*, and in its widespread progenitor, *Erythronium albidum*. Amer. J. Bot., 76: 1136-1151.
Rieseberg, L. H., Peterson, P. M., Soltis, D. E. and Annable, C. R. 1987. Genetic divergence and isozyme variation among four varieties of *Allium douglasii* (Alliaceae). Amer. J. Bot., 74: 1614-1624.
Roberts, M. L. 1983. Allozyme diversity in *Bidens discoidea* (Compositae). Brittonia, 35: 239-247.
Shii, C. T. 1983. The distribution and variation of *Lilium formosanum* Wall. and *L. longiflorum* Thunb. in Taiwan. Lily Year Book North Amer. Lily Soc., 36: 48-51.
清水建美(編). 2003. 日本の帰化植物. 337pp. 平凡社.
VanTuyl, J. M. 1985. Effect of temperature on bulb growth capacity and sensitivity to summer sprouting in *Lilium longiflorum* Thunb. Sci. Hort., 25: 177-187.
Walters, G. 1983. Naturalization of *Lilium formosanum* in South Africa. Lily Year Book North Amer. Lily Soc., 36: 44-47.
Weller, S. G., Sakai, A. K. and Straub, C. 1996. Allozyme diversity and genetic identity in *Schiedea* and *Alsinidendron* (Caryophyllaceae: Alsinoideae) in the Hawaiian Islands. Evolution, 50: 23-34.
Witter, M. S. and Carr, G. D. 1988. Adaptive radiation and genetic differentiation in the Hawaiian silversword alliance (Compositae: Madiinae). Evolution, 42: 1278-1287.

[雑種タンポポ研究の現在]
Chase, S. S. 1963. Androgenesis: Its use for transfer of maize cytoplasm. The Journ. Heredity, 54: 152-158.
Hedtke, S. M. and Hillis, D. M. 2011. The potential role of androgenesis in cytoplasmic-nuclear phylogenetic discordance. Syst. Biol., 60: 87-109.
Hoya, A., Shibaike, H., Morita, T. and Ito, M. 2004. Germination and seedling survivorship characteristics of hybrids between native and alien species of dandelion (*Taraxacum*). Plant Species Biol., 19: 81-90.
Ishibashi, R., Ookubo, K., Aoki, M., Utaki, M., Komaru, A. and Kawamura, K. 2003. Androgenetic reproduction in a freshwater diploid clam *Corbicula fluminea* (Bivalvia: Corbiculidae). Zool. Sci., 20: 727-732.
出口雅也. 2001. 雑種性セイヨウタンポポの形態的・生態的特徴に関する研究. 新潟大学教

育人間科学部平成 13 年度卒業論文. 55 pp.
保谷彰彦. 2010. 雑種性タンポポの進化. 外来生物の生態学(種生物学会編), pp.217-246. 文一総合出版.
森田竜義. 1976. 日本産タンポポ属の 2 倍体と倍数体の分布. 国立科学博物館研究報告 Ser. B(Bot.), 2：23-38.
森田竜義. 1988. タンポポの無融合生殖. 採集と飼育, 50：128-132.
森田竜義. 1997. 世界に分布を広げた盗賊種 セイヨウタンポポ. 雑草の生活史(山口裕文編), pp.192-208. 北海道大学図書刊行会.
Morita, T., Menken, S. B. J. and Sterk, A. A. 1990. Hybridization between European and Asian dandelions (*Taraxacum* Section *Ruderalia* and section *Mongolica*). 1. Crossability and breakdown of self-incompatibility. New Phytol., 114: 519-529.
中島正宏. 2004. マイクロサテライトマーカーによるセイヨウタンポポの雑種形成の解析. 新潟大学大学院教育学研究科平成 16 年度修士論文. 63 pp.
小川潔・山谷慈子・石倉航・保谷彰彦・芝池博幸・大石恵・森田竜義. 2011. 新規に移入されたセイヨウタンポポ個体群の動態と 2 倍体個体の検出. 保全生態学研究, 16：33-44.
Rieseberg, L. H. and Soltis, D. E. 1991. Phylogenetic consequences of cytoplasmic gene flow in plants. Evolutionary Trends Plants, 5: 65-84.
Schnable, P. S. and Wise, R. P. 1998. The molecular basis of cytoplasmic male sterility and fertility restoration. Trends Plant Sci., 3: 175-180.
芝池博幸. 2005. 無融合生殖種と有性生殖種の出会い―日本に侵入したセイヨウタンポポの場合. 生物科学, 56：74-82.
芝池博幸・森田竜義. 2002. 拡がる雑種タンポポ. 遺伝, 56：16-18.
Shibaike, H., Akiyama, H., Uchiyama, S., Kasai, K. and Morita, T. 2002. Hybridization between European and Asian dandelions (*Taraxacum* Section *Ruderalia* and section *Mongolica*). 2.. Natural hybrids in Japan detected by chloroplast DNA marker. J. Plant Res., 115: 321-328.
杉原美徳. 1976. 無融合生殖. 植物遺伝学Ⅲ 生理形質と量的形質(高橋隆平編), pp.121-147. 裳華房.
説田智洋. 2002. アカミタンポポ(*Taraxacum laevigatum*)における遺伝学的研究. 新潟大学教育人間科学部平成 14 年度卒業論文. 50 pp.
Takemoto, T. 1961. Cytological studies on *Taraxacum* and *Ixeris*. 1. Some Japanese species of *Taraxacum*. Bull. School of Education, Okayama Univ. no., 11: 77-94.
タンポポ調査・西日本 2010 実行委員会. 2011. タンポポ調査・西日本 2010 報告書. 144pp.
渡邊幹男・丸山由加里・芹沢俊介. 1997a. 東海地方西部における在来タンポポと帰化タンポポの交雑 (1)ニホンタンポポとセイヨウタンポポの雑種の出現頻度と形態的特徴. 植物研究雑誌, 72：51-57.
渡邊幹男・丸山由加里・芹沢俊介. 1997b. 東海地方西部における在来タンポポと帰化タンポポの交雑 (2)ニホンタンポポとアカミタンポポの雑種の出現頻度と形態的特徴. 植物研究雑誌, 72：352-356.
山野美鈴・芝池博幸・浜口哲一・井手任. 2002.「身近な生きもの調査」を利用したタンポポ属植物の雑種分布に関する解析. 環境情報科学論文集, 16：357-362.
Wittzell, H. 1999. Chloroplast DNA variation and reticulate evolution in sexual and apomictic sections of dandelions. Molecular Ecology, 8: 2023-2035.

[シロツメクサのクローン成長と集団分化]

Daday, H. 1954a. Gene frequencies in wild populations of *Trifolium repens* L. I. Distribution by latitude. Heredity, 8: 61-78.

Daday, H. 1954b. Gene frequencies in wild populations of *Trifolium repens* L. II. Distribution by altitude. Heredity, 8: 377-384.

Daday, H. 1958. Gene frequencies in wild populations of *Trifolium repens* L. III. World distribution. Heredity, 12: 169-184.

Evans, D. R., Williams, T. A. and Evans, S. A. 1992. Evaluation of white clover varieties under grazing and their role in farm systems. Grass Forage Sci., 47: 342-352.

福田栄紀. 1992. 放牧牛の排糞がシバとシロクローバの共存に果たす役割. 東北大学学位論文. 122pp.

Godfree, R. C., Vivian, L. M. and Lepschi, B. J. 2006. Risk assessment of transgenic virus-resistance white clover: non-target plant community characterization and implications for field trial design. Biol. Invasions, 8: 1159-1178.

Gomez, S. and Stuefer, J. F. 2006. Members only: induced systemic resistance to herbivory in a clonal plant network. Oecol., 147: 461-468.

Hutchings, M. J., Turkington, R., Carey, P. and Klein, E. 1997. Morphological plasticity in *Trifolium repens* L.: the effects of clone genotype, soil nutrient level, and the genotype of conspecific neighbours. Can. J. Bot., 75: 1382-1393.

Nee, S. and May, R. M. 1992. Dynamics of metapopulations: habitat destruction and competitive coexistence. J. Anim. Ecol., 61: 37-40.

荻ノ迫善六・山下雅幸・澤田　均・北島俊二. 1996. 日本国内のシロクローバ自生集団におけるシアン生成の緯度的及び高度的クライン. 日草誌, 42: 242-246.

Richards, A. J. and Fletcher, A. 2002. The effects of altitude, aspect, grazing and time on the proportion of cyanogenics in neighbouring populations of *Trifolium repens* L. (white clover). Heredity, 88: 432-436.

Sawada, H. 1999. Genetic variation in clonal traits of *Trifolium repens* and species interactions. Plant Species Biol., 14: 19-28.

Stuefer, J. F., de Kroon, H. and During, H. J. 1996. Exploitation of environmental heterogeneity by spatial division of labour in a clonal plant. Func. Ecol., 10: 328-334.

Weijschede, J., Martinkova, J., de Kroon, H. and Huber, H. 2006. Shade avoidance in *Trifolium repens*: costs and benefits of plasticity in petiole length and leaf size. New Phytol., 172: 655-666.

Williams, T. A. and Abberton, M. T. 2004. Earlier flowering between 1962 and 2002 in agricultural varieties of white clover. Oecol., 138: 122-126.

索　引

【ア行】
アイソザイム分析　253
アオミミナグサ　59
アカミタンポポ　9,223
アカミタンポポ節　223
秋発芽　15
アサギマダラ　182
アブシジン酸　129
アメリカネナシカズラ　81,82,83,84,86,94,97,99,100
新たなコロニー　185
歩き回り法　61
アレチウリ　7,37
アレロパシー作用　172,183
アロザイム　203,215
アワダチソウグンバイ　174
遺存種　204
イタドリ　37
一次休眠　71,73,76
一年草　129
逸出帰化植物　6
逸出　177
遺伝子組換え作物　156,264
緯度的変異　260
移入種　3
イヌムギ　50
イネ科　5,37,49
ウイルス抵抗性組換え体　264
牛　247
永続的シードバンク　33,39
栄養休眠　14
栄養繁殖　66,169,239
腋芽　241

【カ行】
開花の臨界サイズ　211
回旋運動　82
回避　241
外来種　3
花芽　131
化学的防御　260
核DNAマーカー　216
覚醒期　35
拡大防止　189
攪乱　31,101
攪乱依存種　31
攪乱シグナル　78
攪乱地　62,64,69
風散布　7,21
河川敷　153,174
可塑性のコスト　253

エゾタンポポ　13,14,15,18
越冬　167
越年草　8
遠心力散布　36
塩分への耐性　185
塩類集積土壌　153
オオアレチノギク　23,24,28,151
オオアワダチソウ　163
オオイヌノフグリ　50
オオバコ　101
オオハンゴンソウ　30,37,39
オオブタクサ　7,37,39
オオホナガアオゲイトウ　157
オヒシバ　157
オランダミミナグサ　59

家庭排水　185
カナダアキノキリンソウ　163
花粉親　214, 221, 224
花粉症　175
花粉の生産　186
刈りあと草地　11
カルス再生　190
カルビンサイクル　155
環境休眠　14
環境指標　60
環境指標性　79
環境問題　264
カンサイタンポポ　12
観賞用の水草　180
乾燥ストレス　261
カントウタンポポ　12, 14, 51, 219
冠毛　18, 22, 165
機械的自力散布　36
帰化種　3
帰化種タンポポ　213
帰化植物　3, 149
帰化率　11, 109
器官別乾燥重量　170
キクイモ　38
キク科　5, 179
寄生　87, 88
寄生根　82, 87, 94, 98
寄生根誘導　93, 95, 97
寄生植物　81, 100
寄生誘導　92
寄生率　99
ギャップ　20
ギャップシグナル　71
休耕田　174
休眠　70
休眠期　35
休眠期間　71, 73
休眠性　15, 256
強害雑草　150

競合　118
強制休眠　74
競争実験　250
競争戦略種　31
競争的攪乱依存種　32, 37
競争力　249
共存　248
近赤外光　91, 94
空間的に予測不可能なギャップ　20
茎の高さ　169, 170
駆除作業　189
駆除に関する実例　192
クシロネナシカズラ　99
グリホサート　155
グルタミン酸オキザロ酢酸アミノ基転移酵素　215
クローン構造　255
クローン識別　253
群落内での発芽　173
形質転換　148
結果率　187
結実　258
ゲリラ型　244
現存量　170
耕耘　174
高温における発芽抑制　235
高温抑制　74
光合成　155
硬実種子　256
甲虫　44
高度的変異　260
コウモリ媒花　44
国際アグリバイオ事業団　156
コスト　260
コスモポリタン　159
コスモポリタン種　81
個体サイズ　246
個体単位　243
コロニー　182

索　引　283

混植区　250
根生不定芽　30

【サ行】
採餌行動　244
再生　241
再生能力　190
最大容水量　64
栽培個体の逸出　187
細胞質遺伝　215
在来種タンポポ　214
雑種強勢　236
雑種タンポポ　213
雑草　42, 101
里山・里地　11
作用スペクトル　93
三倍体　12, 26, 214
三倍体雑種　219, 226, 228
シアン化水素配糖体　259
シアン化物多型　259
ジェネット　243
自家中毒　173
自家不和合性　12
自家和合性　30
時間的に予測不可能なギャップ　32
シキミ酸経路　155
四強雄蕊　134
時空間的な変動　249
自殖　131
史前帰化植物　4, 60
自然帰化植物　6, 50
自然の敵　3, 37
自然破壊　175
自然分布　139
自動散布　69
自動自家受粉　29
自動受粉　131
シードバンク　32
シードバンク型の攪乱依存種　32

シバ草地　246
死亡率による個体群サイズの調節　120
周辺花　27, 28
収量構成要素　114
宿主　87, 88
宿主植物　81
種子親　221
種子休眠　129
種子寿命　160
種子生産数　159
種子生産性　67
種子生産能力　23
種子生産率　186
種子生産量　171
種子の寿命　166
種子の分散力　160
種子発芽　146
出芽　69, 75
シュート　65, 75
種内変異　95, 149
寿命　167
純生産の分配率　171
小花　25, 27
条件的休眠期　35
情報伝達　263
初期成長　38
植生のギャップ　15, 20
植物体の再分化　190
除草コスト　189
除草剤　156
除草剤の使用　192
シロイヌナズナ　36, 37, 148
シロツメクサ　46
新帰化植物　4
人工パッチ　252
浸透性交雑　221
侵略種　4, 24
侵略的帰化植物　37

284　索　引

水質悪化　182
水質浄化事業　189
水田型・畑地型　133
水媒受粉　42
スズメガ　44,48
ストレス　31
ストレス耐性攪乱依存種　32,36
ストレス耐性種　31
ストロン　239
ストロンバンク　249
スルホニルウレア剤　155
生育型　117
生活環　129
生活形　103
生活史　64,67,101
生活史戦略　31,120
制限酵素　216
成功した帰化植物　4
青色光　91,94
生殖成長開始時期　114
生殖成長への切り替えの早さ　25
生態的爆発　4
生態的分化　132
生態リスク評価　264
セイタカアワダチソウ　37,163,183
性フェロモン　182
生物学的特性　77,78,79
生物学的防除　174
生物ネットワーク　264
セイヨウオオバコ　101
セイヨウタンポポ
　　9,14,15,17,18,51,214
セイヨウタンポポ節　223
セイヨウミツバチ　258
生理的統合　244
赤外線感光写真　9
積算純生産量　170
赤色光感受性　95
舌状花　25,151

接触刺激　82
セーフサイト　256
選択圧　260
1000粒重　37
痩果　18,22,165
早期駆除　189
早産性　25
早熟胚発生　26
相対照度　115
挿入/欠失　215
阻害活性　183
側芽　89
祖先種　205

【夕行】

大豆　153
耐性　241
体制変異　244
太平洋側　144
大量風散布種子型　20
台湾・琉球弧　204
タカサゴユリ　197
他感作用　172,183
タチイヌノフグリ　33,50
タネツケバナ　127,143
短日植物　97
湛水条件　145
短草種　259
タンポポ戦争　9
タンポポ調査　9
地下器官への乾物分配率　119
地下茎　167
置換実験法　251
地球温暖化　264
地上部の刈り取り　175
中心花　27,29
抽だい　131
虫媒花　44,165,175
虫媒他殖　256

索　引　285

頂芽　88,89
長角果　132
頂芽優勢　88
長草種　259
鳥媒花　44
筒状花　25
低温ストレス　261
低温要求性　39
抵抗性生物型　154
抵抗性の進化　156
定住生活者　21
適応的可塑性　240
テッポウユリ　200
トウオオバコ　122
頭花　25,252
同花受精　30
同花受粉　30,37,49
盗族種　236
動物媒花　42
トウモロコシ　153
特定外来生物指定　177
都市化　9
都市雑草　11,21
都市的荒地　11
土壌乾燥　192
土壌水分　164
土壌要因　63
トリアジン系　155
トレードオフ　252

【ナ行】
ナガミヒナゲシ　36
ナタネ　157
夏型一年草　8
ナメクジ　260
ニガナ　21,51
二次休眠　73
ニッチ　76
日長感応性　149

二倍体　12,26,102,148,162,214
二倍体在来種　214
日本海側　144
ヌマダイコン属　179
ネイチャーエネミイ　37
熱帯魚・水草観賞ブーム　193
ネナシカズラ　83,84,94,95,97
農村の草地　10
ノボロギク　20

【ハ行】
倍数体　12
ハエ・アブ媒花　46
ハエ・アブ類　44
派生種　205
畑地雑草　33
発芽　71,256
発芽可能温度域　70
発芽最適温度　70
発芽習性　14
発芽特性　112
発芽抑制　75,78
発芽率　70,71,73,187
パッチ　246
パッチサイズ　253
パッチ内競争　253
パッチ密度　258
ハナバチ媒花　46
ハナバチ類　47
ハハコグサ　21
ハプロタイプ　223
ハマネナシカズラ　100
パラコート抵抗性　154
ハルジオン　24,25,26,30,154
春発芽　39
繁殖器官への乾物分配率　115
繁殖成長　69
繁殖戦略　81,99
光感受性　97

286　索　引

ピクリン酸紙法　261
飛散距離　159
微小環境　243
被食　241
被食ストレス　249
肥大成長　88
ヒートアイランド現象　235
人里植物　101
ビピリディウム系　155
ヒメオドリコソウ　35
ヒメジョオン　21,23,24,25,51,151
ヒメムカシヨモギ　21,23,28,151
表現型可塑性　239
ヒヨドリバナ連　179
ヒル反応阻害　155
ファランクス型　244
フィトクローム　94
風媒　48
複合抵抗性　155
復田　174
不耕起栽培　153
不斉一発芽　73,76
ブタクサ　39
ブタナ　20
付着性動物散布　7
踏み跡群落　102
冬型一年草　8,65,67
フローサイトメーター　217
糞　248
分業　244
分枝　243
分布拡大　138,184
分類群　187
閉鎖花　49
変異　154
変温　166
放牧圧　259
ボウムギ　157
放浪種　19

放浪植物　20
牧草　49,240
牧草地　240
ほこり種子　37
匍匐茎　239

【マ行】

マイクロスピーシス　223
埋土種子集団　32
マツヨイグサ類　48
マメ科　5,37
マメダオシ　100
マルハナバチ　44
水草販売カタログ　193
水抽出液　172
身近な生きもの調査　229
ミズヒマワリ　177
ミチタネツケバナ　127,128,143
蜜源　164
ミツバチ　46,164
ミミナグサ　60
無融合生殖　12,26,30,51,214
ムラサキツメクサ　46
明発芽種子　71
雌花　25,26,29
綿花　157
モザイク状の分布　136
モジュール　241
モデル植物　148,265
モンサント　156

【ヤ行】

有害植物　182
雄核単為生殖　220,224
雄核単為生殖雑種　220,222
有性生殖　214
雄性不稔　227
有毒物質　259
輸入穀物　7

索　引　287

養魚施設からの流出　186
葉柄　239
葉片からの再生　191
養蜂業者　164
葉面積　170
葉紋　255
葉緑体 DNA マーカー　216
葉緑体捕獲　221
予測可能　11
予測不可能　11
四倍体　102, 162
四倍体雑種　219, 226, 227, 228

【ラ行】
ライゾーム　247
ラウンドアップレディー　156
裸地　149
ラメット　243
利益　240
立地到達力　69
リナマラーゼ　259
両性花　25, 26, 29
隣花受粉　256
六倍体　162
路上植物群落　102
ロゼット　14, 130, 152, 169
ロゼット型　103
ロゼット植物　130
ロゼット数　169

【ワ行】
矮小化　249

【A】
aliens　3
ALS 阻害　155
androgenesis　220

【C】
C/F　164
Cardamine flexuosa With.　127
Cardamine hirsuta L.　127
Cardamine oligosperma Nutt.　140
CD/ND サイクル　35
colonizer　4, 120
colonizing species　4
competitors　31
Conyza　152
Cuscuta campestris　82
Cuscuta pentagona　82

【D】
D/ND サイクル　35
disturbance　31
DNA 含量　217

【E】
E 型セイヨウタンポポ　224, 232
exotic species　3

【F】
fugitive species　19

【G】
GOT　215
Gymnocoronis spilanthoides　177
Gymnocoronis 属　180

【I】
introduced species　3
invasive species　4
ITS 領域　216

【N】
naturalized plants　3
nature enemy　3, 37

【R】

r 戦略者　77
resistant biotype　154
ruderals　31

【S】

S. canadensis　161
S. serotina　161
Solidago altissima　161
stress　31

stress-tolerators　31

【T】

T/R　165
*trn*F　215
*trn*L　215
*trn*L-*trn*F 領域　216, 222

【U】

U 型セイヨウタンポポ　225, 232

執筆者紹介

伊藤　一幸（いとう　かずゆき）
　1949年生まれ
　神戸大学農学部卒業
　神戸大学大学院農学研究科教授　博士（農学）
　第7章執筆

榎本　敬（えのもと　たかし）
　1946年生まれ
　岡山大学大学院自然科学研究科博士課程修了
　岡山大学資源植物科学研究所准教授　農学博士
　第8章執筆

工藤　洋（くどう　ひろし）
　1964年生まれ
　京都大学大学院理学研究科博士課程修了
　京都大学生態研究センター教授　博士（理学）
　第6章執筆

澤田　均（さわだ　ひとし）
　1956年生まれ
　北海道大学大学院農学研究科博士課程単位取得退学
　静岡大学農学部教授　農学博士
　第12章執筆

芝池　博幸（しばいけ　ひろゆき）
　1964生まれ
　京都大学大学院理学研究科博士課程修了
　農業環境技術研究所・主任研究員　博士（理学）
　第11章執筆

須山　知香（すやま　ちか）
　1971年生まれ
　金沢大学大学院自然科学研究科博士課程修了
　金沢大学自然科学研究科博士研究員を経て岐阜大学教育学部准教授　博士（理学）
　第9章執筆

田中　肇（たなか　はじめ）
　1933年生まれ
　都立紅葉川高校卒業
　ナチュラリスト
　第2章執筆

比良松道一（ひらまつ　みちかず）
　　1965 年生まれ
　　九州大学大学院農学研究科修士課程修了
　　九州大学大学院農学研究院助教　博士（農学）
　　第 10 章執筆

福原　晴夫（ふくはら　はるお）
　　1947 年生まれ
　　名古屋大学大学院理学研究科博士課程修了
　　新潟大学名誉教授　理学博士
　　第 3 章執筆

古橋　勝久（ふるはし　かつひさ）
　　1940 年生まれ
　　名古屋大学大学院農学研究科博士課程修了
　　元新潟大学理学部教授　農学博士
　　第 4 章執筆

松尾　和人（まつお　かずひと）
　　1954 年生まれ
　　北海道大学大学院環境科学研究科博士課程修了
　　農業環境技術研究所・上席研究員　博士（環境科学）
　　第 5 章執筆

森田　竜義（もりた　たつよし）
　　別　記

森田　竜義（もりた　たつよし）
　1945年　兵庫県宍粟市に生まれる
　1971年　東京大学大学院理学系研究科植物学専門課程博士課程修了
　現　在　新潟大学名誉教授　理学博士
　第1・11章執筆
　主　著　花の自然史（北海道大学図書刊行会，1999，分担執筆），
　　　　　雑草の自然史（北海道大学図書刊行会，1997，分担執筆），
　　　　　あさがおのなかはみずがいっぱい（福音館書店，1997），
　　　　　現代生物学大系　高等植物A（中山書店，1983，分担執筆）など

帰化植物の自然史——侵略と攪乱の生態学
2012年11月10日　第1刷発行

　　　　編 著 者　森田　竜義
　　　　発 行 者　櫻井　義秀
　　　─────────────────────
　　　　　発行所　北海道大学出版会
　　　札幌市北区北9条西8丁目 北海道大学構内（〒060-0809）
　　　　Tel. 011(747)2308・Fax. 011(736)8605・http://www.hup.gr.jp/

㈱アイワード　　　　　　　　　　　　　　　　Ⓒ 2012　森田　竜義

ISBN978-4-8329-8204-8

攪乱と遷移の自然史 —「空き地」の植物生態学—	重定南奈子 露崎 史朗 編著	A5・270頁 価格3000円
雑草の自然史 —たくましさの生態学—	山口裕文編著	A5・248頁 価格3000円
植物地理の自然史 —進化のダイナミクスにアプローチする	植田邦彦編著	A5・216頁 価格2600円
植物の自然史 —多様性の進化学—	岡田 博 植田邦彦 編著 角野康郎	A5・280頁 価格3000円
高山植物の自然史 —お花畑の生態学—	工藤 岳編著	A5・238頁 価格3000円
花の自然史 —美しさの進化学—	大原 雅編著	A5・278頁 価格3000円
森の自然史 —複雑系の生態学—	菊沢喜八郎 編 甲山 隆司	A5・250頁 価格3000円
カナダの植生と環境	小島 覚著	A5・284頁 価格10000円
北海道高山植生誌	佐藤 謙著	B5・708頁 価格20000円
被子植物の起源と初期進化	髙橋 正道著	A5・526頁 価格8500円
日本産花粉図鑑	三好 教夫 藤木 利之 著 木村 裕子	B5・852頁 価格18000円
植物生活史図鑑Ⅰ 春の植物No.1	河野昭一監修	A4・122頁 価格3000円
植物生活史図鑑Ⅱ 春の植物No.2	河野昭一監修	A4・120頁 価格3000円
植物生活史図鑑Ⅲ 夏の植物No.1	河野昭一監修	A4・124頁 価格3000円
新 北海道の花	梅沢 俊著	四六変・464頁 価格2800円
北海道の湿原と植物	辻井達一 編著 橘ヒサ子	四六・266頁 価格2800円
写真集 北海道の湿原	辻井 達一 著 岡田 操	B4変・252頁 価格18000円
普及版 北海道主要樹木図譜	宮部 金吾 著 工藤 祐舜 須崎 忠助 画	B5・188頁 価格4800円

北海道大学出版会

価格は税別